示范性软件学院联盟软件工程系列教材

教育部－华为公司产学合作协同育人项目成果

操作系统原理

——以 openEuler 为例

○ 主编 王金凤 副主编 孙微微 张丽霞 张 猜

中国教育出版传媒集团

高等教育出版社·北京

内容提要

本书为示范性软件学院联盟建设的首批软件工程系列教材之一。本书以操作系统工作原理为主线，深入讲解操作系统如何实现对系统资源的调用、管理，以及如何协助用户程序的调度与执行。

本书首先从计算机系统结构入手，由支撑操作系统运行的硬件层面、包含操作系统在内的软件层面，以及保障整个系统正常运转的软硬协调机制三方面展开介绍；并对当前国产操作系统的发展现状，尤其是 openEuler 系统的概况进行了介绍。而后根据操作系统功能模块划分，分别通过进程管理、内存管理、处理器调度、设备管理和磁盘调度、文件管理五方面，深入剖析操作系统的管理机制和工作原理；同时，结合 openEuler 系统实例，展示操作系统原理在现代操作系统中的应用实例。每章后面会根据内容的重要程度编配相应的习题和计算题，部分题目选自历年全国研究生入学考试试题。本书为新形态教材，结合国家级一流本科课程的慕课视频，将重要知识点的视频二维码穿插于教材中的相关文字部分，读者可以根据兴趣和需要扫码完成线上学习。

本书主要面向高等院校计算机类专业本科生，既包含了本课程专业知识的内容，又可以满足具有考研意向学生的需求，同时还拓展了读者对 openEuler 系统的了解。

图书在版编目（C I P）数据

操作系统原理：以 openEuler 为例 / 王金凤主编；孙微微，张丽霞，张猜副主编. -- 北京：高等教育出版社，2024.7（2025.5 重印）

ISBN 978-7-04-062179-2

Ⅰ.①操… Ⅱ.①王… ②孙… ③张… ④张… Ⅲ.①操作系统-高等学校-教材 Ⅳ.①TP316

中国国家版本馆 CIP 数据核字（2024）第 095733 号

Caozuo Xitong Yuanli: yi openEuler Weili

策划编辑	张 曦	责任编辑	张 曦	封面设计	李小璐	版式设计	杨 树
责任绘图	马天驰	责任校对	高 歌	责任印制	张益豪		

出版发行	高等教育出版社	网　　址	http://www.hep.edu.cn
社　　址	北京市西城区德外大街 4 号		http://www.hep.com.cn
邮政编码	100120	网上订购	http://www.hepmall.com.cn
印　　刷	北京中科印刷有限公司		http://www.hepmall.com
开　　本	787mm×1092mm　1/16		http://www.hepmall.cn
印　　张	16.5		
字　　数	340 千字	版　　次	2024 年 7 月第 1 版
购书热线	010-58581118	印　　次	2025 年 5 月第 2 次印刷
咨询电话	400-810-0598	定　　价	37.00 元

物 料 号　62179-00

操作系统原理

——以 openEuler 为例

1 计算机访问 https://abooks.hep.com.cn/188713 或手机微信扫描下方二维码进入新形态教材网。

2 注册并登录后，计算机端进入"个人中心"，点击"绑定防伪码"，输入图书封底防伪码（20 位密码，刮开涂层可见），完成课程绑定；或手机端点击"扫码"按钮，使用"扫码绑图书"功能，完成课程绑定。

3 在"个人中心"→"我的学习"或"我的图书"中选择本书，开始学习。

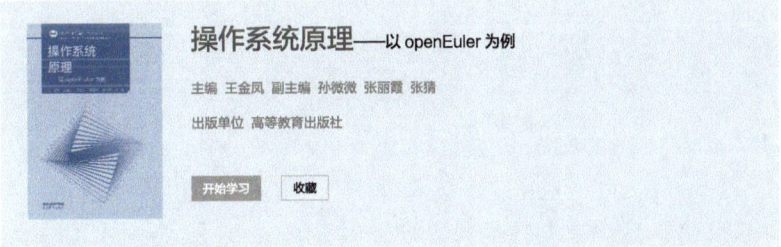

绑定成功后，课程使用有效期为一年。受硬件限制，部分内容可能无法在手机端显示，请按照提示通过计算机访问学习。

如有使用问题，请直接在页面点击答疑图标进行咨询。

https://abooks.hep.com.cn/188713

前　言

为了培养我国软件行业高端应用型人才，操作系统课程作为计算机类专业的核心课程，至关重要。同时，实现系统软件的自主可控已成为科技兴国的首要任务。本教材已入选教育部产学合作协同育人项目"新一代软件工程规划教材"，并以 openEuler 为实例对操作系统基本原理展开介绍。本教材的建设以学生能力培养为导向，深入产学合作协同育人，基于国产系统软件 openEuler 的生态环境，将专业知识体系与工程应用技术紧密结合，融入国产软件技术，以培养能够适应 IT 行业、软件产业快速发展的新时代创新型人才。

操作系统是计算机的核心基础软件，负责管理计算机的硬件和软件资源，为用户提供安全、高效、可靠的计算环境，起到承上启下的重要作用。随着操作系统的不断发展和更新，它已经成为计算机科学领域中的一个重要研究分支，而操作系统课程也相应成为计算机类专业基础课程之一。理解和掌握操作系统的原理以及其在现代操作系统中的应用方法，对于相关领域的学生、软件开发者和研究人员至关重要，有助于他们对计算机系统结构的理解、软件应用程序的实现和优化以及编写高效的系统代码。

本书共分为六章，涵盖了计算机系统概述、进程管理、内存管理、处理器调度管理、设备管理与磁盘调度和文件管理系统。每章首先介绍相关概念和核心原理，再对 openEuler 中相对应的特色创新技术和实现细节进行讲解。具体而言，第 1 章对计算机系统进行概述，介绍操作系统的基本定义和功能，操作系统的历史、发展和现状，以及操作系统的架构和组成部分。第 2 章和第 3 章依次介绍操作系统如何管理进程、内存和处理器资源，以及如何同时运行多个程序。第 4 章讲解操作系统如何管理各种设备，包括输入 / 输出设备（如键盘、鼠标、打印机等）、网络设备和外部存储设备。第 5 章和第 6 章分别详细讲解如何管理磁盘和文件系统，包括磁盘调度算法和文件系统的组织结构等。

2022 年 4 月，习近平总书记在《求是》杂志上发文：《加快建设科技强国，实现高水平科技自立自强》。中国工程院院士倪光南也曾指出：我们国家不管是在操作系统，还是芯片等领域，必须要坚持自主研发创新。为了更好地帮助读者为研发自主可控国产系统奠定坚实基础，本书在详述操作系统原理的基础上，以 openEuler 系统为例说明操作系统原理在实际系统中的应用。openEuler 是一款开源操作系统，旨在为企业级应用提供更加安全稳定的解决方案。通过对国产操作系统的了解和学习，在读者更好地理解操作系统原理和运作机制的同时，可以培养学生的科技自信和强国决心。

本书采用线下线上融合模式，结合自建的慕课视频，同时引入 openEuler 系统实例，帮助学生深度理解操作系统原理，主要受众是高等院校计算机类专业的本科生，本书也可以用于操作系统研发人员的参考用书和知识拓展用书。

本书的完成首先感谢教育部产学合作协同育人工作组和华为技术有限公司给予的支持和帮助，同时感谢示范性软件学院联盟和高等教育出版社提供的坚实平台。特别感谢北京交通大学卢苇教授以及示范性软件学院联盟的各位专家给予的宝贵意见和指导，感谢华为技术公司孙虎、王景全、邓晖龙、张博、白慧娟、马斯盛、管延杰等 openEuler 技术专家给予的技术支撑和帮助。特别感谢本书编写组孙微微、张丽霞、张猜、黄立峰等教师在本书建设过程中付出的宝贵时间和精力，正是因为他们的不懈努力和勇毅坚持，才保证了本书的顺利完成。最后还要特别感谢高等教育出版社的各位编辑，感谢他们为本书编校和出版做出的贡献。

限于编者们的水平，书中内容难免有疏漏之处，敬请各位读者在使用中指正赐教，联系 E-mail：wangjinfeng@scau.edu.cn。

华南农业大学编写组

2024 年 1 月

目 录

第1章 计算机系统概述

本章要点：

了解计算机系统的基本架构，掌握硬件系统的基本构成，重点掌握中断技术和存储器层次结构；了解操作系统发展概况以及国产操作系统发展水平；着重了解自主可控的国产软件 openEuler 操作系统的优势和特性。

本章导图：

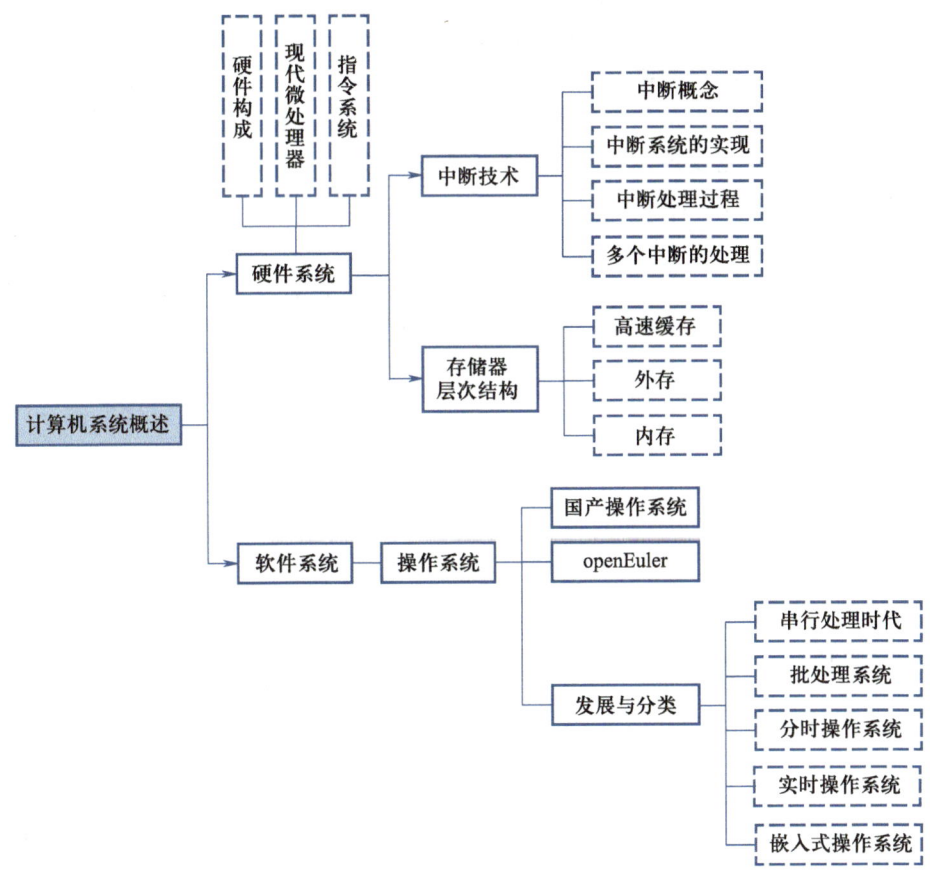

计算机系统包括各种硬件系统和软件系统，其中最重要的软件系统是操作系统。不同于普通的应用软件，操作系统具有管理计算机系统的功能，是计算机系统的"大管家"，可以调度一个或多个处理器，管理和分派计算机系统的硬件资源和软件资源，为用户提供一系列系统服务。因此，在正式开始学习操作系统之前，先介绍计算机系统与本课程相关的基础知识，有助于读者对操作系统的学习。

本章首先介绍硬件系统的基本构成；随后展开针对软件系统的介绍；接着对当前国产操作系统进行一个简要概述，让读者了解我国自主可控软件的发展水平和成绩；最后，针对 openEuler 操作系统进行简要介绍，以方便在后期的操作系统原理学习过程中，使读者能够深入地认识所对应 openEuler 系统的实际应用案例。

1.1 计算机系统

计算机系统可以分为硬件系统和软件系统两大部分，如图 1.1 所示。计算机硬件系统是指计算机的物理组件及装置，是计算机系统各种物理设备的总称，是计算机完成各项工作的物质基础。计算机软件系统是指用某种计算机语言编写的程序、数据和相关文档的集合，是能够在计算机系统上运行的所有系统软件和应用软件的总称，其中操作系统属于系统软件。硬件是软件建立和运行的基础，软件完成各项特定的工作任务，是整个计算机系统的灵魂，没有软件的计算机则被称为裸机。

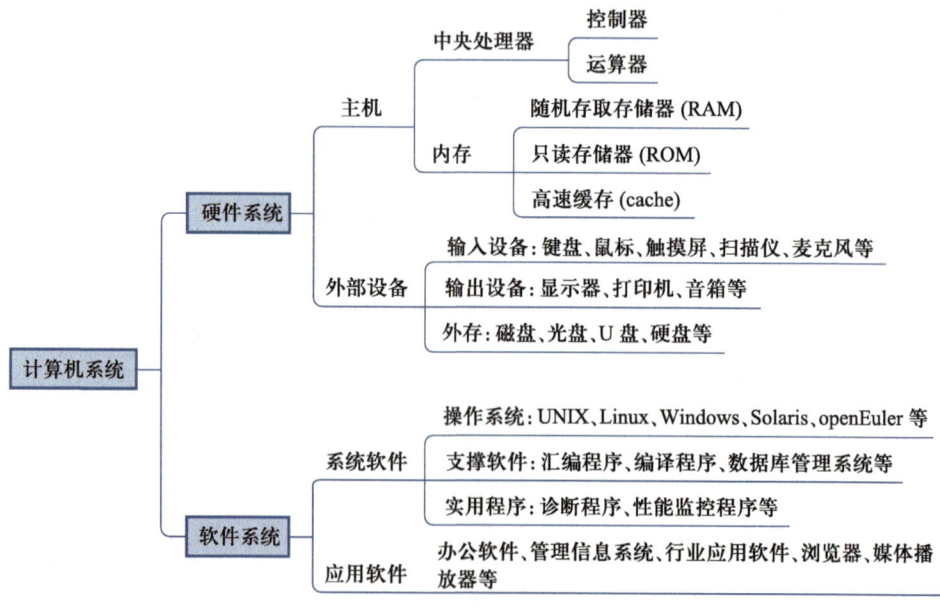

图 1.1 计算机系统组成

计算机系统的硬件和软件需要协同合作才能使计算机正常运行。计算机的功能不仅取决于硬件系统，更大程度上由所安装的软件系统决定。软件实现的功能可以用硬件来实现，成为固化的功能，称为软件固化。例如，微机的 BIOS 芯片中就固化了系统的引导程序，承担计算机系统的启动功能。而硬件实现的功能同样也可以用软件来实现，称作硬件软化。例如，在多媒体计算机中，视频卡用于对视频信息的处理，包括获取编码、压缩、存储、解压缩和回放等操作。由此可见，现代计算机中软件和硬件之间并没有一个明确的分界线。对于一些既可以用硬件也可以用软件实现的功能，考虑其价格、速度、所需存储容量及可靠性等诸多因素，可以采用一种适合的形式。一般来说，同一功能用硬件实现速度快，可减少所需存储量，但灵活性和适应性差，复杂度高，成本也随之较高；而用软件实现，可提高灵活性和适应性，且升级容易，但通常速度会大为降低。

1.1.1 硬件基本构成

冯·诺依曼体系结构的计算机系统发展至今，硬件结构已基本成熟。从最顶层看，一台计算机的硬件部分可分为处理器模块、存储器模块和输入/输出模块，每个模块包含多种不同组件，模块之间由系统总线相连接，协同实现计算机的主要功能。

各模块详细描述如下：

（1）处理器模块：处理器模块也就是常说的中央处理器（central processing unit，CPU）。它是计算机硬件系统的核心部件，能够解释程序和执行指令，以完成算术运算、逻辑运算、系统控制等操作。

（2）存储器模块：存储器模块包含与处理器密切协作的内存和用于长期存储数据的外存。内存通常是易失性的，当计算机关机时内存的数据信息将不会继续被保存。而由于外存的存储介质不同，可以永久保存文件和数据。

（3）输入/输出模块：输入/输出模块负责协助计算机系统和外部环境之间传递数据与信息。所谓外部环境是指一系列外部设备，包括鼠标、键盘、显示器、外存等。

（4）系统总线：系统总线负责为处理器模块、存储器模块和输入/输出模块之间提供信息通道，用于传输数据、地址和控制信息。

图 1.2 展示了计算机系统各模块的内部结构。

硬件系统的核心是中央处理器（简称处理器）。它需要从内存模块中取出指令和数据并执行相应的算术运算或逻辑运算。处理器模块包含控制器、运算器、一组寄存器和高速缓存（cache）。

控制器负责从存储器中取出指令，并对指令进行译码，根据指令译码的结果，按指令先后顺序向其他各部件发出控制信号，指挥并控制处理器、内存和输入/输出设备之间数据流动的方向，保证各部件协调一致地工作，一步一步完成所需要的各种操作。

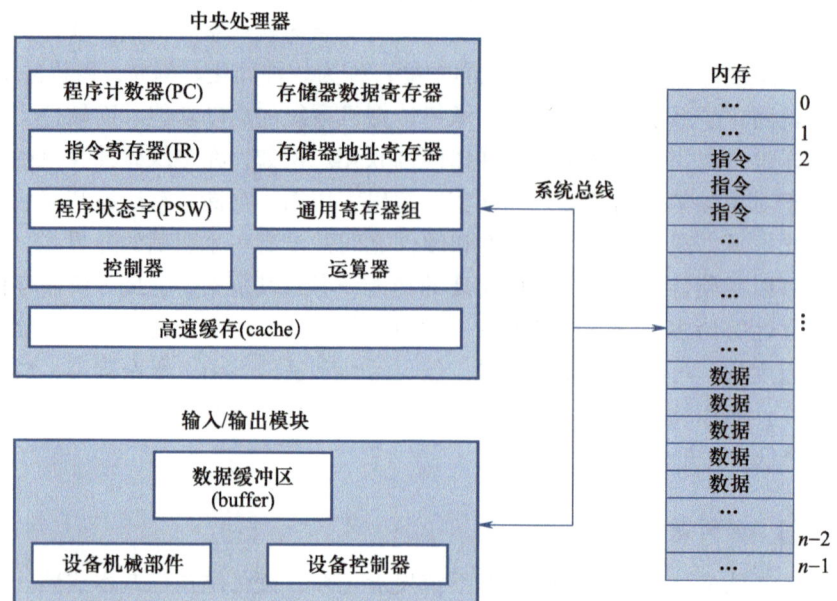

图 1.2　计算机系统内部结构示意图

运算器是完成算术运算和逻辑运算的部件，所执行的指令和数据取自内存，运算结果又送回内存。为了能够与内存交换数据，中间需要配备寄存器进行辅助。

寄存器是用于临时存放数据、地址、控制信息和处理器状态等信息的一组专用存储单元，它比内存的访问速度要快。

处理器至少配备两个内部寄存器：存储器地址寄存器（memory address register，MAR），用以确定下一次读写的存储器地址；存储器数据寄存器（memory data register，MDR），用以存放要写入存储器的数据或者从存储器中读取的数据。事实上，在与输入 / 输出模块通信时，也需要用到类似的两个寄存器：输入 / 输出地址寄存器和输入 / 输出数据寄存器，分别用来确定一个特定的输入 / 输出设备，以及用于存放在输入 / 输出模块和处理器之间交换的数据。

不同的处理器架构设计有不同的寄存器设置，三个具有代表性且较为通用的寄存器如下：

（1）程序计数器（program counter，PC）：存放下一条将要执行指令的内存地址。Intel x86 系列中称为指令指针寄存器（instruction pointer，IP）。处理器取指令时，会将 PC 的值作为内存访问地址，并将从相应内存取出的指令字送入指令寄存器，然后修改 PC 的值以形成下一条指令的地址。当程序顺序执行时，PC 的新值等于 PC 值加上当前指令的字节长度；当程序出现分支跳转时，根据跳转指令中的地址修改 PC 值，形成跳转后的新指令地址。

（2）指令寄存器（instruction register，IR）：用于保存当前正在执行的指令。

（3）程序状态字 / 寄存器（program status word/register，PSW/PSR）：用于保存由算术 / 逻辑运算指令等建立的各种条件标志和状态信息，通常包含处理器执行模式、中断允许 / 禁止位、I/O 特权级、溢出标志等状态字段。

内存由一组存储单元组成，每个单元被定义了顺序编号的地址，可以存储指令或数据的二进制数。

输入 / 输出模块中的外部设备，通常由机械部件和电子部件组成，机械部件是指设备本身，而电子部件则被称作设备控制器或适配器，可以是印刷电路板或芯片。设备通过接口与设备控制器相连，设备控制器与操作系统交互。在许多情形下，设备的结构和控制是非常复杂和多样的，所以设备控制器可以为操作系统提供一个简单而统一的交互接口。另外，输入 / 输出模块中通常设置有数据缓冲区（buffer），当需要在有速度快慢差异的两个部件之间传送数据时，用缓冲区临时保存数据，直到它们被传输完毕。

系统总线（system bus）是用于连接计算机系统各个模块的主要组件。系统总线包含三种不同功能的总线，即数据总线（data bus，DB）、地址总线（address bus，AB）和控制总线（control bus，CB）。数据总线用于传送数据信息，可以是真正的数值，也可以是指令代码或状态信息；地址总线用于传送地址，指明将信息送往何处；控制总线用来传送控制信号和时序信号。处理器通过系统总线面向内存进行数据读写，同样也可以通过总线将产出的数据写入 I/O 设备，或由 I/O 设备读入处理器。

1.1.2　现代微处理器

1971 年，英特尔公司推出了第一款微处理器 4004，这是第一个可用于微型计算机的 4 位微处理器。1965 年，摩尔定律被提出，其主要内容是："当价格不变时，集成电路上可容纳的晶体管数量大约 18 ~ 24 个月翻一番，性能提升一倍"。在集成电路 60 多年的发展历史中，摩尔定律一直有效，微处理器的更新发展也一直遵循"努力提高单个芯片上单核处理器的主频"的技术路径。虽然微处理器运算速度非常快，已经达到纳秒量级，但随着半导体工艺已接近集成电路极限，传统的处理器体系结构技术已面临瓶颈，很难再单纯地通过提高主频来提升性能。

2002 年，英特尔公司推出 Pentium 4 处理器，采用了超线程技术（hyper threading，HT）。超线程技术利用特殊的硬件架构和硬件指令，在一个实体处理器芯片中设置两个逻辑处理器，每个逻辑处理器有独立的寄存器组，能同时执行两个独立的线程代码流。这样可以用单个处理器进行线程级并行计算，可兼容多线程操作系统和软件，提高处理器的运行效率和芯片性能。但对于处理器中共享资源的争用，如运算器、高速缓存、总线接口等，会影响实际的运行性能。近年来，改进后的超线程技术也用于 Core i7 处理器，称为同步多线程技术（simultaneous multi-threading，SMT）。

2005 年，英特尔公司的 Pentium D 处理器采用双核架构，正式进入 x86 微处理器多核时代。片上多核处理器架构是在每个芯片底座上容纳了多个物理处理器（称为内核 Core），每个内核具有独立的处理单元和多层大容量高速缓存。甚至可以将多核和超线程技术结合起来，逻辑处理器的数量达到物理处理器的两倍，这也是目前处理器性能参数标称"四核八线程""八核十六线程"等的原因。

图 1.3 是超线程技术和双核架构的对比和二者相结合的示意图。

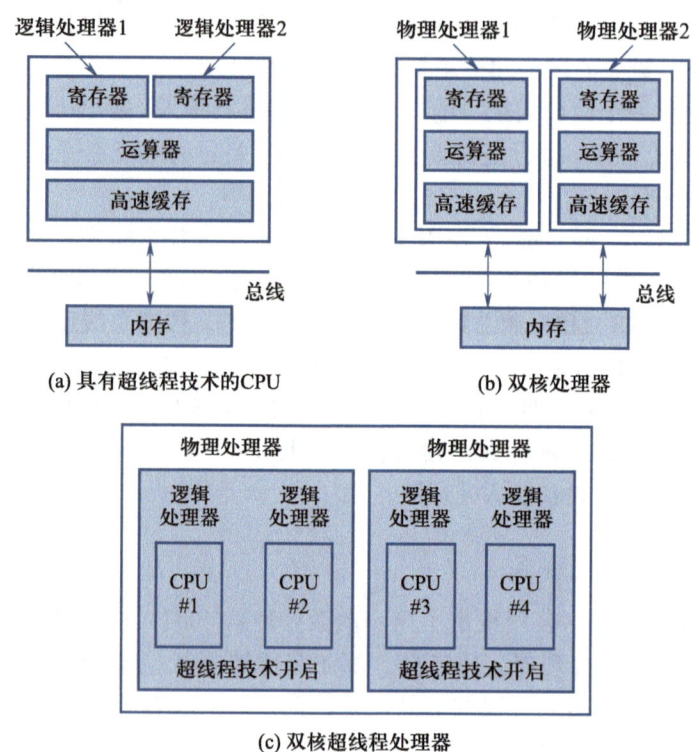

图 1.3　超线程技术和双核架构

1.1.3　指令系统与指令执行

指令系统是面向计算机硬件的语言系统，也称机器语言系统，是指机器所具有的全部指令的集合，是软件和硬件的交互界面，反映了计算机所拥有的基本功能。从系统结构的角度看，它是系统程序员能够看到的计算机的主要属性，因此指令系统表征了计算机的基本功能，决定了机器所要求的能力，也决定了指令的格式和机器的结构。指令系统就是要决定计算机系统中的一些基本操作（包括操作系统和高级语言中的操作）应由硬件实现还是由软件实现，决定某些复杂操作是由一条专用指令实现还是由一串基本指令实现，然后确定指令的具体格式、类型、操作以及对操作数的访问方式。

指令系统的发展经历了从简单到复杂的演变过程。早在 20 世纪 50～60 年代，计算机大多数采用分立元件的晶体管或电子管组成，体积庞大、价格昂贵，因此计算机的硬件结构比较简单，所支持的指令系统也只有十几至几十条最基本的指令，而且寻址方式简单。到 20 世纪 60 年代中期，随着集成电路的出现，计算机的功耗、体积、价格等不断下降，硬件功能不断增强，指令系统也越来越丰富。20 世纪 70 年代，高级语言已成为大、中、小型机的主要程序设计语言，计算机应用日益普及。

由于软件的发展超过了软件设计理论的发展，复杂的软件系统设计一直没有很好的理论指导，导致软件质量无法保证，从而出现了所谓的"软件危机"。人们认为，缩小机器指令系统与高级语言语义差距，为高级语言提供更多的支持，是缓解软件危机有效和可行的办法。研究人员利用当时已经成熟的微程序技术和飞速发展的超大规模集成电路（very large scale integration，VLSI）技术，增设了各种各样复杂的、面向高级语言的指令，使指令系统越来越庞大。这是几十年来人们在设计计算机时，保证和提高指令系统有效性的主要做法。

通常，指令系统包含以下四类指令：

（1）数据处理指令：执行与数据相关的算术运算或逻辑运算。

（2）数据传送指令：数据可以从处理器传送到内存，或者从内存传送到处理器。

（3）输入输出指令：在处理器和 I/O 模块间进行数据传送，可以从处理器向外部设备输出数据，或者从外部设备向处理器输入数据。

（4）控制指令：当程序需要发生跳转时，由控制指令修改程序计数器的值，从而改变执行顺序。例如：当前 PC 值为 330，处理器从地址为 330 的存储单元中取出一条指令送入 IR，同时将 PC 值自动递增为 331；但 IR 中的指令是跳转指令，欲跳转到地址 450，于是处理器把 PC 设置为 450。因此，在下一个取指阶段中，将从地址为 450 的存储单元而不是地址为 331 的存储单元中取指令。

一条指令包括两种信息，即操作码和地址码。操作码（operation code，OC）用来表示该指令所要完成的操作（如加、减、乘、除、数据传送等），其长度决定了指令系统中的指令条数。地址码用来描述该指令的操作对象所在的内存地址或寄存器地址。

处理器执行的程序是由一组保存在内存中的指令组成的。一条指令的处理过程称为一个指令周期，如图 1.4 所示。可使用简单的两个步骤描述指令周期：处理器从内存中一次读取一条指令，然后执行该指令，分别称作取指阶段和执行阶段。程序执行是由不断重复地取指令和执行指令的过程组成的。指令执行可能涉及很多操作，这取决于指令自身。除了程序执行完毕外，仅当机器关机、发生某些错误或者遇到与停机相关的程序指令时，程序执行才会停止。

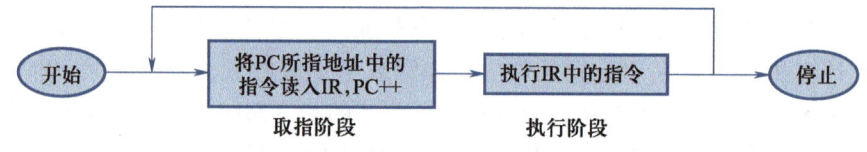

图 1.4　基本指令周期

在每个指令周期开始时，处理器根据程序计数器 PC 所指明的地址，从相应的内存单元取一条指令。取到的指令被送入处理器的指令寄存器 IR 中。程序在顺序运行时，处理器在每次取指令后 PC 值总是自动递增，使得处理器能够按顺序取得下一条指令（即位于下一个内存单元的指令）。指令中包含某些位指示处理器将要执行的操作，处理器解释指令（译码）并执行对应的操作。当处理器执行的是控制指令时，PC 值将被修改为跳转地址。

1.2　中断技术

20 世纪 50 年代提出了中断（interrupt）技术，最初是为了在处理外部设备的数据传送时提高处理器效率，使外部设备与处理器能够正常配合工作。随着计算机技术的发展，中断技术不断被赋予新功能。例如，在程序中设置断点以方便程序调试，及时报告并处理各种随机出现的软硬件故障与异常，通过定时中断技术实现进程时间片轮转与多任务执行，通过中断控制方式实现多处理器之间的数据交换与任务切换，在人机交互或实时系统中及时发现实时事件并响应，等等。

现在的操作系统可以说是中断驱动的，不管是应用程序执行系统调用要求操作系统服务，还是 I/O 设备报告 I/O 操作完成情况，再或者发生各种内部和外部事件时，都要通过中断机制产生中断信号，再由操作系统进行中断处理。中断技术可以提高处理器的利用率，实现处理器与外部设备并行运行，协调系统对各种外部事件的响应和处理，同时也是现代操作系统实现多道程序设计和并行处理的基础。

1.2.1　中断的概念

中断的作用

中断是指处理器对系统中发生异步事件的响应。异步事件是指随机发生的、非预期的事件，例如外部设备完成 I/O 操作、硬件故障、网络通信和程序出错等。处理器不能预知这些事件发生的时刻，但当这些事件发生时必须对事件进行及时处理。

在程序执行过程中，当发生异步事件时，处理器将收到一个中断请求信号，于是处理器将暂停当前程序的运行而转去处理该事件（执行相应的中断处理程序），处理完毕后又返回原程序的断点继续执行或调度新的程序运行。这种处理方式就像日常生活中的处理方式一样，例如，你今天正在看书（执行程序），突然快递员按门铃（异步事件），于是用书签标记正看的那一页（程序断点），开门签收（响应异步事件并处理），之后回来继续看书（返回断点继续执行）。

引起中断的事件称为中断源；中断源向处理器提出处理的请求称为中断请求；发生中断时被打断程序的暂停点称为断点；处理器暂停现行程序而转为响应中断请求的过程称为中断响应；用于处理中断源的程序称为中断处理程序；处理器执行有关的中断处理程序称为中断处理；而返回断点的过程称为中断返回。

常见的中断类别有以下几种：

（1）程序中断：程序执行过程中发生，由指令执行的结果产生，如算术溢出、除数为 0、非法机器指令、地址越界、缺页、断点调试等。

（2）时钟中断：由处理器内部的计时器产生。

（3）I/O 中断：I/O 操作正常或异常结束时由设备控制器产生，用于发信号通知处理器一个操作的正常完成或各种错误状态。

（4）硬件故障中断：由掉电或存储器奇偶校验错误等故障产生。

中断的出现解决了处理器和外部设备并行工作的问题，消除了因外部设备的慢速而使处理器等待的现象，这样处理器可以在 I/O 操作的执行过程中执行其他程序。

在图 1.5 中，已知用户程序需要先执行一段普通运算指令（即非 I/O 指令），之后执行一条 I/O 指令，然后再继续执行下一段普通运算指令。虚线表示处理器的执行轨迹。在没有中断支持的情况下，如图 1.5（a）所示，处理器在执行到 I/O 指令时，将转而执行 I/O 程序，为 I/O 命令设置参数，之后将等待 I/O 操作（耗时可能很长）结束，然后设置 I/O 完成状态（如设置一个表示操作成功或失败的标记），再回到用户程序执行 I/O 指令后面的普通运算指令。在这个过程中，处理器必须等待 I/O 设备操作完毕，一般采用周期性地轮询 I/O 设备状态的方式来确定 I/O 操作是否完成，这也称为"忙等"，白白耗费了处理器的运算时间，导致处理器运行效率不高。

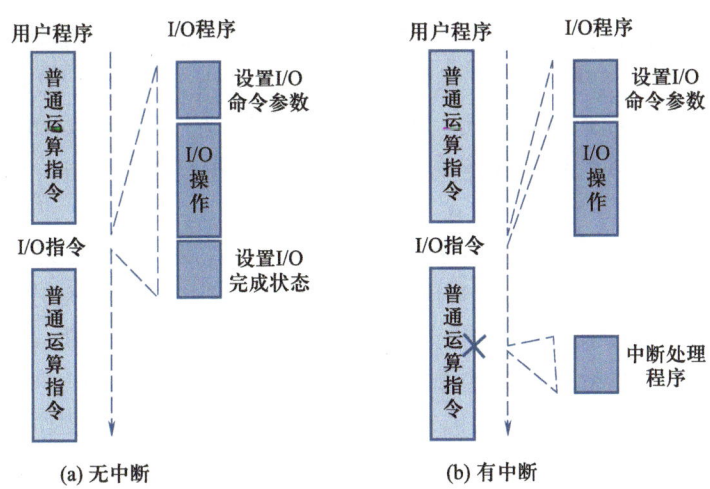

图 1.5　无中断和有中断时的处理器执行过程

在图 1.5（b）中，加入了中断机制，用"×"表示发生中断的时刻。现在，处理器在执行到 I/O 指令时，将先设置 I/O 命令参数，之后立即回到用户程序，继续执行 I/O 指令后面的普通运算指令，此时 I/O 设备和处理器并行工作，各司其职；在"×"处，I/O 操作执行完毕，I/O 设备向处理器发来中断信号；处理器收到中断信号之后，暂停执行用户程序，转而执行中断处理程序，处理完中断之后又回到用户程序的断点继续执行。

可以看到，中断机制可以使处理器和 I/O 设备并行工作，进而提高资源利用率和处理器的执行效率。如图 1.6 所示，无中断机制支持时，处理器要等待 I/O 操作结束才能继续工作。有中断机制支持时，在 I/O 设备完成 I/O 操作期间，处理器可以继续执行内存中的其他程序，这样可以在单位时间内完成更多的计算任务，资源利用率和吞吐率都得到提高。

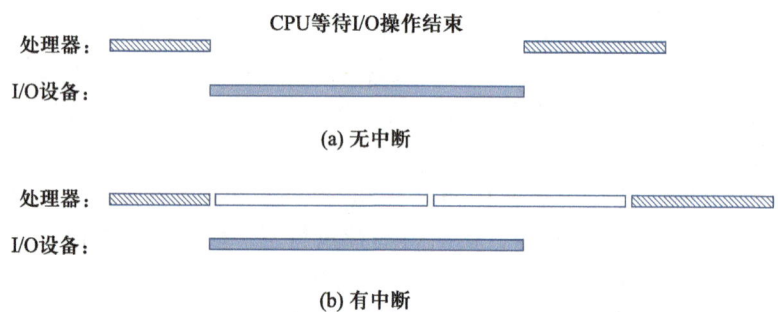

图 1.6　中断使处理器和外部设备并行工作

1.2.2　引入中断后的指令周期

引入中断后
的指令周期

从用户程序的角度看，中断请求打断了用户程序的正常执行序列，当中断处理完成后，再恢复执行。中断可以在程序中的任何位置发生，而不是在一条指定的指令处。如图 1.7 所示，用户指令 i 执行完毕后，接收到中断请求信号，处理器转而执行中断处理程序，而指令 $i+1$ 的地址被保存到系统栈，在中断处理程序执行完毕，则将系统栈中的 $i+1$ 指令地址取出到 PC 中，使得用户程序在断点继续执行。因此，用户程序不需要为中断的接收和响应添加任何特殊的代码，处理器和操作系统负责暂停执行用户程序，然后在断点恢复执行。

引入中断机制后，指令周期会增加一个中断阶段。每执行完一条指令之后，处理器都要检测是否有未响应的中断信号。如图 1.8 所示，在执行完 IR 中的指令之后，进入中断阶段，即处理器需要检测现在是否有中断信号出现。如果没有中断信号，处理器继续运行，并在取指周期取当前程序的下一条指令；如果有中断信号，且该中断的优先级高于当前程序（例如当前程序是低级的用户程序），此时将允许中断，则处理器暂停当前程序的执行，并调用执行一个中断处理程序。

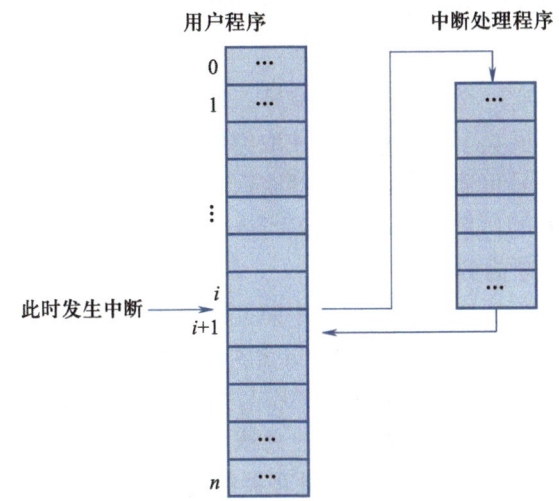

图 1.7　用户程序执行时的中断处理

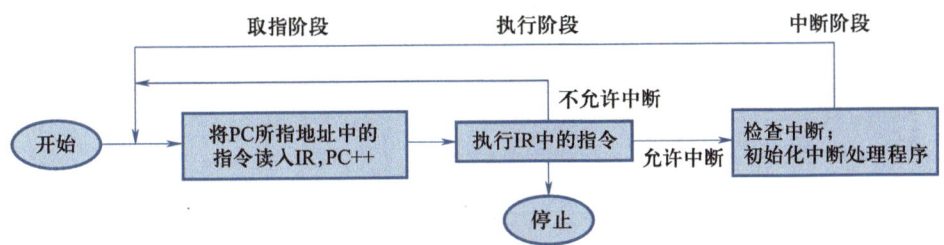

图 1.8　引入中断后的指令周期

中断处理程序是操作系统的一部分，它根据中断的性质，执行所需要的操作。例如，在前面的例子中，中断处理程序决定响应哪一个 I/O 模块产生的中断请求，并转而执行对该 I/O 模块读写数据的程序。当中断处理程序执行完毕时，处理器在中断断点恢复原程序的执行。

可以明显看出，中断机制以及中断处理会产生一定的硬件和软件方面的系统开销，在中断处理程序中必须执行额外的指令以确定中断的性质，并执行适当的中断处理操作，这也会产生时间和空间开销。但是相比较来看，如果不采用中断技术，只是让处理器简单地等待 I/O 操作的完成，将会花费更多的系统时间。因此，通过中断技术能够更有效地使用处理器。

1.2.3　中断系统的软硬协同实现

中断技术不是单纯的硬件或软件的概念，而是由硬件装置和软件处理程序相互配合、协同实现的。参与中断的硬件装置和中断软件处理程序统称为中断系统。中断硬件装置负责捕获中断源发出的中断请求，并以一定的方式响应中断请求，然后由处理器执行特定的中断处理程序；中断软件处理程序则负责辨别中断类型，并根据请求做出相应的操作。不同的计算机其硬件结构和软件指令是不完全相同的，因此，中断系统也是不相同的。典型的硬件装置和软件处理如下。

每个中断源都有一个唯一的中断编号，如 x86 计算机包含了 0 ~ 255 共 256 个中断号。对于不同类型的中断源，获取它们的中断号的方法是不同的。可屏蔽外部中断的中断号可通过中断控制器获取，不可屏蔽中断及异常的中断号是由系统预先设置好的，系统调用等自陷指令的中断号由中断指令直接给出。本节以可屏蔽外部中断为例。

在硬件装置方面，中断系统需要中断控制器（如 x86 中可编程中断控制器 Intel 8259 芯片）的支持，中断控制器负责实现外部中断的优先级仲裁逻辑与中断识别。图 1.9 是一个典型的中断控制器与处理器连接的示意图。中断控制器连接外部设备中断源，中断控制器通过总线中的中断请求线将中断请求信号传送给处理器，并通过中断应答线接收处理器的中断应答信号。

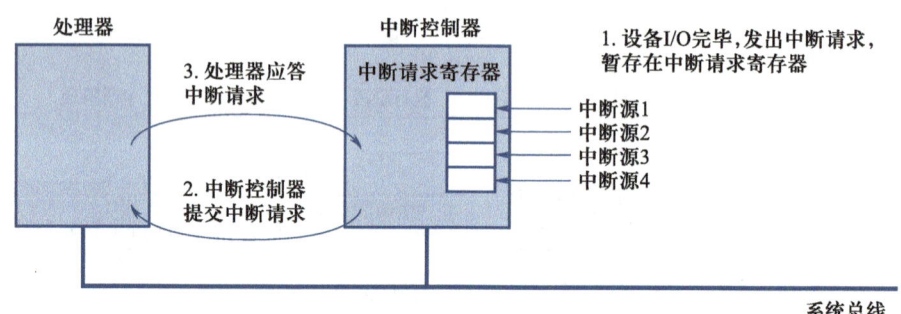

图 1.9　中断系统的硬件部分

中断控制器中设置了中断请求寄存器。每个外部设备中断源发出中断请求的时间是随机的，而且中断请求要满足一定优先级条件才能被响应，所以中断请求从发出到响应可能需要经过一定的时间，为了防止丢失中断请求信号，需要将不同外部设备的中断请求暂存在中断请求寄存器中。中断请求寄存器中的每位对应一个外部设备中断请求，值为 1 时表示对应的外部设备向处理器发出了中断请求。当收到处理器发来的中断应答信号之后，中断控制器会清除中断请求寄存器中的这一位，表示该中断请求已被处理器接收并处理。

处理器在执行完每条指令后都会检测中断请求线，如果有未应答的中断请求，中断控制器根据中断请求寄存器确定中断源，将中断源编号发送给处理器，然后处理器执行相应的中断处理程序。

在软件处理方面，中断系统需要操作系统内核提供中断处理程序以及中断向量表。中断处理程序属于操作系统内核代码的一部分。可以针对每种中断有一个中断处理程序，也可以针对每个设备有一个中断处理程序，这取决于计算机系统结构和操作系统的设计。

通常将中断处理程序的内存入口地址和程序状态字称为中断向量。有些计算机的中断处理程序需要载入程序状态字才能运行，有些计算机则不需要程序状态字，那么中断向量就仅包含中断处理程序的内存入口地址。

中断向量的集合就是中断向量表，是操作系统的系统数据的一部分。中断向量表可以看作是中断向量的一维数组，每个中断向量是中断向量表的一个表项，可以利用中断号对中断向量表进行索引访问。通常在操作系统开机启动的引导过程中，初始化中断向量表并加载到内存地址低端，之后中断处理程序也被加载到内存中。例如，8086 的中断向量表占据内存 0000H～03FFH 共 1 KB 的存储空间，包含与 256 个中断号对应的 256 个中断向量，每个中断向量占 4 字节，用于存放中断处理程序的内存入口地址。

基于上述三个概念，中断响应的过程如下：先将各中断处理程序的中断向量组织成中断向量表；中断响应时，通过识别中断源获得中断号，然后根据中断号访问中断向量表，从中读出中断向量，即中断处理程序的内存入口地址和程序状态字，并载入程序计数器 PC 和条件状态寄存器；处理器执行时跳转至中断处理程序，开始处理中断。

图 1.10 是中断向量、中断向量表与中断处理程序之间的关系示意图。

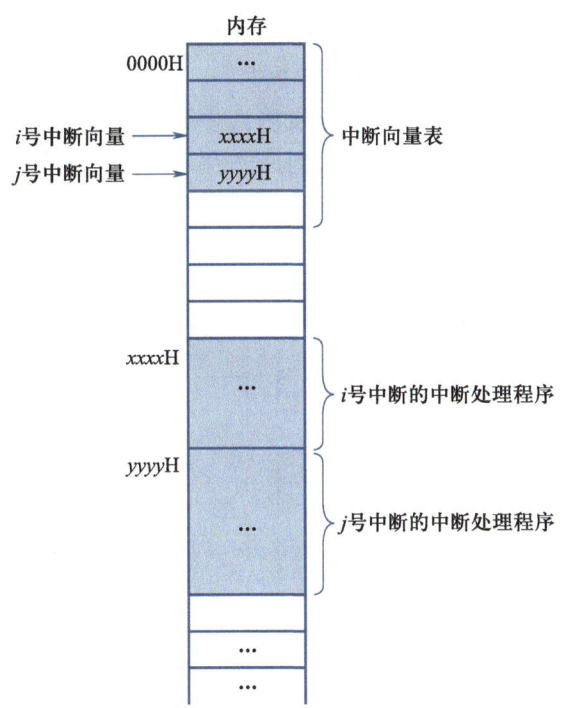

图 1.10　中断向量、中断向量表与中断处理程序

1.2.4　中断处理过程

中断处理是由硬件和软件配合完成的，在这个过程中，可以激活很多事件，包括处理器硬件装置中的事件以及软件中的事件。图 1.11 显示了一个典型

的中断处理流程，当 I/O 设备完成一次 I/O 操作后，发生了下列软、硬件操作事件。

（1）设备发出中断请求，中断信号由设备发送到中断控制器，中断控制器将中断信号传送给处理器。

（2）处理器结束当前指令的执行之后，检测到这个尚未响应的中断，向提交中断的设备发送应答信号。

（3）处理器准备执行中断处理程序。但在此之前需要先将当前程序的断点信息（也称为运行现场、上下文环境，即各种寄存器的数据）保存起来，以便之后恢复当前程序执行。因此，处理器将程序计数器 PC 和程序状态字 PSW 压入系统控制栈中。

（4）处理器查询中断向量表，获得与该中断相对应的中断处理程序的入口地址，并将程序计数器 PC 设置成该地址。处理器开始一个新的指令周期，开始执行中断处理程序。

（5）除了 PC 和 PSW 之外，中断处理程序可能还会用到其他寄存器（里面是被中断程序的数据），因此中断处理程序需要把其他寄存器压栈保存起来，这也是保存运行现场的一部分。

（6）中断处理程序开始处理中断，其中包括检查 I/O 相关的状态信息，操纵 I/O 设备或者在设备和内存之间传送数据等。

（7）中断处理结束时，处理器检测到中断返回指令，被中断程序的运行现场从系统控制栈中恢复（弹出到原寄存器），PC 和 PSW 也被恢复成中断前的值。处理器开始一个新的指令周期，从原程序被中断的断点处继续执行。

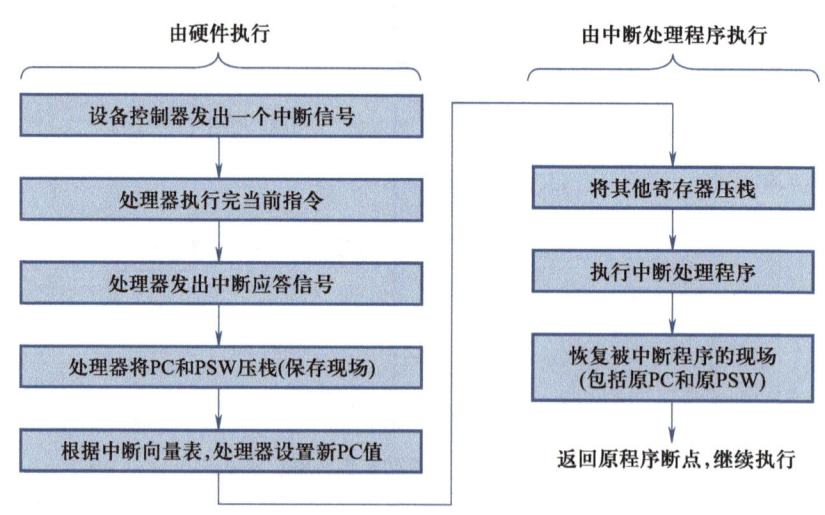

图 1.11　简单的中断处理过程

保存被中断程序的所有状态信息并在以后需要时恢复这些信息十分重要。由于中断可以在用户程序执行过程中的任何一点发生，中断的发生是随机的、不可预测的。因此，如果不能完整地保存并恢复被中断程序的运行现场，那么处理器与外部设备并行运行、响应各种外部事件以及多道程序设计都无法实现。

1.2.5 多个中断的处理

以上介绍了经典的单个中断发生的情况。在计算机系统实际运行中，由于中断是随机发生的，因此可能同时出现多个中断，或者前一个中断尚未处理完又有其他的一个或者多个中断请求到达。例如，一个程序可能从一条通信线路中接收数据并打印结果。每完成一个打印操作，打印机就会产生一个中断；每当一个数据单元（一个字符或连续的字符串）到达，通信线路控制器也会产生一个中断。在任何情况下，都有可能在处理打印机中断的过程中发生一个通信中断。那么，中断机制应该如何响应这些同时发生的中断呢？处理多个中断通常有两种方法，即顺序处理和嵌套处理。

1. 顺序处理多个中断

当处理器正在处理一个中断时禁止中断，也称为关中断，是指处理器对其他任何新发生的中断请求信号置之不理，新中断将保持挂起，直到处理器完成本次中断处理，再打开中断。此时，处理器检查中断请求状态，若有未响应的新中断则去处理新的中断，若无新中断则返回被中断的程序。可以通过设置程序状态字 PSW 的"中断允许位"来实现关中断和开中断，如 x86 处理器的 PSW（也称为 EFLAGS 寄存器）中的 IF 位，置为 1 时，表示处理器可以识别外部中断，即开中断状态。但有些反映紧急事件的中断是不可屏蔽的，即使在关中断模式下也需要被响应，如计时器中断、掉电等。

顺序处理多个中断的过程如图 1.12（a）所示。当用户程序正在执行时发生了一个中断 A，则系统在执行该中断处理程序 A 时，可以屏蔽其他中断；在中断处理程序 A 执行期间，又产生了一个新的中断 B；中断处理程序 A 执行完后，处理器发现新中断 B，于是开始执行中断处理程序 B；中断处理程序 B 执行完毕后，若处理器没有发现其他未处理的新中断，则返回用户程序的断点继续执行。

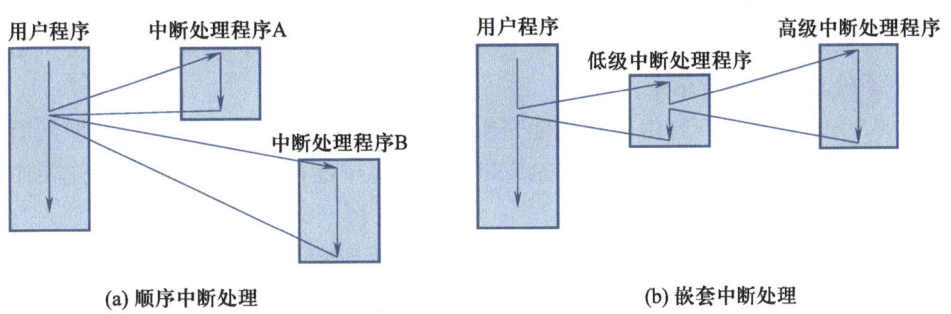

(a) 顺序中断处理　　　　　　　　　　　　(b) 嵌套中断处理

图 1.12　多个中断的两种处理方法

这个方法对所有中断严格按顺序依次处理，实现较简单，但是没有考虑相对优先级和实时性较高的中断请求对时间限制的要求。例如，当来自通信线路的输入数据到达时，需要快速接收，以防止由于 I/O 设备的缓冲区装满而溢出丢失数据。这就需要对通信线路的数据输入产生的中断及时处理，而不应该按顺序等待其他并不紧迫的中断依次执行完毕。

2. 嵌套处理多个中断

为中断定义优先级，处理器按照中断优先级的高低顺序响应并处理中断请求。当同时有多个优先级不同的中断请求时，处理器优先响应最高优先级的中断请求，并且高优先级的中断请求可以打断低优先级中断的处理过程。

嵌套处理多个中断的过程如图 1.12（b）所示。当用户程序正在执行时发生了一个低级中断，转而执行该低级中断的处理程序；在低级中断处理程序执行期间，又发生了一个新的高级中断；高级中断将打断低级中断的处理过程，转而执行高级中断的处理程序；高级中断处理程序执行完后，返回低级中断处理程序的断点继续执行；低级中断处理程序执行完毕后，返回用户程序的断点继续执行。

通常在划分中断优先级时，不可屏蔽中断优先级高于可屏蔽中断，高速的外部设备优先级高于低速的外部设备，输入设备优先级高于输出设备，实时控制设备优先级高于普通设备。

假设一个系统有三个外部设备中断源：打印机、磁盘和通信线路，按照其 I/O 速度的依次加快，其中断的优先级依次升高。图 1.13 中给出一个嵌套处理三个中断的示例，时序过程如下：

（1）t=0 时刻，用户程序开始执行。

（2）t=10 时刻，发生一个打印机中断，用户程序被暂停执行，开始执行打印机中断的中断处理程序。

（3）t=20 时刻，当正在执行打印机中断处理程序的过程中，有一个通信中断信号到达。由于通信中断的优先级高于打印机中断的优先级，于是打印机中断处理程序的执行被打断，其状态被压入系统栈，然后开始执行通信中断处理程序。

（4）t=25 时刻，当正在执行通信中断处理程序的过程中，又有一个磁盘中断信号到达（图 1.13 中以 * 表示）。由于磁盘中断的优先级比通信中断的优先级低，则磁盘中断不足以打断通信中断的处理过程，因此，磁盘中断将等待通信中断处理程序运行结束。

（5）t=30 时刻，通信中断处理完成后，本应返回打印机中断处理程序的断点，但此时存在比打印机中断优先级更高的磁盘中断请求，因此处理器先转而执行磁盘中断处理程序。

（6）t=40 时刻，磁盘中断处理完成，从系统栈恢复之前保存的打印机中断处理程序状态，从断点继续执行打印机中断处理程序。

（7）t=50 时刻，打印机中断处理完成，处理器返回到用户程序的断点继续执行。

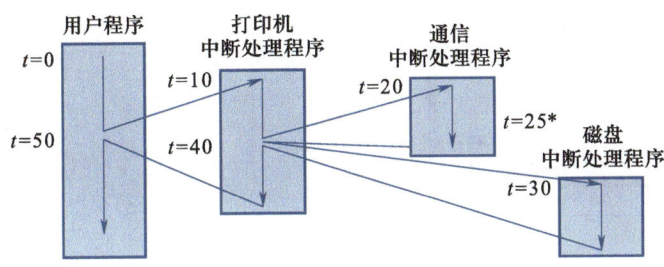

图 1.13 多个中断嵌套处理的时序示例

1.3 存储器层次结构

计算机硬件系统中另一个重要组成部分是存储器模块。除了内存以外，存储器还有寄存器、高速缓存、磁盘等多种形式。计算机系统中存储器的设计目标需要考虑容量、速度和价格，人们总是希望存储器容量大、速度快且价格便宜，但通常这些目标不能兼顾，一般容量大的存储器速度慢但价格便宜，而速度快的存储器容量都较小且较贵。

存储器的层次结构

出于对速度、单价（每位或字节的价格）和容量等因素的综合考虑，计算机系统不能只采用单一的存储器，而是根据各种存储器的特性及主要功能，将它们有机组合成为层次式的存储器系统，如图 1.14 所示。

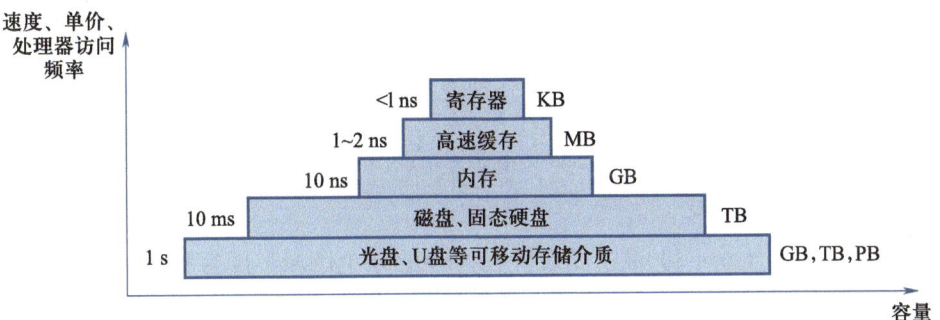

图 1.14 存储器层次结构

图 1.14 中分别给出了不同层次存储设备的平均访问时间和容量量级单位。可以看出，由下至上各层存储器的存储容量逐渐减小，数据访问速度和单价却逐渐升高；且越往上层，存储器距离处理器更近，处理器访问频率更高。因此，设计存储器层次结构的关键是需要找到各个层次之间的平衡点，既能够确保高效配合处理器的工作，又具有足够的存储空间，同时能够满足用户对价格的心理需求。

以典型计算机中包含的存储器为例，如寄存器、高速缓存、内存和磁盘，在程序执行时，数据也是层次式地在不同存储器之间传送，如图 1.15 所示。在未运行时，程序的代码 / 数据以文件的形式位于磁盘中；当需要运行该程序时，

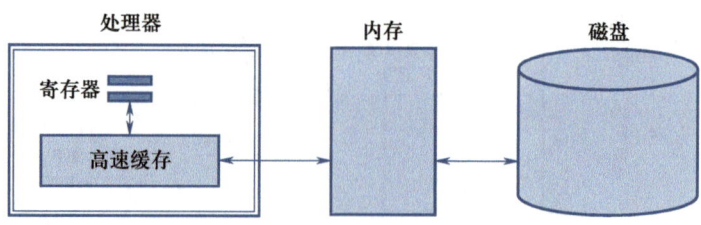

图 1.15　各存储器之间的数据传送

程序的全部或部分代码 / 数据从磁盘加载进入内存；之后将近期要用到的一小块代码 / 数据装入高速缓存；再将立即需要执行和计算的代码 / 数据送入寄存器，供处理器使用；运行后的结果再保存回内存和磁盘。

在多道程序并发执行的环境中，一个数据的副本可能会同时出现在寄存器、高速缓存、内存和磁盘中，只有当该数据的新值从寄存器逐步写回磁盘后，各副本的数据才会变得一样。如果多个进程都要访问该数据，那么每个进程都应得到最近已更新的数据。在多处理器环境中，情况变得更为复杂，一个数据的副本可能会同时出现在不同处理器的多个高速缓存中，应该确保在某个高速缓存中对该数据已更新的值立即映射到所有其他高速缓存，这种情况称为**高速缓存一致性**，这种一致性通常是由硬件保证的。

在各层次存储器中，最顶层的存储器是存储容量最小而存取速度最快的寄存器，包括 1.1 节所介绍的处理器模块内部固化的各种寄存器。寄存器的数目可以有几十个甚至上百个，用于配合处理器的控制和运算操作，可用寄存器存放操作数，或用作地址寄存器加快地址转换速度等。寄存器层在处理器模块已经讲述。下面各节将分别介绍高速缓存、内存、外部存储器的特点。

1.3.1　高速缓存

高速缓存
cache

高速缓存（cache）最初是设计在内存的某个区域，随着技术的发展，其逐渐移向处理器芯片内部，主要由硬件控制，操作系统和程序员不能访问和设置，即对操作系统和程序员都不可见。目前的处理器中，高速缓存容量可达数十 MB，且通常设计为多级高速缓存，包含 L1 级、L2 级和 L3 级等。L1 级高速缓存离处理器最近，与处理器直接交互，容量比 L2 级高速缓存小、但速度最快；L2 级高速缓存则比 L3 级高速缓存容量小但速度较快。

图 1.16 描述了在多核芯片中设置三级高速缓存的一个例子。该多核芯片包含四个处理器（core），每个处理器有其专用的 L1 级高速缓存（如 64 KB），且 L1 级高速缓存又可分为指令高速缓存和数据高速缓存；每个处理器也有其专用的 L2 级高速缓存（如 256 KB）；所有处理器共享一个 L3 级高速缓存（如 12 MB）。可以利用预取机制使高速缓存更有效，即硬件根据内存的访问模式和局部性来推测即将访问的数据，并将其预先从内存取出放到高速缓存中，这样可以提高高速缓存的命中率。

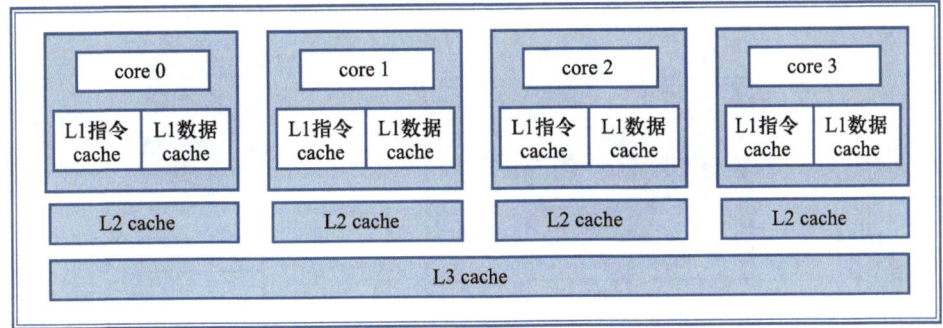

图 1.16　多核芯片中多级高速缓存的设置

高速缓存的作用是为了缓解内存存取速度和处理器执行速度之间的严重差异。由于处理器在执行指令时需要频繁访问内存来读取指令、操作数或保存结果，但内存的存取速度要比处理器速度慢得多，因此，处理器和内存的速度不匹配成为制约处理器运行效率的严重问题。如果采用与寄存器相同的材料和技术来制造内存，虽然可以大幅提高内存访问速度，但会导致内存成本过高。于是，在处理器和内存之间设置容量小且速度快的高速缓存，利用程序运行时的局部性原理和高速缓存的高命中率，使得访问一个字节的平均存取时间接近于高速缓存的存取时间，具体例子在本书 1.3.2 节讲述。

程序局部性原理（locality of reference）包含两个类似的含义：时间局部性和空间局部性。**时间局部性**是指在一小段时间间隔内，被访问过的某指令或数据可能很快再次被访问；**空间局部性**是指在一小段时间间隔内，程序访问的地址空间往往集中在某个区域（簇）。高速缓存的工作机制和后面将要介绍的虚拟内存的工作机制，都利用了程序**局部性原理**。

程序局部性的产生主要是由于程序的特性，例如，程序大多时候是顺序执行的，且经常有迭代循环操作，数据常以数组和记录等形式顺序存放在一块区域，等等。能够打破局部性的情况是程序执行过程调用，跳转到另外一块区域，但通常程序的过程调用深度有限。所以，在处理器执行程序期间，访问的指令和数据通常呈现"簇"状特点。随着时间的推移，处理器访问的"簇"会发生改变，但在较短的时间间隔内，处理器大概率会集中访问固定的某一"簇"。

高速缓存中的数据来自内存，包含一部分内存数据的副本。为了便于快速查找和访问，高速缓存和内存都被分成若干个固定大小的存储块。图 1.17 中展示了高速缓存和内存的系统结构。设内存由 2^n 个字组成，每个字有一个唯一的 n 位地址，内存被分成一些固定大小的块，每块包含 K 个字，即共有 $M=2^n/K$ 个内存块。高速缓存中有 C 个存储槽（slot），每个槽也可放 K 个字。一个槽存储一个内存块的数据。为了标识一个槽存储的数据属于哪个内存块，每个槽用一个标签（tag）进行标识，通常是内存地址码中较高的若干位，表示以这些位开始的所有地址。

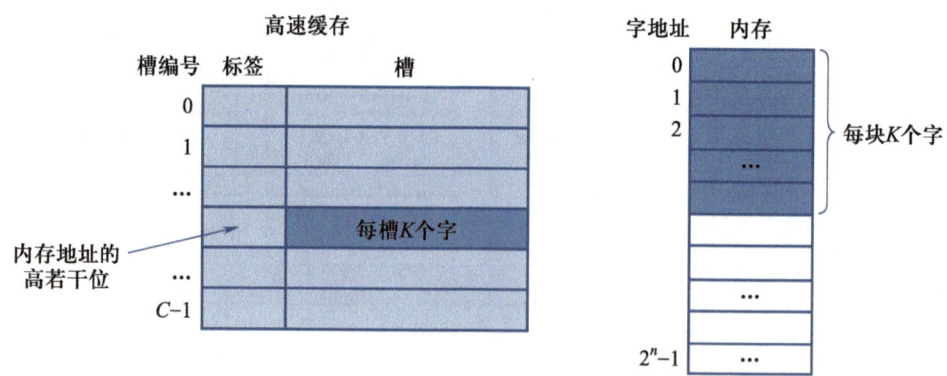

图 1.17　高速缓存槽和内存块

如果要访问的某个字所在的内存块不在高速缓存，则将这个内存块传送到高速缓存，存储在一个槽中。由于高速缓存容量远远小于内存容量，所以高速缓存槽的数目远远小于内存中块的数目（$C \ll M$），高速缓存的槽中总是会存放近期需要访问的数据，这些数据需要根据实际情况时常轮换。当需要装入新的内存数据块，但无空槽时，可以根据局部性原理，置换那些最近最不可能再被访问的槽中数据。

1.3.2　内存储器

本节介绍的是通常意义上的内存——随机存取存储器（random access memory，RAM），不讨论只读存储器（read only memory，ROM）。

内存储器简称内存，也称作主存或实存，是由半导体材料构成的易失性存储器，其中的数据在计算机断电之后将丢失，如需永久存储则需将数据从内存保存到非易失性的外部存储器（如磁盘）。内存由一系列存储单元（字节）组成，每个存储单元都有一个唯一的内存地址标识，处理器可以通过内存单元地址随机访问存储单元。数据以字的形式在内存中被存入和读出，字可以是 8 位、16 位、32 位或 64 位二进制数值，对应于 1、2、4 或 8 字节。向存储单元写入新数据时，原数据将被覆盖；但从存储单元中读取数据后，原数据仍保留在存储单元中。

如图 1.15 所示，内存是处理器能直接访问的唯一大型存储介质，且存取速度相对较快。计算机运行程序时，需要首先将程序中的指令和需要处理的数据从磁盘加载到内存中，才能由处理器逐条取出每条指令并执行它所对应的操作。由于在执行程序的过程中，处理器频繁地与内存交互，执行存取操作，因此内存的平均访问速度对整个系统性能影响很大。

为了加快内存访问速度，可以利用高速缓存，构成"高速缓存—内存"两级存储器访问方式。图 1.18 描述了在加入高速缓存之后，处理器要读取一个内存数据时的基本流程。当处理器需要读取内存中的一个字节或字时，首先根据指令生成要读取的字地址 RA，然后检查高速缓存，确认这个字节或字是否在高速缓存中；若已存在于高速缓存中，称为"命中"（hit），该字节或字从高速缓存读取并传递给寄存器；若高速缓存"不命中"（miss），则将内存中包含该字节或字的一个数据块读入一个高速缓存槽，然后再从高速缓存将该字节或字传送给寄存器，以供处理器处理。

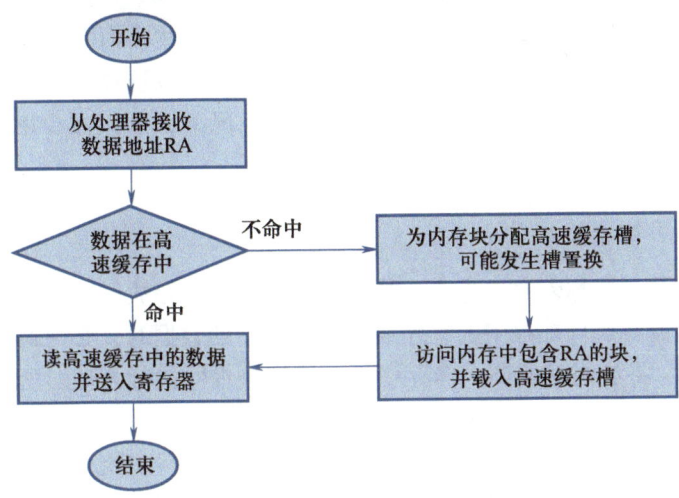

图 1.18　高速缓存—内存读数据流程图

在访问一个新内存块的首个数据时，会导致高速缓存不命中的发生。但由于局部性原理，把该内存块装入一个高速缓存槽以满足当前的一次访问之后，可能在接下来很多次访问中目标数据都在该块内。因此，当高速缓存和内存的尺寸和容量配比适当时，高速缓存的命中率可以达到很高，这样可以使处理器访问数据的平均存取时间接近高速缓存的存取时间。

假设系统采取"高速缓存—内存"两级存储器，高速缓存命中率 H 是指在高速缓存中找到所需数据的概率。高速缓存的查找是由硬件完成的，速度极快，因此为简单起见，忽略处理器用于确定高速缓存是否命中的时间。

两级存储器的平均存取时间是命中率 H 的函数，令 T_1 表示访问第一级存储器（如高速缓存）的存取时间，T_2 表示访问第二级存储器（如内存）的存取时间，则平均存取时间可表示为：$H \times T_1 + (1-H) \times (T_2+T_1)$。

【例】设高速缓存的存取时间 T_1 为 0.1 μs，内存的存取时间 T_2 为 1 μs，高速缓存的命中率 H=0.9，则访问的平均存取时间可计算为：

$$0.9 \times 0.1 \text{ μs} + 0.1 \times (1 \text{ μs} + 0.1 \text{ μs}) = 0.09 + 0.11 = 0.2 \text{ μs}$$

此结果非常接近高速缓存的存取时间。由此可见，在多级存储器系统中，当第一级存储器命中率较高时，总的平均存取时间更接近第一级存储器的存取时间。

内存除了用于存放处理器要执行的代码和数据以外，现代操作系统还通过软件的方式赋予内存其他的用途。例如，操作系统通常会将一部分内存空间作为缓冲池，划分出若干个缓冲区（buffer），用于临时保存从磁盘中读取或向磁盘写入的数据，这也称为磁盘高速缓存技术（disk cache）。通过内存缓冲区实现对磁盘的"成批写"和"延迟写"操作,以减少磁盘 I/O 开销,提高磁盘性能,同时减少对处理器的影响。

(1)"成批写"是指启动磁盘后,将多个内存缓冲区的数据成批地一次性传输给磁盘。磁盘 I/O 操作次数少、数据量大,降低了磁盘 I/O 开销。

(2)"延迟写"是指将要写入到磁盘的数据仍然放在内存缓冲区,可能会在真正写入之前被再次访问(甚至被修改),这样可以迅速地直接从内存取出数据,加快访问速度。在数据被再次修改的情况下,可以减少磁盘 I/O 操作次数。

1.3.3 外存储器

外存储器,简称外存,具有不易失性,通常用来存放需要长期保存的程序和数据。当需要执行外存中的程序或访问外存中的数据时,必须通过处理器发出 I/O 指令,将访问对象调入内存中,才能被处理器执行处理。所以,外存实际上属于 I/O 设备。

外存的种类很多,其中的光盘、移动硬盘和 U 盘等主要用于离线存储和数据备份,本节不予讨论。目前,微型计算机中普遍设置有固态硬盘,以闪存芯片作为存储介质,速度快但容量较小,外存储器仍以传统的机械式磁盘为主要组成部分。

磁盘也称为二级存储器(secondary memory)或辅助存储器(auxiliary memory),由一个或多个表面涂有磁性材料的薄盘组成。磁盘表面的磁颗粒被磁化后会保持极性,直到再次被磁化。它不需要用电或者任何其他辅助,就可以把信息长期保存下来。如果需要重写,用磁头对其进行再次磁化即可。

现代操作系统在实现虚拟内存(virtual memory,VM)技术时,会利用磁盘的一部分空间作为内存的扩展。根据程序局部性原理,用"高速缓存—内存—磁盘"构成三级存储器,在利用磁盘扩充内存容量的同时,也提高了磁盘的平均访问速度。对于程序员而言,虚拟内存是完全透明的,且无须考虑物理内存大小,编程十分方便。

1.4 操作系统目标

操作系统是计算机系统中最重要和最基础的系统软件,是计算机系统的灵魂。操作系统统一管理软硬件资源,控制程序执行,改善人机界面,合理组织计算机工作流程,为用户使用计算机提供良好的运行环境。

操作系统是控制应用程序执行的程序,并充当应用程序和计算机硬件之间的接口。它需具备下面三个特性目标:

(1)交互方便性:操作系统使计算机更易于使用。系统可以使用编译命令,将用户采用高级语言编写的程序翻译成机器代码,或者直接通过操作系统所提供的各种命令操纵计算机系统,极大地方便了用户,使计算机易学易用。

（2）资源管理有效性：操作系统允许以更有效的方式调用计算机系统资源。推动操作系统发展最主要的动力便是提高系统资源利用率。操作系统可以全局管理计算机系统的硬件资源和软件资源，可以通过合理组织计算机的各项工作流程，加速程序的运行，缩短程序的周期，从而提高系统的吞吐量和资源的利用率。

（3）系统可扩展性：在设计操作系统时，应该允许在不妨碍服务的前提下有效地开发、测试和引进新的系统功能。从早期的无结构发展成模块化结构，进而又发展成层次化结构，操作系统已广泛采用了微内核结构，能方便地增添新的功能和模块，以及对原有的功能和模块进行更新和修改，具有良好的扩展性。

接下来依次详细介绍操作系统的这三个特性目标。

1.4.1 交互方便性

操作系统作为用户与计算机硬件系统之间的接口，向用户屏蔽软件/硬件细节，方便用户使用计算机。用户需通过操作系统来使用计算机，或者说用户在操作系统协助下才能够方便快捷可靠地操纵计算机硬件资源，以及运行用户应用程序。用户可通过三种方式使用计算机来实现与操作系统的交互并获得系统服务，即命令方式、系统调用方式和图形界面方式。

为用户提供服务的硬件和软件系统，可以看作是一种层次结构，如图 1.19 所示。最顶层是终端用户，通常无须了解计算机的硬件细节，终端用户可以把计算机系统简单看作是一组应用程序。一个应用程序由一种程序设计语言描述，并且由程序员开发而成。而完全用一组控制计算机硬件的机器指令开发应用程序是一项非常复杂的工作，所以操作系统提供了一组系统调用，用于简化机器指令的程序开发。系统调用的一部分称作实用工具，包括创建程序、管理文件和控制 I/O 设备中的常用功能。程序员在开发应用程序时可直接使用这些系统调用提供的接口；在应用程序运行时，将调用实用工具层提供的特定功能。

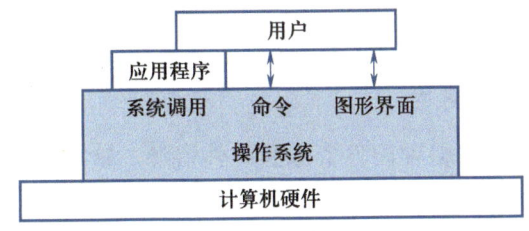

图 1.19 操作系统介于用户和硬件之间

操作系统是最重要的系统软件，为程序员屏蔽与硬件交互的细节，并为程序员使用系统提供方便的交互接口。它可以作为中介，使程序员和应用程序更容易地访问和使用这些系统功能和系统服务。

操作系统通常提供以下七方面的服务。

（1）程序开发：操作系统可提供多种系统工具和系统服务，如编辑器和调试器，用于协助程序员开发程序。通常，这些服务以实用工具程序的形式出现，严格意义上并不是操作系统的核心程序。它们由操作系统调用，称作应用程序开发工具。

（2）程序运行：一个程序运行需要很多步骤，包括把指令和数据载入内存、初始化 I/O 设备和文件以及准备一些必要资源。操作系统为用户程序完成这些调度执行事务。

（3）I/O 设备访问：每个 I/O 设备的操作都需要特有的指令集或控制信号，操作系统隐藏了交互细节并提供统一的接口，便于程序员可以使用简单的读写操作指令访问这些设备。

（4）文件访问控制：操作系统进行文件访问时，不仅需要详细了解 I/O 设备情况，包括磁盘驱动器的各种特性，还必须清楚存储介质中文件数据的结构。此外，对于多用户系统，操作系统还可以提供保护机制来实现对不同用户文件的安全访问。

（5）系统访问：对于共享或公共系统，操作系统可以控制对整个系统资源的访问，或者对某个特殊系统资源的访问。访问功能模块必须提供对资源和数据的保护，以避免未授权用户的越权访问，同时还能够解决资源竞争问题。

（6）错误检测和响应：计算机系统运行时可能发生各种各样的错误，包括内部和外部硬件错误，如存储器错误、设备失效或故障，以及各种软件错误，如算术溢出、试图访问被禁止的存储器单元、操作系统无法满足应用程序的请求等。对每种错误情况，操作系统都要能够提供响应，以清除错误条件，使该错误或故障对正在运行的应用程序的影响降到最低。响应可以是终止引起错误的程序、实施重试操作或仅给应用程序报告错误等。

（7）记账：一个优秀的操作系统还可以收集统计各种资源使用情况，监控各项性能参数，如响应时间等。在任何系统中，这些信息对于分析将来如何增强功能以及提高系统性能都是很有用的。对多用户系统，这项功能还可用于记录各个用户的访问信息。

1.4.2　资源管理有效性

计算机系统中包含多种硬件资源和软件资源。这些资源用于对数据的移动、存储和处理，以及对这些操作的控制，而操作系统负责管理这些资源的调度和分派，尽量提高软件和硬件资源的利用率。操作系统通过管理计算机资源来控制计算机的基本功能。

操作系统实际上也是一组计算机程序，与其他普通的用户程序运行方式相同，需要由处理器执行的一段程序或一组程序实现管理功能，而区别仅在于程序执行的目的不同。操作系统的执行是为了控制处理器调用系统资源，并分派给应用程序，以便应用程序顺利执行。但是，处理器执行普通用户程序时，必须停止执行操作系统程序。这时操作系统需要释放对处理器的控制权，以使得处理器去执行用户程序，然后在需要时恢复对处理器的控制权，指挥处理器准备执行下一项工作，依此循环。

图 1.20 显示了由操作系统管理的主要系统资源。操作系统和用户文件通常存放在磁盘中。在开机启动之后，将操作系统一部分装入内存，其中包括内核程序和当前正在使用的其他操作系统程序，内核程序包含操作系统中最常调用的功能。内存的其余空间包含用户程序和数据。内存的分配由操作系统和处理器中的存储管理硬件联合控制。操作系统决定在程序运行过程中何时访问 I/O 设备，并控制文件的访问和使用。

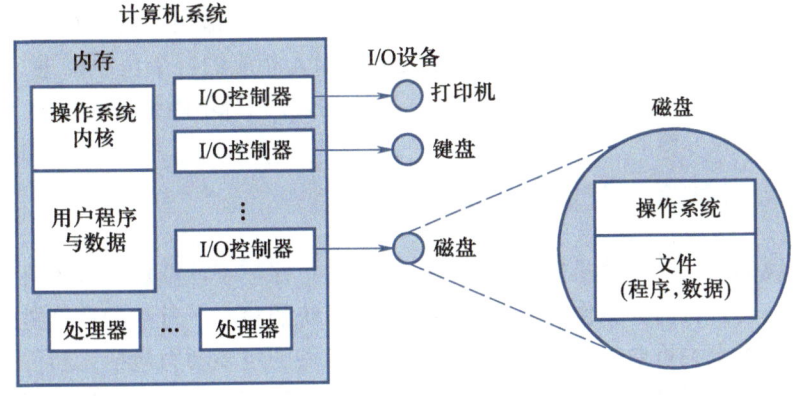

图 1.20 操作系统对资源的管理

最重要的系统资源是处理器，操作系统必须决定分配给某个特定的用户程序多少处理器时间。在多处理器系统中，操作系统需要确定各个处理器分配给各个应用程序的执行时间。当一台计算机系统同时运行多个用户程序时，多用户程序对共享资源的请求有可能会发生竞争，为此操作系统必须对请求共享资源的程序进行授权，以协调诸多应用对共享资源的访问。

1.4.3 系统可扩展性

计算机硬件与用户需求发生变化时，可能要求对操作系统进行必要的改动，这种应变能力就是系统可扩展性。在性能层面，良好的可扩展性表现在当系统中增加一定数量的硬件模块时，使得系统性能呈线性或接近线性的增长；在功能层面，良好的可扩展性可以使得操作系统中增加新的功能和模块对现有功能影响较少，即不需要对现有功能模块做任何改动或只需很少改动。可扩展性在操作系统的结构设计阶段即被确定。在一定程度上，操作系统对可扩展性的需求也促进了操作系统结构的不断发展，从早期的无结构到模块化结构，进而发展到层次化结构。改善可扩展性的途径，包括采用模块化结构设计使得每个模块都能独立实现；采用标准化接口设计使各个模块能通过标准接口联系在一起；采用分层架构设计使得层与层之间相互分离；等等。

一个成功的操作系统应该能够可持续发展，以应对如下情况。

（1）硬件升级或新型硬件的出现：如早期的 UNIX 和 Macintosh 的处理器没有"分页"的硬件，因此，这两个操作系统最初也没有设计分页机制。而较新的版本经过优化改进，具备了分页功能。同样地，图形终端和页面式终端替代了行滚动终端，这也需要操作系统更新设计以适应新需求。例如，图形终端允许用户通过屏幕上的窗口同时查看多个应用程序，这就要求操作系统能够提供更复杂的支持。

（2）服务需求扩展：为适应用户的新要求或满足系统管理员的需要，操作系统就要被扩展以提供新的服务。例如，如果发现用现有的工具很难保持较好的性能，操作系统就必须增加新的度量和控制工具。

（3）错误持续纠正：任何一个操作系统都会发生错误，随着时间的推移，这些错误逐渐呈现并被发现，操作系统需要引入相应的补丁程序以进行纠正。当然，补丁本身也可能会引入新的错误，需要操作系统不断维护和完善。

1.5　操作系统的发展与类别

操作系统发展史

系统的构建与计算机硬件的发展紧密相关，伴随着计算机技术的快速发展而不断完善。目前，操作系统已成为计算机系统的核心，对推动计算机的大规模应用起到至关重要的作用。推动操作系统发展的主要动力包括元器件不断更新换代，提高资源利用率，改善用户交互性以及满足新的应用需求，等等。

为了更好地理解操作系统的基本概念和功能，本节简要阐述操作系统发展的历史过程。了解操作系统的发展史，有助于理解操作系统的关键性设计需求，也有助于了解现代操作系统基本特征，尤其是国产操作系统新阶段的发展态势。

1.5.1　串行处理时代

早期的计算机从 20 世纪 40 年代后期到 20 世纪 50 年代中期，程序员都是直接与计算机硬件打交道，因为当时还没有操作系统的出现，这些机器都是在一个控制台上运行。控制台包括显示灯、触发器、某些类型的输入设备和输出设备（如打印机）。一个程序在串行处理时代被称为作业。用机器代码编写的程序先记录在穿孔卡片或纸带上，通过输入设备（如读卡机、纸带机）装入计算机。如果一个错误导致程序停止，错误原因会由显示灯指示。如果程序正常完成执行，结果将由打印机输出。这种模式称作串行处理模式，用户必须依次顺序使用计算机。

这种早期的计算机系统存在两个主要问题：调度不灵活和准备时间过长。

（1）调度：用户需要向管理者登记，以预定使用机器的时间段，用户在预约机时内将独占整个机房，资源利用率低。通常情况是以半小时为单位登记一段工作时间。有时用户登记的时间过长而未用完所登记的工作时间，剩下的时间里计算机系统就会出现闲置状态，导致系统资源浪费。相反，如果用户临时遇到一个紧急的问题而没有在预定的时间内执行完毕，则在解决这个问题之前就会因为预定的时间结束而被强制停止。显然，串行处理时代的计算机程序调度模式并不灵活。

（2）准备时间：作业运行时可能需要往内存中加载编译器和源程序，保存编译好的程序及目标程序，然后加载目标程序和公共函数，并链接在一起。每步都可能包括手工安装或拆卸纸带、卡片组或磁带，如果在此期间发生了错误，用户只能按全部步骤重来一遍，从而导致程序运行前的准备时间过长，处理器等待用户手工装卸的时间过长，效率低下。

随着技术的发展，虽然陆续开发了各种各样的系统软件和工具，包括公用函数库、链接器、加载器、调试器和 I/O 驱动程序等，但是仍然无法实现对多个作业的高效执行。

1.5.2 简单批处理系统

20 世纪 50 年代，晶体管的出现推动了计算机性能和可靠性的提升，手工操作的低速度和计算机运行的高速度之间的矛盾更加突出，唯一的解决办法是摆脱人工操作，实现作业的自动运行。因此，简单批处理系统应运而生。

简单批处理系统使用了称为监控程序（monitor）的系统软件，其具有现代操作系统的部分功能，可以看作是一个操作系统的雏形。监控程序负责装入和运行各种系统处理程序（如汇编程序、编译程序、连接装配程序和程序库等），调度磁带上排队等候的作业，使一批作业自动、顺序地逐个运行。监控程序还改善了作业的准备时间，处理器尽可能迅速地执行每个作业，没有任何闲置时间。

大部分监控程序必须常驻内存，其他部分包括一些实用程序和公用函数。用户作业只有在需要执行时才被载入用户程序区，如图 1.21 所示。由于内存中只能装入一个作业被运行，因此也称为单道批处理系统。比较有代表性的简单批处理系统（单道批处理系统）有 FMS（fortran monitor system）和 IBSYS（IBM 公司为其 7090/7094 机配备的批处理操作系统）。

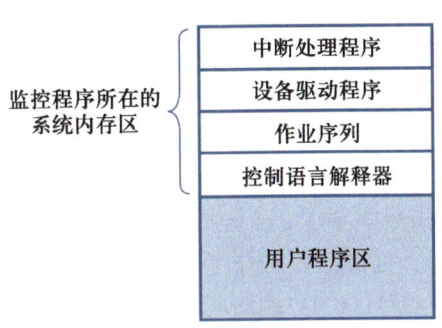

图 1.21　常驻监控程序的内存状况

每个作业中的指令均以一种作业控制语言（job control language，JCL）的基本形式给出，这是一种特殊类型的程序设计语言，为监控程序提供指令。每个作业都有一个作业说明书，用于说明作业的属性，如作业优先级、预计运行时间、占用内存大小等。

在批处理系统（包括单道批处理系统以及多道批处理系统）中，程序员不再直接操作机器，而是把穿孔卡片或纸带中的作业交给计算机操作员，由操作员把这些作业按顺序组织成一批，集中存放在输入磁带上；并将输入磁带装入主机的磁带机上，供监控程序调度分派到处理器上运行。每个程序完成处理后，处理器控制权再返回监控程序，同时监控程序自动加载下一个程序。

批处理系统为了解决高速主机与慢速外设之间的矛盾，提高主机处理器的利用率，出现了脱机输入输出技术。脱机输入输出过程如图 1.22 所示，除了高速主机（如 IBM 7094 机型）以外，系统再设置若干台慢速的外围机（如 IBM 1401 机型）。需要输入时，将包含用户程序和数据的卡片装入读卡机；在一台外围机的控制下，把卡片上的程序和数据保存到"输入磁带"中，磁带容量比较大，可以同时容纳多个作业；把装满作业的输入磁带放入主机的输入磁带机中，作业在监控程序的控制下逐个进入主机内存运行，运算结果写到"输出磁带"上；所有作业运行完毕后，将输出磁带送到外围机上打印结果。

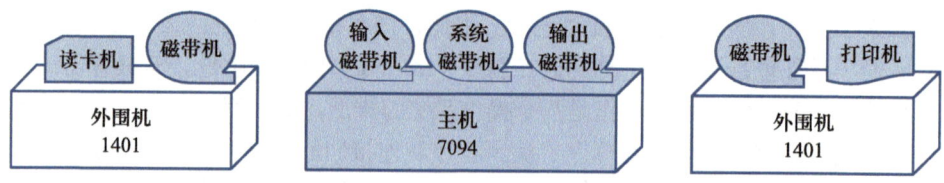

图 1.22　批处理系统的脱机输入输出过程

采用脱机输入输出技术之后，程序和数据的输入输出都是在外围机的控制下，在脱离主机的情况下完成的，故称为脱机输入输出方式。这样可以尽量使高速主机专注于运行程序，主机不再直接与慢速的 I/O 设备（如读卡机、打印机）传输数据，而是与速度相对较快的磁带机发生交互，有效缓解了主机与设备的速度矛盾，减少了主机的空闲时间。

单道批处理系统中作业的运行时间，包括 I/O 操作时间和处理器执行时间。其中，I/O 操作时间主要是外部设备在工作，而处理器处于空闲状态。在处理器执行期间，外部设备处于空闲状态。致使处理器和 I/O 设备等资源都得不到充分利用。

【例】一个程序执行一条从文件中读取数据的指令需要 15 μs，处理器执行此程序的 100 条计算指令需要 1 μs，然后执行 1 条写数据指令也需要 15 μs，总共耗费 31 μs。其中，处理器仅工作了 1 μs，其余 30 μs 都在等待 I/O 操作。那么，处理器利用率为 1/31=0.032=3.2%。由此可见，对于有大量 I/O 操作的程序，处理器利用率极低，这就亟须引入新的技术来提升处理器的工作效率。

1.5.3 多道批处理系统

到了 20 世纪 60 年代，计算机的硬件在两方面取得了极大发展。第一方面是通道技术，第二方面是中断技术。通道是一种专门负责外设与内存之间数据交换的处理模块，可以同时控制多台外部设备工作。启动后可以独立于处理器运行，这样就把处理器和 I/O 任务分隔开来。而中断技术则是处理器在工作时可以接收外部信号，中断正在进行的工作，转去处理发送信号的事件。当这一事件处理完毕以后，再回到原来的断点继续工作。因此，借助通道技术和中断技术，引入了多道批处理系统。

多道批处理系统可以把多个作业同时放入内存，并允许它们在处理器上交替运行，共享系统中的各项硬件资源和软件资源。当某个作业因 I/O 请求而暂停运行时，处理器便可以转向运行另外一个等待运行的作业，以提高处理器利用率。这种处理方式称为**多道程序设计**。在一段时间间隔内，处理器可以执行多个程序，称为程序可并发执行。

图 1.23 对比了程序 A、程序 B 和程序 C 在单道顺序执行和多道并发执行时的运行过程。

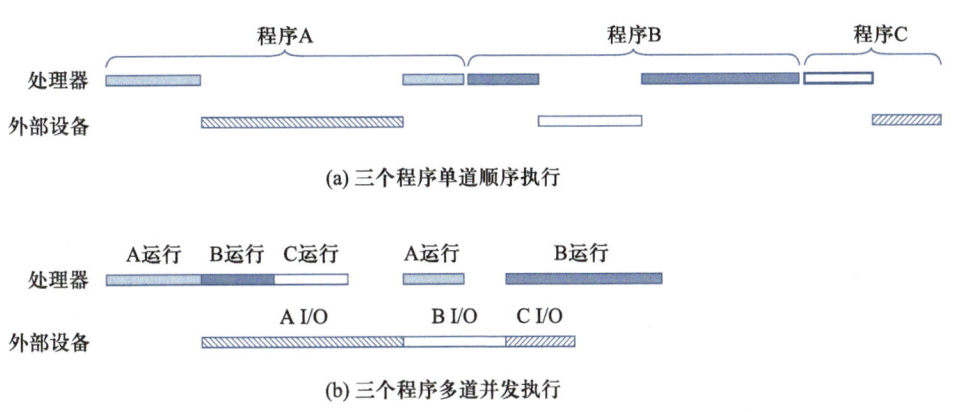

图 1.23　单道顺序执行与多道并发执行的对比

由图 1.23 可以看到三个程序在系统中并发执行时，程序 A 提出 I/O 请求之后，处理器调度程序 B 运行；程序 B 提出 I/O 请求后，处理器则调度程序 C 运行。处理器和外部设备可同时工作，提高了资源利用率。在更短的时间内完成了同样多的任务，提高了系统吞吐率。

从多道批处理系统的实现可以看出，对于需要频繁切换的小作业，批处理系统的优势并不是特别明显。这是因为作业的切换也需要花费一定的系统时间。而对于计算量较大的作业或者数据处理量较大的作业，批处理系统的优势则更加明显。因此，多道批处理系统适用于进行大量的科学计算和数据处理任务。

多道批处理系统的操作系统比单道程序系统相对复杂。必须将准备运行的多个作业保留在内存中，这就需要有内存管理模块的辅助。此外，如果多个作业都处于准备就绪状态，操作系统必须决定处理器先运行哪一个，这就需要进程调度算法来支持，这将在本书后面章节详细讲述。

1.5.4　分时操作系统

如果使用多道程序设计，可以使批处理系统的资源利用率和吞吐率得到提高。但是对于需要直接与计算机系统交互的用户而言，用户希望其提交的作业能在短时间内得到计算机的快速响应，以增加用户与计算机系统的交互性，提升用户体验效果。

分时操作系统的提出恰恰解决了此类问题，其核心思想就是将计算机的处理器以"时间片轮转"的方式分配给各个用户终端。若时间片用完，则产生时钟中断，将控制权转至操作系统，并重新进行下一个终端作业的调度。由于计算机的计算速度很快，且分割出来的时间片很短，每个终端用户都会感觉自己在独占计算机，可以通过自己的终端随时向系统发送各种操作控制命令。

批处理操作系统和分时操作系统都使用了多道程序设计思想，但批处理操作系统的主要目标是提高资源利用率，而分时操作系统的主要目标是减少响应时间。

分时操作系统的特点如下。

（1）分时性：若干终端用户分时使用计算机，多个用户共享同一台计算机的处理器时间。

（2）独立性：终端用户彼此独立互不干扰，每个终端用户感觉自己独占整个计算机系统。

（3）及时性：用户的请求能够在足够短的时间内得到响应，通常仅为 $1 \sim 3$ s。

（4）交互性：通过终端与系统交互，用户直接控制程序运行，便于程序调试和排错。

分时操作系统和多道程序设计也引发了操作系统中的许多新问题。如果内存中有多个作业，必须保证它们互不干扰。例如，不会修改其他作业的数据。有多个交互用户时，必须对各自的文件系统进行保护，只有授权用户才可以访问某个特定的文件，同时还必须处理资源（如打印机和海量存储器）的竞争问题。

第一个分时操作系统是由麻省理工学院（Massachusetts Institute of Technology, MIT）开发的兼容分时系统（compatible time-sharing system, CTSS），源于多路存取计算机项目。该系统最初在 1961 年为 IBM 709 开发，后来又移植到 IBM 7094 中。在 IBM 7094 上运行时，CTSS 最多可支持 32 个用户。

1973 年，贝尔实验室的 Ken Thompson 和 Dennis M. Ritchie 设计了 C 语言，

并用 C 语言改写了原来用汇编语言编写的 UNIX。UNIX 是现代分时操作系统的代表，其安全性、可靠性以及强大的系统管理能力赢得了广大用户的信赖。UNIX 是里程碑式的操作系统，引入了许多现代操作系统的概念与技术，对随后出现的操作系统有着巨大的影响。促使 UNIX 系统成功的因素包括：UNIX 用 C 语言编写，易开发可移植；系统源代码短小精悍，运行效率高；UNIX 是通用的多用户多任务分时操作系统。目前，UNIX 系统的不同版本可应用于微机、服务器、小型机、大型机等多种机型。

1985 年，Windows 1.0 上市；1990 年，Windows 3.0 赢得市场认可；截至目前，Windows 已经发展出一系列版本，是在个人计算机市场占有率最高的分时操作系统。

1991 年 10 月，Linux 0.02 在互联网上发布。到 1994 年 Linux 内核 1.0 版发布时，已有相当多的操作系统爱好者为 Linux 贡献了大量代码。Linux 本身不是 UNIX，但在界面和接口标准上与 UNIX 完全兼容，所以称之为"类 UNIX"操作系统。Linux 开放内核源代码，可修改定制，安全稳定，支持多种硬件平台，裁剪后还可作为嵌入式操作系统。常见的基于 Linux 内核的发行版有：红旗、麒麟、红帽、Ubuntu 等。

1.5.5 实时操作系统

20 世纪 60 年代中期，计算机发展进入第三代，应用范围迅速扩大，从传统的科学计算扩展到商业数据处理、生产控制、武器控制等。在诸如高危实验室、温度控制、导弹发射等场合，通常需要对事件实时响应，在短时间内处理完某项任务。分时系统和批处理系统显然难以达到实时要求。因此，引入了实时系统以满足自动控制等方面的应用需求。

实时操作系统包括实时控制系统、实时信息处理系统和事务处理系统。当实时事件或数据产生时，实时操作系统能够及时对其予以接收，并以足够快的速度进行处理。针对单个实时任务，实时操作系统应保证在规定时间内控制其生产过程或对控制对象做出快速响应；同时，实时操作系统能够协调安排所有实时任务的运行，提供及时性和高可靠性。

实时操作系统的主要特征如下。

1. 实时性

实时系统是为了提高系统响应时间而设计的操作系统，特别是实时控制系统，对外部事件的响应要十分及时。外部事件往往以中断方式通知系统，系统要具有较强的中断处理能力，每个接收、分析、处理和发送信息的过程，必须严格在限定时间约束内完成。

2. 可靠性

多道批处理系统和分时系统虽然要求系统可靠，但相比之下，实时系统则要求有更高的系统可靠性。因此，实时系统需采取冗余的硬件 / 软件措施来保障。例如，双机系统双工工作，前台 / 后台工作采用必要的数据保护措施。

3. 安全性

由于实时系统多用于涉及国家战略的重要领域，因此，系统的安全性非常重要。只有保证实时系统的安全性，才能保证系统上运行的应用程序的安全性，进而满足国家战略发展需求。

4. 专用性

由于大多数实时系统用于控制特定应用领域的设备，不同系统里可能发生的事件和所需做的处理都各不相同。为了保证紧急事件发生时系统能够及时响应，实时系统一般专门针对该特定应用进行设计，成为专用系统。

5. 有限交互

实时系统一般都是专用系统，它仅提供有限的人机交互。用户只能访问系统中某些特定的专用服务程序，不能像分时系统那样向终端用户提供多方面服务。

1.5.6　嵌入式操作系统

嵌入式操作系统（embedded operating system，EOS）是指用于嵌入式设备的操作系统。它是一种用途广泛的系统，通常包括与硬件相关的底层驱动软件、系统内核、设备驱动接口、通信协议、图形界面、标准化浏览器等。嵌入式操作系统负责嵌入式设备的全部软硬件资源的分配、任务调度、控制协调并发活动等。目前，在嵌入式领域广泛使用的操作系统有：嵌入式实时操作系统、嵌入式 Linux、Windows Embedded、VxWorks 等，以及应用在智能手机和平板电脑的 Android、iOS、HarmonyOS 等。

1. 嵌入式操作系统的发展历史

事实上，嵌入式这个概念在很早以前就已经存在了。在通信方面，嵌入式系统在 20 世纪 60 年代就用于对电子机械电话交换的控制，当时被称为"存储式程序控制系统"。

嵌入式计算机的真正发展是在微处理器问世之后。1971 年 11 月，Intel 公司成功把算术运算器和控制器电路集成在一起，推出了第一款微处理器 Intel 4004。其后，各厂家陆续推出了许多 8 位、16 位的微处理器。以这些微处理器为核心所构成的系统，广泛应用于仪器仪表、医疗设备、机器人、家用电器等领域。微处理器的广泛应用形成了一个广阔的嵌入式应用市场，计算机厂家开始大量地以插件方式向用户提供 OEM（original equipment manufacturer，原始设备制造商）产品，再由用户根据自己的需要选择一套合适的处理器、存储器以及各式 I/O 插件板，从而构成专用的嵌入式计算机系统，并将其嵌入自己的系统设备中。

1976 年，Intel 公司推出了 Multibus。1983 年，扩展为带宽达 40 MB/s 的 Multibus Ⅱ。

1978 年，用 Prolog 设计的简单 STD 总线，广泛应用于小型嵌入式系统。

20 世纪 80 年代，随着微电子工艺水平的提高，集成电路制造商开始把嵌入式应用中所需要的微处理器、I/O 接口、A/D 和 D/A 转换、串行接口以及

RAM、ROM 等部件统统集成到一个 VLSI 中，从而制造出面向 I/O 设计的微控制器，也就是俗称的单片机，成为嵌入式计算机系统异军突起的一支新秀。

20 世纪 90 年代，在分布控制、柔性制造、数字化通信和信息家电等巨大需求的牵引下，嵌入式系统进一步加速发展。面向实时信号处理的 DSP（数字信号处理器，digit signal processor）产品，向着高速、高精度、低功耗方向发展。

2. 嵌入式操作系统的特点

由于嵌入式操作系统应用环境的特殊性，其具有以下主要特点。

（1）系统内核小。由于嵌入式系统一般应用于小型电子装置，系统资源相对有限。所以，内核比传统的操作系统要小得多。例如，OSE 分布式系统的内核只有 5 KB。

（2）专用性强。嵌入式系统的个性化很强，其中软件系统和硬件的结合非常紧密。一般要针对硬件进行系统的移植，即使在同一品牌、同一系列的产品中也需要根据系统硬件的变化和增减不断进行修改。同时针对不同的任务，往往需要对系统进行较大改动，程序的编译下载要和系统相结合，这种修改和通用软件的"升级"是两个概念。

（3）系统精简。嵌入式系统一般没有系统软件和应用软件的明显区分，不要求其功能设计及实现上太过复杂。这样不仅利于控制系统成本，还利于系统安全。

（4）高实时性。高实时性也是嵌入式系统的基本要求，而且要求固态存储，以提高速度。同时，系统代码要求高质量和高可靠性。

（5）多任务的操作系统。嵌入式软件开发要实现标准化，就必须使用多任务的操作系统。嵌入式系统的应用程序可以没有操作系统，直接在芯片上运行；但是为了合理调度多任务、利用系统资源、系统函数和专用库函数接口，用户必须自行选配实时操作系统（real-time operating system，RTOS）开发平台，这样才能保证程序执行的实时性和可靠性，并减少开发时间，保障软件质量。

（6）特定开发工具和环境。嵌入式系统开发需要开发工具和环境。由于其本身不具备自主开发能力，即使设计完成以后，用户通常不能对其中的程序功能进行修改，必须有一套开发工具和环境才能进行开发。这些工具和环境一般基于通用计算机上的软硬件设备以及各种逻辑分析仪、混合信号示波器等。开发时往往有主机和目标机的区分，主机用于程序的开发，目标机作为最后的执行机，开发时需要交替结合进行。

3. 嵌入式系统的核心

嵌入式系统的核心是嵌入式微处理器，而嵌入式微处理器一般具备以下四个特点：

（1）对实时任务有很强的支撑能力，能完成多任务并且有较短的中断响应时间，从而使内部的代码和内核的执行时间减少到最低限度。

（2）具有功能很强的存储区保护功能。这是由于嵌入式操作系统的软件结构已模块化，而为了避免在软件模块之间出现错误的交叉作用，需要设计强大的存储区保护功能，同时也有利于软件诊断。

（3）可扩展的处理器结构，能迅速地开发出满足应用需求的高性能的嵌入式微处理器。

（4）嵌入式微处理器功耗很低，尤其是在靠电池供电的便携式无线设备及移动计算和通信设备中更是如此。

1.6　国产操作系统概述

2013 年冬，"中国智能终端操作系统产业联盟"成立，中国工程院院士倪光南成为"中国智能终端操作系统推动人"。倪院士表示，计算机上的应用程序都是在操作系统的支持之下工作的。只要计算机联网，掌控了操作系统，就掌握了这台计算机上所有的操作信息。因此，操作系统厂商很容易取得用户的各种敏感信息，包括用户的身份、账户、通讯录、手机号等数据。如果用大数据分析，统计的数字比统计部门的数字更准确、更全面。由此可见，发展我们国家自主可控的操作系统软件势在必行。这里介绍几款主要的国产操作系统。

1. SPG 思普操作系统（SPGnux）

SPG 思普操作系统是一款由中国软件与技术服务股份有限公司开发的计算机操作系统，它将办公、娱乐、通信等开源软件封装到同一个办公系统中，在桌面上一次安装，就可以满足用户各类应用需求。目前，SPGnux 有桌面版和服务器版两个版本，在各个功能模块进行了性能优化。SPGnux 有如下特点：

（1）采用新的安全技术避免了系统宕机，优化了内存管理模块，可以支持多文件系统格式，解决了异构系统间文件兼容与交换的问题。

（2）能够支持多种语言界面，包括中文、英文、阿拉伯文语言界面，能够适合更多区域的用户程序，扩展生态环境。

（3）具有灾难自动恢复功能，能够兼容 Windows 应用软件的运行。源代码的开放，使得安全性明显提高，软件更具有健壮性。提高了系统效率，能够更快地修复 bug。

（4）可以为用户的特殊应用进行定制类 UNIX 操作系统，使得源代码级兼容稳定性明显加强。

（5）提供了内置 TCP/IP 协议的先进网络支持，真正意义上实现了多任务、多用户系统；系统资源可以被不同用户各自拥有使用，即每个用户对自己的资源（如文件、设备）有特定的权限，互不影响。

2. 深度 Linux（deepin）

深度 Linux 是在 Debian 基础上开发的 Linux 操作系统，其前身是 Hiweed Linux 操作系统，是一个致力于提供美观易用、安全可靠的 Linux 发行版本。它是以桌面应用为主的开源操作系统，支持笔记本计算机、台式机和一体机。deepin 开发了基于 HTML5 技术的全新桌面环境、系统设置中心，以及音乐播放器、视频播放器、软件中心等一系列深度原创应用软件，形成了深度桌面环境（deepin desktop environment，DDE）及多款来自开源社区的应用软件，支撑了广大用户日常的学习和工作。deepin 非常注重易用的体验和美观的设计，因此对于大多数用户来说，它易于安装和使用，还能够很好地代替 Windows 系统进行工作与娱乐。

基于 Linux 打造的 deepin 20 预览版被称为最漂亮的操作系统。deepin 是中国第一个具备国际影响力的 Linux 发行版本，它支持包括英文在内的 33 种语言，而且还是一个独立的桌面环境，可以安装在任何当前 Linux 发行版之上。deepin 已经集成到 openSUSE、Manjaro、Gentoo、Fedora 和 Ubuntu 等系统中，并打造了一个中国开源桌面操作系统根社区，在全球拥有 300 多万用户，累计下载量超过 8 000 万次。

3. 红旗 Linux

2000 年 6 月，中国科学院软件研究所和上海联创投资管理有限公司共同组建了北京中科红旗软件技术有限公司。红旗 Linux 是中国较大、较成熟的 Linux 发行版之一，是国产制造最著名的操作系统。

此款操作系统具有完善的中文和农历的支持和查询，以及与 Windows 相似的用户界面，更适合大多数中国用户的操作习惯。它已通过了 LSB 4.1 测试认证，具备了 Linux 标准基础的一切品质；x86 平台对 Intel EFI 的支持，支持在 Linux 下网页嵌入式多媒体插件，实现了 Windows Media Player 和 RealPlayer 的标准 JavaScript 接口，前台窗口优化调度功能。支持 MMS/RTSP/HTTP/FTP 协议的多线程下载工具、界面友好的内核级实时检测防火墙，支持 KDE 登录窗口、注销窗口、主皮肤的主题、可缩放的系统托盘，源代码已经进入 KDE 项目、GTK2 Qt 打开关闭文件对话框的统一。

4. 银河麒麟

银河麒麟是由多家单位合作研制的闭源服务器操作系统，是为攻克中国软件核心技术"卡脖子"的短板而研发的，具有中国自主知识产权。银河麒麟完全版共包括实时版、安全版、服务器版三个版本，简化版是基于服务器版简化而成的。银河麒麟建设自主的开源供应链，发起中国首个开源桌面操作系统根社区 openKylin，并以此为依托发布最新版本。

此款操作系统采用麒麟专用体系结构，从用户身份鉴别、强制访问控制、可信计算支撑、客体安全控制、安全审计等层次全面保证系统安全，通过了公安部要求的第四级结构化保护级认证，得到了广泛应用和用户认可。2021 年 5 月 21 日，我国登陆火星的"天问一号"飞船就是安装的麒麟操作系统。如今，麒麟操作系统已经在中国空间站、北斗等领域得到广泛应用，为国家重大项目贡献了"中国大脑"，证明了国产操作系统软件已经可以上天入海。更多详细性能这里不做过多赘述，读者可以登录开源社区进一步了解。

5. 鸿蒙操作系统（HarmonyOS）

鸿蒙操作系统是一款基于微内核的面向全场景的分布式操作系统，创造了一个超级虚拟终端互联的世界，实现"万物互联"，面向全场景生活中的多种智能终端，实现极速发现、极速连接、硬件互助、资源共享，为用户提供合适的场景体验。它主要用于物联网，可以按需扩展，实现更广泛的系统安全和低时延，可实现毫秒级乃至亚毫秒级延迟。鸿蒙操作系统可以实现模块化耦合，适配于手机、平板计算机、电视、智能汽车、可穿戴设备等多种终端设备，对应不同设备可进行弹性部署。鸿蒙操作系统有三层架构，第一层是内核，第二层是基础服务，第三层是程序框架，具有以下几大特征。

（1）分布式操作系统架构和分布式软总线技术

鸿蒙操作系统基于公共通信平台、分布式数据管理、分布式能力调度和虚拟外设四大功能，屏蔽了分布式应用的底层技术，使开发者在开发跨终端分布式应用时，能够只需关心自身业务逻辑，也会使最终用户享受到强大的跨终端业务协同能力，为各种应用场景带来无缝衔接的体验。

（2）确定时延引擎和高性能进程间通信技术（IPC）

鸿蒙操作系统通过使用这两大技术，解决了现有系统性能不足的问题。确定时延引擎可在任务执行前分配系统中任务执行优先级及时限，以便快速完成调度处理。优先级高的任务资源将优先保障调度，应用响应时延降低 25.7%。鸿蒙中结构小巧的微内核能够使 IPC 性能大大提高，进程通信效率较现有系统提升了 5 倍，实现了系统高流畅性能。

（3）微内核架构

鸿蒙操作系统采用全新的微内核设计，拥有更强的安全特性和低时延等特点。微内核设计的基本思想是简化内核功能，在内核之外的用户态尽可能多地实现系统服务，同时加入相互之间的安全保护。微内核只提供最基础的服务，如多进程调度和多进程通信等。鸿蒙操作系统将微内核技术应用于可信执行环境（trusted execution environment，TEE），通过形式化方法，重塑终端设备的可信安全。

（4）统一集成开发环境（IDE）

鸿蒙操作系统凭借多终端 IDE（integrated development environment）、多语言统一编译、分布式架构 Kit 可以提供屏幕布局控件以及交互的自动适配，支持控件拖曳操作和面向预览的可视化编程，从而使开发者可以高效构建同一工程的多端自动运行 App，真正实现一次开发多端部署和跨设备的共享生态。

6. 安超操作系统

安超操作系统是首款国产通用型云操作系统，在国产化与通用性等方面进行了改造，让安超操作系统 OS™ 2020 更加适合中国用户，为用户提供了更优质的体验。与个人计算机、手机操作系统相比，云操作系统更为复杂，管理着海量的基础硬件和软件资源，对于性能要求更高。

（1）在安全稳定性方面，安超 OS™ 2020 采用全容错架构设计，提供了端到端的容错和灾难防备方案，在数据一致性校验、磁盘损坏、节点故障以及区域性灾难等方面，为企业用户提供了高可用的通用型云环境和安全可靠的基础平台。

（2）在广泛兼容性方面，安超 OS™ 2020 的所有相关技术都拥有自主版权，符合国家相关安全自主可信的规范要求，可支持国内外主流品牌服务器。同时适配大多数芯片、操作系统和中间件，支持向下兼容与升级，更新硬件时无须重新购买软件，为企业客户提供显著的投资保护，降低企业 IT 成本。

（3）在业务优化方面，安超 OS™ 2020 可以提供同一集群内的混合业务负载能力，可对同一套云系统环境下的不同业务实现优化。

（4）在运维简捷性方面，安超 OS™ 2020 是以虚拟机和业务为核心实施管理，属轻量级云平台，从根本上简化了管理。可以使 IT 部门从技术中解放出来，工作重心转移到具体业务推进，以实现软件定义数据中心。

（5）在高性价比方面，安超 OS™ 2020 给用户提供了组件化授权，可以方便用户按需购头和使用，避免一次性过度采购，导致配置浪费。

到此，仅介绍了六款国产操作系统的主流产品，相信未来我国自主可控的基础系统软件发展会势不可挡，而本教材依托的则是华为自主研发的 openEuler 操作系统，将在本书 1.7 节详细展开。

1.7 openEuler 系统简介

openEuler 是源于 Linux 的一款开源操作系统，支持鲲鹏及其他多种处理器，能够充分释放计算芯片的潜能，是由全球开源贡献者构建的高效、稳定、安全的开源操作系统，适用于数据库、大数据、云计算、人工智能等应用场景。同时，openEuler 社区是一个面向全球的操作系统开源社区，通过社区合作打造创新平台，构建支持多处理器架构、统一和开放的操作系统，推动软硬件应用生态繁荣发展。

openEuler 的前身是运行在通用服务器上的操作系统 EulerOS，支持 x86 和 ARM 等多种处理器架构，适用于数据库、大数据、云计算等应用场景，支持多种应用产品和解决方案，是国际上颇具影响力的操作系统。

为了繁荣国内和全球的计算产业，推动 EulerOS 和鲲鹏生态的持续快速发展，2019 年年底，EulerOS 被正式推送至开源社区并更名为 openEuler。目前，openEuler 已经在高性能计算、通信、云计算、人工智能、教育应用等领域展现出优异能力，其主体架构如图 1.24 所示，在 Linux 基础上新增了几个重要组件，包括 A-Tune、KAE 等。

A-Tune 是一款系统性能优化引擎，它能够分析推理出业务场景特征，进而作出智能决策，推荐最佳的系统参数配置组合，以便优化业务运行；同时可以基于人工智能技术建立精准的系统画像，为各种应用场景提供最优的资源配置。A-Tune 主要包括智能决策、系统画像和交互系统三个层次，其核心技术架构如图 1.25。

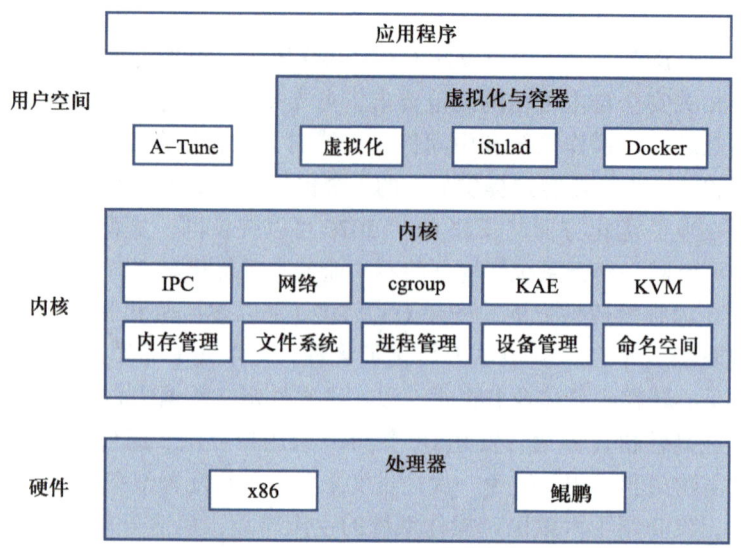

图 1.24　openEuler 整体架构图

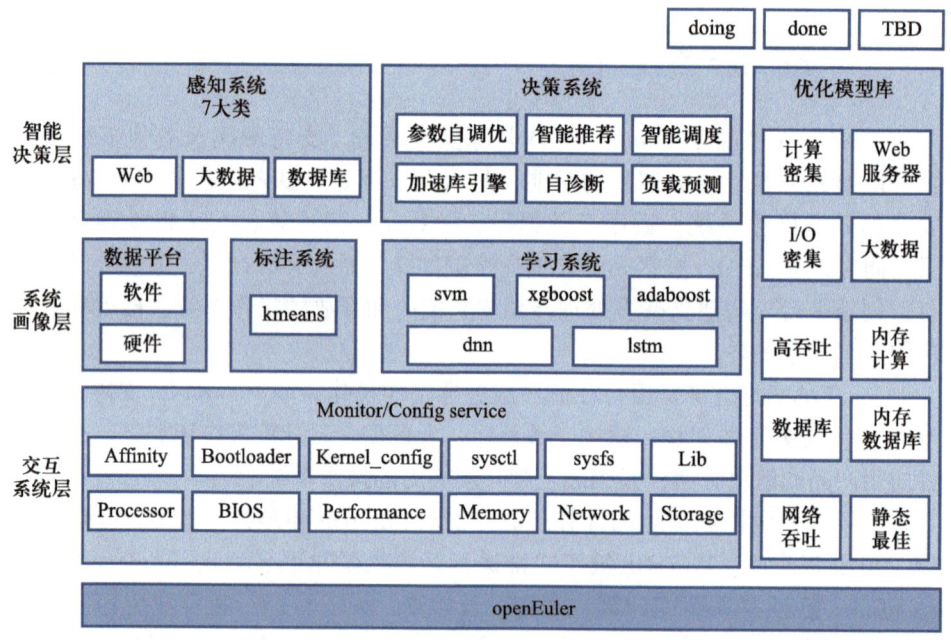

图 1.25　A-Tune 核心技术架构图

（1）智能决策层：包含感知系统和决策系统，分别完成对应用的智能感知和对系统的调优决策功能。

（2）系统画像层：主要包括数据标注和学习系统，其中标注功能用于业务模型的聚类，而学习系统则主要用于业务模型的学习和分类。

（3）交互系统层：用于各类系统资源的管理和配置，同时包含调优策略模块，在本层具体执行。

KAE（kunpeng acceleration engine）是适用于鲲鹏服务器的加速引擎插件，是 openEuler 的一个软件加速库，包含了对称加密、非对称加密和数字签名，可以显著降低处理器消耗，提高处理器效率。它通过和 openSSL 库相结合，在业务零修改的情况下，能够显著提升加密和解密性能。

KVM（kernel-based virtual machine）是基于内核的虚拟机，它可以支持多个虚拟机同时在主机上运行，进而实施超级监管功能。KVM 架构如图 1.26 所示，它是一种基于硬件虚拟化能力的虚拟化技术，但其本身并未模拟任何硬件设备，如 Intel VT-x、AMD-V、ARM virtualization、extensions 等。主板、内存及 I/O 等设备的模拟由用户态的 QEMU 完成，与 KVM 模块共同完成虚拟机的硬件模拟，客户操作系统运行在此模拟硬件之上。

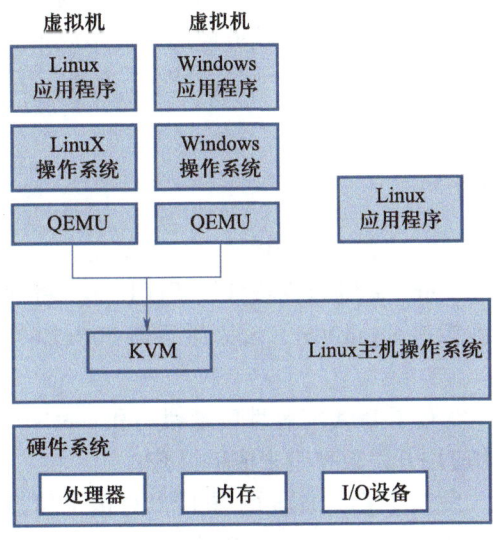

图 1.26　KVM 架构图

cgroup 是一种对进程分组的机制，可以把所有进程组织成一棵独立的树，树的每个节点就是一个进程组，而每棵树又和一个或者多个子系统关联。当进程创建子进程时，子进程会继承父进程的 cgroup。因此，新创建的子进程都会同其相关的进程属于一个 cgroup，只需简单遍历指定的 cgroup，即可正确地找到所有的相关进程。

1.7.1　平台优势

openEuler 操作系统是欧拉服务器操作系统（EulerOS）上游的社区版本，基于稳定的 Linux 内核，支持鲲鹏处理器和容器虚拟化技术，是一个面向企业级的通用服务器架构平台。在系统高性能、高可靠、高安全等方面积累了一系列的关键技术，提供了一个稳定安全的基础软件平台。

（1）高性能：提供了处理器多核加速技术、高性能虚拟化 / 容器技术等多个功能特性，大幅提升系统性能，满足客户业务系统的高负载需求。

（2）高可靠：为客户业务系统提供了可靠性技术保障。同时，满足行业关键标准认证要求（如 UNIX03、LSB、IPv6 Ready、GB18030 等行业标准认证）。

（3）高安全：通过了公安部信息安全技术、操作系统安全技术要求、GB/T 20272—2006 标准认证以及遵从德国 BSI PP 标准的 CC EAL4+ 认证，并支持业界主流的安全漏洞扫描工具，全面支持鲲鹏处理器。

openEuler 操作系统能够高效、稳定地运行在 TaiShan 服务器上，充分发挥鲲鹏多核算力优势，在性能、兼容性、稳定性等方面都具备较强的竞争力。容器技术是一种比传统虚拟机更轻量的软件虚拟化技术，它通过 namespace 技术实现虚拟和隔离系统资源，通过 Control group 技术保证资源的服务质量（quality of service，QoS）。

openEuler 基于 Linux 的容器技术和灵活的镜像管理方法，构建了高效可靠的容器技术方案，可以有效降低用户业务应用的运维成本。在处理器调度、内存管理、网络架构和存储等方面做了大量的优化，满足了用户日益复杂、多变的业务需求。

1.7.2　创新特性

openEuler 对 EulerOS 的各个功能模块进行了扩充。

（1）算力方面：openEuler 通过内核分域调度技术，将性能提升了 20%。同时，发布了轻量级虚拟机 StratoVirt、云原生容器 iSula2.0 等，能够降低开销，加快启动速度。

（2）安全方面：发布了 IMA 完整性度量架构和 secGear 机密计算框架，为开发者在多平台上的应用开发效率带来成倍提升。

（3）生态方面：发布了 Compass-CI 项目，对接了超过 1 000 个开源软件包自动化测试，同时发布了 A-tune 智能调优工具，覆盖 10 大类场景，以及 20 余款主流应用，让使用更加简单。

openEuler 系统的长期支持版（long term support，LTS）建立在欧拉系统平台基础之上，通常每两年发布一次，在创新版本基础上提供长生命周期管理，维护保证性能、可靠性和兼容性。openEuler 操作系统的创新版本每半年发布一次，集成 openEuler 以及其他社区最新技术进展，适合用户创新项目，以及进行方案验证。openEuler 操作系统各个版本发展的时间轴如图 1.27 所示。本书所提及的和 openEuler 相关的案例都是基于 openEuler 的 LTS 版本 22.03（即 2022 年 3 月发布），围绕操作系统原理的工具机制进行介绍。

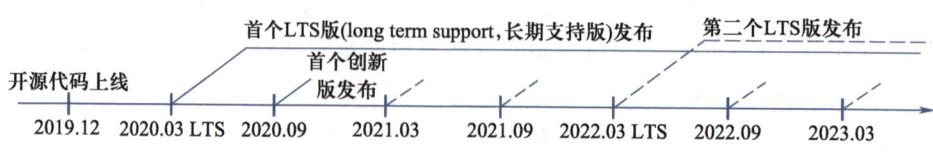

图 1.27　openEuler 系统发展的时间轴

1.7.3　openEuler 小结

openEuler 具有通用的操作系统架构，包括内存管理子系统、进程管理子系统、进程调度子系统、进程间通信 App、文件系统、网络子系统、设备管理子系统和虚拟化与容器子系统。而 openEuler 又不同于其他的通用操作系统。为了充分发挥鲲鹏处理器的优势，openEuler 主要在 5 个方面做了增强操作。

（1）多核调度技术：面对多核到众核的硬件发展方向，openEuler 提供了一种自上而下 NUMA aware 的解决方案，提升多核调度性能。当前 openEuler 已在内核中支持连锁优化、结构体细化、增强并发度、NUMA aware for I/O 等特性，以增强内核层面的并发度，提升整体系统性能。

（2）软硬件协同：提供了鲲鹏加速引擎 KAE 插件，以提升鲲鹏硬件加速能力，通过和 openSSL 库相结合，在业务零修改的情况下显著提升加密 / 解密性能。

（3）轻量级虚拟化：iSulad 轻量级容器全场景解决方案，提供了从云到端的容器管理能力，同时集成 kata 开源方案，显著提升容器隔离性能。

（4）指令集优化：openGDP 内存回收、函数内联（inline）和弱内存序指令增强等方法提升了运行时的系统性能，同时也优化了 GCC，使代码可以在编译时充分利用处理器流水线。

（5）智能优化引擎：增加了操作系统配置参数智能优化引擎 A-Tune，能动态识别业务场景，智能匹配对应系统模型，使应用程序在最佳系统配置下运行，提升业务性能。伴随着人工智能技术的兴起，操作系统融入人工智能元素成了一种明显趋势。

接下来的各个章节将会以操作系统基本原理为主线展开讲解，同时以 openEuler 22.03 为实例进行深入剖析，便于读者对原理的理解与掌握。

本章小结

操作系统是管理计算机硬件和软件资源的系统软件。本章分别从硬件层面和软件层面对计算机系统进行了概述。首先介绍了硬件基本构成，包括处理器模块、存储器模块、输入输出模块以及系统总线，现代微处理器的发展等；引入了指令系统和中断技术以及存储器层次结构，以便于读者理解后续的用户作业执行和进程管理部分。

而后，在软件层面对操作系统做了概述，包括其基本功能、特性和发展历史。在此基础上，加入了国产操作系统的简要介绍，让读者了解当前操作系统技术的发展情况，我国自主可控的系统软件的发展水平，以及软件兴国的必然趋势。

最后，重点介绍了 openEuler 操作系统，从整体架构、平台优势和特性等方面，让读者对 openEuler 的生态和功能有一个初步了解。

习题

一、简答题

1. 简述计算机系统主要组成部分。
2. 简述计算机系统中寄存器的主要类别和作用。
3. 简述中断技术工作原理。
4. 多中断的处理方案包括哪些？
5. 简述存储器构成。
6. 简述高速缓存的工作原理。
7. 操作系统的主要功能模块包括哪些？
8. 什么是多道程序设计？

二、应用题

1. 一台计算机包括高速缓存、内存和磁盘，如果要存取的字在高速缓存中，从高速缓存存取需要 20 ns；如果该字不在高速缓存中而在内存中，先把它从内存载入高速缓存需要 60 ns，然后再从高速缓存存取；如果该字不在内存中，则先需要花费 12 ms 从磁盘中取到内存，接着从内存复制到高速缓存中，再从高速缓存存取。如果高速缓存的命中率为 0.9，内存的命中率为 0.6，则该系统中一个字的平均存取时间是多少 ns？

2. 假设系统中有两个程序 A 和 B 待执行，设以 A、B 的先后顺序运行，不能互相抢占 CPU。程序 A 的访问流程是：处理器 10 秒，设备甲 5 秒，处理器 5 秒，设备乙 10 秒，处理器 10 秒；程序 B 的访问流程是：设备甲 10 秒，处理器 10 秒，设备乙 5 秒，处理器 5 秒，设备乙 10 秒。在单道程序环境下和多道程序环境下执行，处理器的利用率分别是多少？

3. 假设系统中有一个处理器、一台输入设备、一台打印机，现有两个进程同时进入就绪态，进程 A 先得到处理器运行，进程 B 后运行。进程 A 的运行轨迹为：计算操作 50 ms，打印信息 100 ms，再计算操作 50 ms，打印信息 100 ms，结束；进程 B 的运行轨迹为：计算操作 50 ms，输入数据 80 ms，计算操作 100 ms，结束。请画出它们的时序关系图，并回答如下问题：

（1）开始运行后，处理器有无空闲等待，若有，在哪段时间内等待。计算处理器的利用率。

（2）进程 A 运行时有无等待现象，若有，在何时发生等待现象。

（3）进程 B 运行时有无等待现象，若有，在何时发生等待现象。

第 2 章　进程管理

本章要点：

理解进程的基本概念以及进程状态与进程控制等；理解线程的基本概念以及线程分类；理解进程的并发原理；理解进程同步与互斥的基本概念以及常用解决方案；理解进程死锁的基本概念以及常用解决方案。

本章导图：

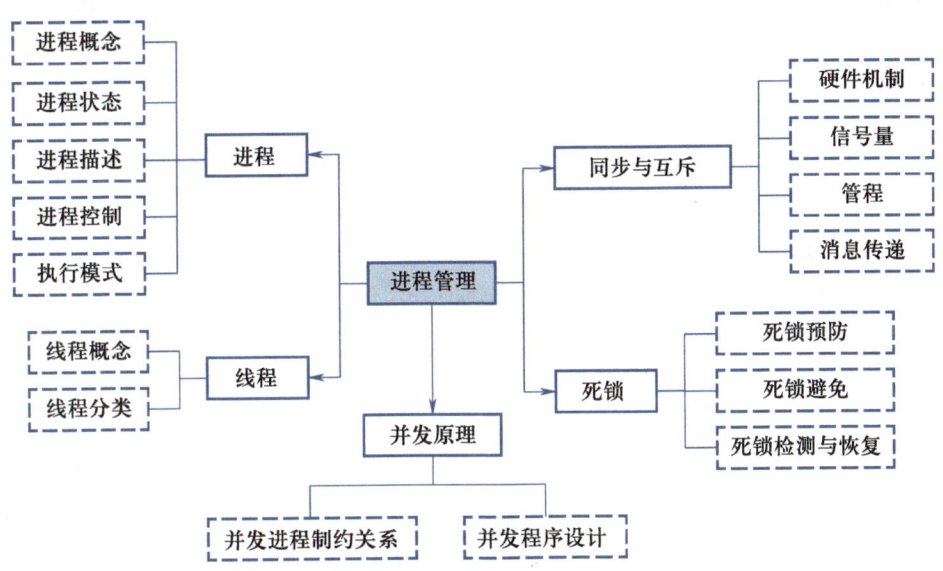

进程是现代操作系统架构的基本概念，在多道程序设计系统中，同一时刻可能有许多进程并发执行，这会导致进程之间存在竞争或者协作关系，从而出现进程互斥、同步以及死锁等一系列问题。本章介绍进程管理的相关内容，主要包括五部分：第一部分是进程，包含进程概念、进程状态、进程描述、进程控制以及操作系统的执行模式；第二部分是线程，包含线程概述和线程分类；第三部分是并发原理，包含并发程序设计的相关概念、并发进程之间的制约关系以及操作系统需要关注的问题；第四部分是同步与互斥，包含互斥的基本概念以及同步与互斥的常用解决方案：信号量、管程以及消息传递；第五部分是

死锁，包含死锁的基本概念以及三种常见的死锁解决方案，分别是死锁预防、死锁避免、死锁检测与恢复。

2.1　进程

2.1.1　进程概念

进程定义

进程这一概念的诞生，主要是为了刻画多道程序系统内部的动态变化状况，描述多道程序运行的活动规律，是操作系统中最基本、最重要的概念。进程最早于 20 世纪 60 年代在早期的分时系统 CTSS 和 MULTICS 系统中提出和实现，但一直到现在并没有一个统一的定义。这里给出一个比较容易理解的描述：进程是具有独立功能的程序在某个数据集合上的一次运行活动，也是操作系统进行资源分配和保护的基本单位。

1. 构成进程的基本元素

可以把进程视为由一组元素构成的实体，构成进程的两个基本元素是程序代码以及与代码相关联的数据集。当处理器开始执行一段程序代码时，这个执行实体就被称为进程。从这个角度讲，也可以认为，进程就是一个正在执行的程序。一段程序代码可能被执行相同程序的其他进程共享，这就可能引发后续要介绍的进程间同步、互斥以及死锁等问题。

2. 进程控制块

操作系统在管理进程执行的时候，需要对进程的各项信息加以描述并保存。所有进程都可以由下列元素进行表征。

标识符：跟进程相关的唯一标识符，用来与其他进程进行区分。

状态：用于说明进程目前处于其生命周期的哪一个环节。

优先级：相对于其他进程的优先顺序。

程序计数器：程序中即将执行的下一条指令的地址。

内存指针：包括程序代码和进程相关数据的指针，以及与其他进程共享内存块的指针。

上下文数据：进程执行时处理器寄存器中的数据。

I/O 状态信息：包括显式 I/O 请求、分配给进程的 I/O 设备和由进程调用的文件列表等。

记账信息：包括处理器时间总和、使用的时钟数总和、时间限制、记账号等。

上述信息存放在一个称为**进程控制块**（process control block，PCB）的数据结构中，如图 2.1 所示。进程控制块由操作系统创建和管理，是进程存在的唯一标识，用来记录和刻画进程状态及环境信息，是进程动态特征的汇集，也是操作系统掌握进程的唯一资料结构和管理进程的主要依据。进程控制块中充分包含

进程控制块

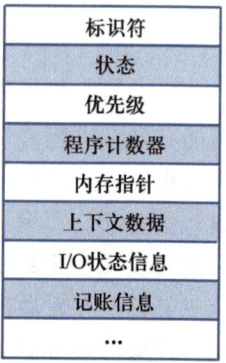

标识符
状态
优先级
程序计数器
内存指针
上下文数据
I/O状态信息
记账信息
...

图 2.1　进程控制块示例

了与进程有关的信息，当进程中断时，操作系统会把程序计数器和寄存器（上下文数据）中的信息保存到进程控制块的相应位置，用于将来恢复进程的运行。

2.1.2 进程状态

进程与程序的显著不同：程序是静态的，而进程是动态的，状态及其转换便体现了进程的动态性。进程具有从创建到终止的生命周期。本节将主要介绍最常见的五状态模型以及考虑进程挂起之后的情况。

1. 五状态模型

在进程的整个生命周期中，主要定义了五个状态，分别是新建态、就绪态、运行态、阻塞态、退出态。这五个状态之间的转换关系如图 2.2 所示。

五状态模型

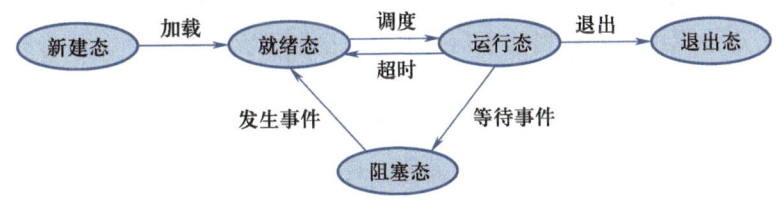

图 2.2 五状态进程模型

首先对图 2.2 中的五个状态进行说明。

新建态：即进程刚刚被创建的状态。通常此状态下，进程控制块已经创建，但新进程还未加载到内存中。

就绪态：此时，进程已经在内存中，具备了一切可以执行的条件，只要获得处理器控制权，便可开始执行。

运行态：是指进程正在占用处理器执行的状态。在单处理器系统中，一次最多只能有一个进程处于运行态。

阻塞态：也称等待态或睡眠态，进程在等待某些事件发生之前不能被执行时的状态，如等待 I/O 操作完成。

退出态：是指进程已经处于结束状态，或者是因为正常执行完毕而停止，或者是因为某种原因被强制取消。

一般情况下，所有进程都是由操作系统创建，并且创建过程对用户或应用程序是透明的。但也允许一个进程引发另一个进程的创建。例如，服务器进程（如打印服务器）可以为它所处理的每个请求产生一个新进程。当操作系统为一个进程的显式请求创建另一个进程时，称为**进程派生**（process spawning）。当一个进程派生另一个进程时，前一个称为**父进程**（parent process），被派生的进程称为**子进程**（child process）。当创建一个新进程时，操作系统会为其关联一个标识符，并分配和创建管理进程所需要的所有数据结构。

进程终止通常有两种情况：一种是正常完成其所执行的程序，这时进程会自行执行一个系统调用，表示它已经结束运行；另一种是因各种原因导致在还未正常完成时就提前结束了。各种错误和故障条件会导致进程提前终止；有时也可能是操作系统干涉，比如出现死锁时，会强行结束进程；如果父进程因为各种原因终止，也会导致子进程终止；此外，父进程随时可以请求终止子进程。当一个进程被终止后，操作系统将不再保留任何与该进程相关的数据，并从系统中删除该进程。

接下来对图 2.2 中各状态的转换进行介绍。

新建态→就绪态：当操作系统准备好接纳一个进程时，就会把这个进程从新建态转换到就绪态。原则上，只要内存空间够用，同时处于就绪态进程的数量不设限制，但大多数系统还是会进行控制，以免内存中进程数量过多导致系统性能下降。

就绪态→运行态：当需要选择一个新进程运行时，操作系统会选择一个处于就绪态的进程，分配处理器给这个进程，这是后续处理器调度的工作。

运行态→退出态：若当前正运行的进程已顺利完成其工作，或者因为某些原因被取消，则它会被操作系统终止。

运行态→就绪态：一个进程由运行态转换为就绪态，最常见的原因是其已达到"允许不中断执行"的最大时间段，目前的多道程序设计系统都会规定这种时间限制。该转换也会由其他原因引发，比如低优先级进程被高优先级进程抢占，或者进程放弃对处理器的控制等。

运行态→阻塞态：当进程需要等待某些事件发生才能继续运行时，将由运行态转换为阻塞态。例如，进程请求操作系统的某项服务，但操作系统无法立即给予；或者请求一个无法立即得到的资源（如文件）；或者需要进行某种初始化工作（如 I/O）。此外，当两个进程进行通信，一方需要等待另一方的输入或者消息时，也可能发生阻塞。

阻塞态→就绪态：当进程等待的事件发生时，则由阻塞态转换为就绪态，重新等待处理器调度执行。

就绪态→退出态，阻塞态→退出态：这两种转换没有在图 2.2 中进行标注，因为这不是常规的情况。在有些系统中，父进程可以在任何时刻终止其子进程；当父进程被终止时，同属该父进程的所有子进程也将全部被终止。这两种情况下，被终止的子进程很有可能处于就绪态或者阻塞态，这时就会出现其中的某种转换。

2. 进程挂起

为了解释为什么要挂起进程，这里先来考虑这样一个案例。假设目前内存中有 100 个进程，当正在运行的进程需要等待事件时，处理器就可以调度另外一个进程来执行。但假如这 100 个进程同时处于阻塞态呢？很明显，这时处理器大多数时间会处于空闲状态，利用率会变得很低。为了解决这一问题，可以从两个角度入手。

一是扩充内存。内存容量越大，就能够容纳更多的进程。但这一方案有两个明显的缺点。首先是价格问题，内存越大，价格越高；其次是程序对内存空

进程挂起

间需求的增长速度通常快于内存价格的下降速度，更大的内存可能会导致更大的进程而非更多的进程。另外，无论内存空间多大，所有进程同时处于阻塞态的概率依然是存在的。因此，扩充内存无法从根本上解决这一问题。

二是交换。将内存中处于阻塞态的进程（全部或者一部分）移到磁盘中，将磁盘上可以运行的进程换到内存中。被换入的进程通常有两类，可以是新创建的进程，也可以是之前被换出的进程。这里需要注意的是，如果选择换入之前被换出的进程，那一定要保证它已经处于就绪状态，否则换入内存也无法被处理器调度运行。交换属于 I/O 操作，所以会对系统性能带来一定影响，但相比于处理器无进程可运行，交换所导致的额外开销是可以接受的。因此，现代操作系统大都使用交换策略来解决前述问题。

把一个进程从内存换出到磁盘称为挂起，一般磁盘中会设置一块区域专门放置挂起的进程。由此，进程状态会增加一个挂起态。在五状态模型的基础上引入挂起态之后的进程状态转换如图 2.3 所示。

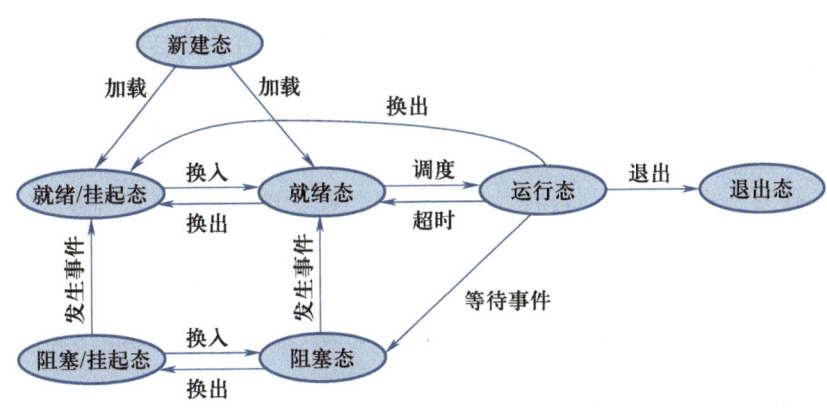

图 2.3　含有挂起态的进程状态转换图

处于挂起态的进程通常有两种情况，分别是阻塞 / 挂起态和就绪 / 挂起态。阻塞 / 挂起态是指进程在外存中并且处于阻塞状态，即正在外存等待某个事件发生。此时若解除挂起，换入内存，也无法执行。就绪 / 挂起态是指进程在外存中但处于就绪状态。此时若解除挂起，换入内存，是进入就绪队列，可以被调度执行的。

下面分析相比于传统的五状态模型，图 2.3 中新增加的常见转换关系。

阻塞态→阻塞 / 挂起态：若内存中的进程全部处于阻塞态，则至少会换出一个阻塞进程，换入一个就绪进程。但很多情况下，即便内存中有就绪进程，也可以换出一个或多个阻塞进程。例如，操作系统为了维护基本的性能而需要更多的内存空间。

阻塞 / 挂起态→就绪 / 挂起态：若等待的事件发生，则处于阻塞 / 挂起态的进程会转换为就绪 / 挂起态。注意，此时要求操作系统能够获取挂起进程的状态信息。

就绪 / 挂起态→就绪态：处于就绪 / 挂起态的进程若被换入内存，则会转换为就绪态。例如，内存中没有就绪进程，操作系统需要调入一个进程执行。如果就绪 / 挂起态的进程优先级比任何就绪进程都高，也可能会被换入内存，解除挂起，变为就绪进程。

就绪态→就绪 / 挂起态：通常，处于阻塞态的进程比就绪态进程更适合挂起，因为就绪态进程可以被立即执行，而阻塞态进程占用内存空间却无法被立即执行。但某些情况下，却不得不挂起一个就绪态进程。例如，急需释放内存空间而目前内存中没有阻塞态的进程，或者操作系统判断高优先级的阻塞态进程将很快就绪，也会去选择一个低优先级的就绪态进程挂起。

除此之外，下面几种转换也值得关注。

新建态→就绪 / 挂起态，新建态→就绪态：创建一个新进程时，该进程要么加入就绪队列，要么加入就绪 / 挂起队列，后一种情况一般出现在无足够内存空间分配给新进程时。但是无论哪种情况，操作系统都必须建立相应的表来管理进程，因此，应该尽可能推迟创建进程以减少操作系统开销。

阻塞 / 挂起态→阻塞态：这种转换很少发生，因为阻塞进程无法被立即执行，将其换入内存没有意义。但有些特殊情况下也会发生这种转换，例如当有进程被终止释放出内存空间，操作系统会考虑将某个挂起进程调入内存，若此时阻塞 / 挂起队列中有一个进程的优先级比就绪 / 挂起队列中所有进程都高，并且操作系统能够确信其等待的事件会很快发生，则把阻塞进程调入内存是合理的。

运行态→就绪 / 挂起态：通常，当运行进程的分配时间到期但还未运行结束时，会转换为就绪态。但若此时正好需要释放内存空间，根据相关算法正好选择到该进程时，则会直接将其挂起，转换为就绪 / 挂起态。

挂起进程的特点如下：

（1）进程不能被立即执行。

（2）若进程正在等待一个事件，阻塞条件不依赖于挂起条件，阻塞事件发生不会使进程被立即执行。

（3）为阻止进程被执行，可以通过代理把这个进程置于挂起状态，代理可以是进程自己，也可以是父进程或操作系统。

（4）除非代理显式地命令系统进行状态转换，否则进程无法从挂起状态中转移。

2.1.3　进程描述

操作系统是管理系统资源的实体，负责为处理器执行进程进行调度和分派，给进程分配资源，响应用户程序的基本服务请求等。那么，要控制进程并管理资源，操作系统需要哪些信息呢？

1. 操作系统的控制结构

操作系统为了管理进程和资源，必须掌握每个进程和资源的当前状态。因

进程描述

此，需要为每个实体构造和维护相关的信息表，如图 2.4 所示，操作系统通常需要管理内存、I/O、文件和进程 4 种不同的信息表。

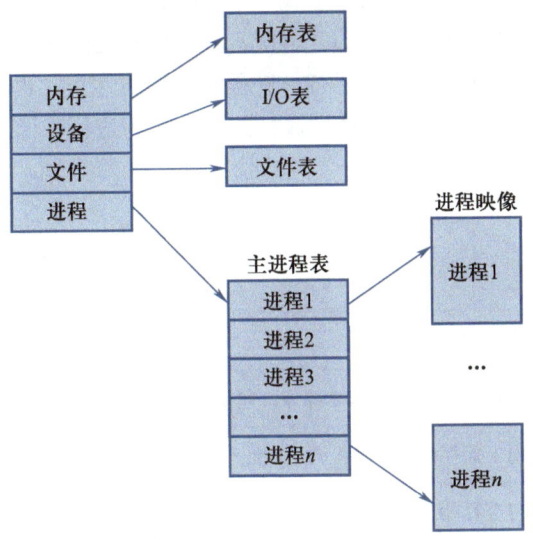

图 2.4　操作系统控制表的通用结构

内存表（memory table）用于跟踪内存（实存）和外存（虚存）。内存中一部分空间为操作系统专用，其余部分供用户进程使用。外存中保存的进程使用虚存或交换机制，供内存和外存进行进程的换进和换出。内存表通常包含如下信息：

（1）分配给进程的内存。

（2）分配给进程的外存。

（3）内存块或虚存块的相关保护属性，如哪些进程能够访问某共享内存区域。

（4）管理虚存所需要的相关信息。

I/O 表（input/output table）用于管理计算机系统中的 I/O 设备和通道。进行 I/O 操作时，操作系统需要确定 I/O 设备的状态（空闲或者忙碌），以及 I/O 传送所关联的内存单元（源和目标）等。这些信息都记录在 I/O 表中。

文件表（file table）提供关于文件的相关信息，包括文件是否存在、文件在外存的位置、当前状态以及其他相关属性等。

进程表（process table）是操作系统为了管理进程必须维护的重要信息表，而且有一点必须强调，内存、I/O 设备和文件都是因为进程访问而被管理的，因此进程表中必须要有对这些资源的直接或间接引用。接下来的"进程控制结构"部分将重点讲述进程表。

操作系统最初为了能够创建上述信息表，必须能够在初始化后，使用定义基本环境的某些配置数据，比如有多少内存空间，有哪些 I/O 设备等，这些数据一般由一些自动配置软件产生。

2. 进程控制结构

进程映象

操作系统要管理和控制进程，首先要解决一个最基本的问题，即进程的物理表示。首先，进程必须最少包括一个或一组被执行的程序；其次是与程序相关联的用户数据，如各种变量和常量等；再次，程序的执行通常涉及用于跟踪过程调用和过程参数传递的栈；最后，还有与进程相关的属性集，也就是前面已经介绍过的进程控制块。程序、数据、栈和属性的集合称为**进程映像**（process image），如表 2.1 所示。

表 2.1　进程映像中的典型元素

项目	说　明
用户程序	待执行的程序
用户数据	用户空间中的可修改部分，包括程序数据、用户栈区域和可修改的程序
栈	用于保存参数、过程调用地址和系统调用地址，每个进程有一个或多个栈
进程控制块	与进程相关的属性集，包含操作系统控制进程所需要的数据

进程映像存放位置取决于操作系统所采取的内存管理方案。最简单的情况是把进程映像保存在相邻或连续的内存块中。若采取虚拟存储的管理方案，则可能一部分在内存，一部分在虚存。操作系统需要清楚地知道每个进程所在内存或者外存的位置。例如，一个分页式的虚存管理方案中，操作系统维护的进程表需要给出每个进程映像中每页的位置。

进程属性。如前所述，进程属性信息保存在进程控制块中，这些信息主要可以分为三大类：进程标识信息、进程状态信息和进程控制信息，如表 2.2 所示。

（1）进程标识信息

进程标识信息用于唯一标识一个进程，每个进程都被分配一个唯一的进程标识符。进程标识符可用于很多地方，操作系统可以根据进程标识符来引用进程控制块，很多信息表都可以使用进程标识符来交叉引用进程表。例如，内存表中会提供一个内存映射，指明某区域分配了哪个进程；进程之间通信时，进程标识符可用于通知操作系统通信的目标；允许进程创建其他进程时，标识符用于指明父进程和子进程。除了进程标识符，还会给进程分配一个用户标识符，用于指明拥有该进程的用户。

（2）进程状态信息

进程状态信息即处理器状态信息，由处理器的寄存器内容组成，是进程的执行现场信息。当发生进程中断时，必须将进程的现场信息进行保存，以便进程恢复执行时可以恢复所有信息。不同系统涉及的寄存器的数量和性质可能不同，这取决于处理器的设计。常见的有用户可见寄存器、控制和状态寄存器以及栈指针等。处理器都会设置一个称为**程序状态字**（program status word,

PSW）的寄存器，通常包含条件码和其他状态信息。例如，在 Intel x86 处理器中有 I/O 特权级（IOPL，2 bit）、中断允许标志（IF，1 bit）等。

表 2.2　进程控制块中的典型元素

进程标识符	
标识符	存储在进程控制块中的数字标识符，包括： • 该进程的标识符（process ID，进程 ID） • 创建该进程的进程（父进程）标识符 • 用户标识符（user ID，用户 ID）

处理器状态信息	
用户可见寄存器	处理器在用户模式下执行机器语言时可以访问的寄存器，通常有 8 ~ 32 个，在一些 RISC 实现中，可能会超过 100 个
控制和状态寄存器	用于控制处理器操作的各种处理器寄存器，包括： • 程序计数器：包含下一条待取指令的地址 • 条件码：最近算术或逻辑运算的结果（如符号、零、进位、等于、溢出等） • 状态信息：包括中断允许 / 禁用标志、执行模式
栈指针	每个进程有一个或多个与之关联的系统栈，用于保存参数和过程调用或系统调用的地址，栈指针指向栈顶。

进程控制信息	
调度和状态信息	操作系统执行调度功能所需要的信息，主要包括： • 进程状态：定义待调度执行的进程的准备情况，如运行、就绪等 • 优先级：描述进程调度优先级的一个或多个域 • 调度相关信息：具体取决于所用的调度算法，如进程等待的时间总量和进程上次运行的执行时间总量等 • 事件：进程在继续执行前等待的事件标识
数据结构	进程可以以队列等结构链接到其他进程，进程控制块中会包含指向其他进程的指针，以支持这些结构
进程间通信	与两个无关进程间通信相关联的各种标记、信号和信息，进程控制块中可维护这些信息
进程特权	进程根据其可以访问的内存和可执行的指令类型来赋予特权。特权也适用于系统实用程序和服务的使用
存储管理	指向描述分配给该进程虚存的段表和 / 或页表的指针
资源所有权和使用情况	指示进程控制的资源，还可包含处理器或其他资源的使用历史，调度器需要这些信息

（3）进程控制信息

进程控制信息是操作系统控制和协调各种活动进程所需要的相关信息，包括调度和状态信息、数据结构、进程通信、进程特权、存储管理、资源所有权和使用情况等，在本书后续章节将会逐一介绍上述各项信息的用途。

进程控制块包含操作系统管理进程所需的所有信息，是操作系统中最重要的数据结构。操作系统中的很多例程都需要访问进程控制块中的信息，这就带来了安全问题，具体如下：

第一，一个例程中的错误可能会破坏进程控制块，进而降低系统对被破坏进程的管理能力。

第二，进程控制块的结构或语义设计变化可能会影响到操作系统中的许多模块。

关于该安全问题，可以要求操作系统中的所有例程都必须通过一个处理程序来访问进程控制块，该处理程序可担负起保护进程控制块的功能。但是，这种集中处理方式，需要考虑性能和信任度的问题。

2.1.4　进程切换与模式切换

在多道程序系统中，多个进程间需要在操作系统控制下完成切换，与此同时系统执行模式也会随着不同进程的执行发生切换。

1. 进程切换

进程切换

中断机制出现以后，操作系统可以在某一时刻中断一个正在运行的进程，将处理器控制权交给另一个进程，这就是进程切换。有两个跟进程切换相关的问题需要关注：一是切换时机，即什么事件发生时可触发进程切换；二是切换实现，操作系统需要对其控制的各种数据结构做何操作。

（1）切换时机

可以触发进程切换的大部分事件如表 2.3 所列。这些事件都会导致操作系统从当前正运行的进程中获得处理器控制权。

表 2.3　进程的切换时机

事件	原因	用途
普通中断	来自当前执行指令的外部	对异步外部事件的反映
陷阱	与当前执行指令相关	处理一个错误或一个异常条件
系统调用	显式请求	调用操作系统函数

普通中断通常由与当前正运行进程无关的某种外部事件引发，如发生时钟中断或者完成一次 I/O 操作等。当发生普通中断时，控制权首先转给中断处理器，中断处理器完成一些基本的辅助工作后，再将控制权转给与已发生的特定中断相关的操作系统例程。

陷阱与当前正运行进程产生的错误或异常条件相关。操作系统首先要判断错误或异常条件是否致命。若致命，则将当前正运行进程置为退出态，并切换进程；若不致命，则操作系统的动作将取决于错误的性质和操作系统的设计，可能会尝试恢复程序，或只是简单地通知用户，可能会切换进程，或继续运行当前进程。

系统调用由当前正运行进程发出，会激活操作系统，将控制权交给操作系统。例如，若正运行的用户进程执行了一个打开文件的指令，则该调用会转移到操作系统代码一部分的一个例程。执行系统调用的用户进程会被置为阻塞态。

（2）切换实现

当发生进程切换时，当前的运行进程状态会发生变化，操作系统需要使环境产生实质性的变化，改变其控制的各种数据结构。完整的进程切换步骤如下：

① 保存处理器的上下文环境，包括程序计数器和其他寄存器。

② 更新当前处于运行态进程的进程控制块，包括把进程的状态改变为另一状态。还需更新其他相关的字段，包括退出运行态的原因和记账信息。

③ 将该进程的进程控制块移到相应的队列。

④ 选择另一个就绪进程运行。

⑤ 更新所选择进程的进程控制块，包括把进程的状态改为运行态。

⑥ 更新内存管理的数据结构。

⑦ 恢复处理器上被选择进程在上一次被切换出运行态时的上下文环境。

2. 模式切换

大多数处理器至少支持两种执行模式，分别是与操作系统和用户程序相关联的处理器执行模式。前者通常被称为内核态或内核模式，也称为特权态。有些指令只能在特权态下运行，称为特权指令，如读取或者更改 PSW（程序状态字）之类的控制寄存器的指令、原始 I/O 指令以及与内存管理相关的指令等。部分内存区域也只能在特权态下访问。后者通常被称为用户态或用户模式，也称为非特权态。用户程序通常在该模式下运行，该模式下不能运行特权指令。

执行模式

区分两种执行模式，是为了保护操作系统以及重要的信息表（如进程控制块）不受用户程序的干扰。同时也带来了两个问题：一是处理器需要知道它当前所处的模式；二是执行模式如何发生变化？

通常 PSW 中会有一个指示执行模式的位，该位会因事件的改变而发生变化。处理器通过读取该位，即可知道自己所处的模式。例如，64 位 IA-64 体系结构 Intel Itanium 处理器的 PSW［Itanium 称之为 PSR（process status register，处理器状态寄存器）］包含 2 bit 的 CPL（current privilege level，当前特权级别）域，级别 0 是最高特权级别，级别 3 是最低特权级别。大多数操作系统，如 Linux、Windows，使用级别 0 作为内核态，使用级别 3 作为用户态。

对于第二个问题，典型情况下，当用户调用一个操作系统服务或中断来触发系统例程的执行时，执行模式将被置为内核态；而当从系统服务返回到用户进程时，执行模式则置为用户态。这种从用户态转换到内核态，或者反过来从内核态转换到用户态，即为**模式切换**。例如，一个用户进程正在执行时，处理器执行模式处于用户态；当中断发生时，Itanium 处理器清空大部分 PSR 的位，包括 CPL（current privilege level，当前特权级）域，于是 CPL 被置为 0，处理器执行模式转换到内核态，开始执行中断处理例程。在中断处理例程结束时，最后一条指令是 IRT(interrupt return，中断返回)，使处理器恢复被中断程序的 PSR 值，从而可恢复该用户程序的特权级别，即处理器执行模式转换到用户态。

当发生中断或系统调用时，暂停正在运行的进程，将处理器状态从用户态切换到内核态，这就是一个模式切换。注意，此时进程仍然在自己的上下文中执行，仅处理器状态发生变化，内核在被中断进程的上下文中被处理。因此，模式切换与进程切换是不同的。模式切换可在不改变运行态进程状态的情况下出现，保存和恢复进程上下文环境的开销都比较小。而进程切换一定涉及进程状态的变化，运行态的进程会转换为就绪态或者阻塞态，保存和恢复进程上下文环境的开销相应会比较大。

2.1.5　操作系统的执行方式

操作系统也是由处理器执行的一个程序，那么，操作系统是一个进程吗？如果是，如何控制它呢？在操作系统的不同发展阶段，这个问题的答案是不一样的。

1. 无进程内核

如图 2.5 所示，进程的概念仅适用于用户程序，操作系统代码作为一个在特权态工作的独立实体被执行。这种情况一般存在于一些比较老的操作系统中，在所有进程外部执行操作系统内核。

如果当前正运行的进程被中断或产生一个系统调用，则会保存该进程的上下文，并将控制权交给内核。操作系统本身具有控制过程调用和返回的内存区域与系统栈。操作系统可执行任何预期的功能，并恢复被中断进程的上下文，恢复中断用户进程的执行；操作系统也可保存进程的上下文，并继续调度和分派另一个进程。如何选择，取决于中断的原因和当前的情况。

2. 在用户进程内运行

如图 2.6 所示，所有操作系统软件在用户进程的上下文中执行，这种情况一般存在于较小计算机（个人计算机、工作站）的操作系统中。此时，操作系统是用户调用的一组例程，它在用户进程的环境内执行并实现各种功能。操作系统管理着所有进程映像，除一般内容之外，还包括内核例程的程序、数据和栈。当进程在内核态运行时，单独的内核栈用于管理调用/返回。操作系统代码和数据位于共享地址空间中，并被所有用户进程共享。

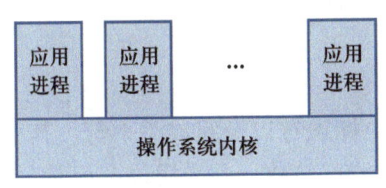

图 2.5 分离的内核

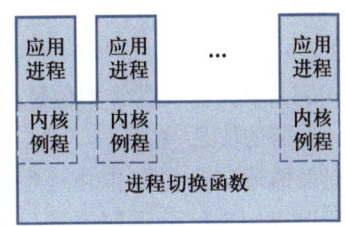

图 2.6 在用户进程内执行操作系统例程

发生中断、陷阱或系统调用时，处理器置于内核态，控制权交给操作系统。要把控制权从用户程序转交给操作系统，需要保存上下文并切换模式，再切换到一个操作系统例程，但此时仍然在当前的用户进程内继续执行，不需要切换进程，只是在同一进程中切换模式。操作系统完成操作后，如果需要继续运行当前的进程，则会切换模式以在当前进程内恢复已中断的程序；如果需要进程切换而非返回到先前执行的程序，则控制权会传递给一个进程切换例程。进程切换例程是否在当前进程中执行，取决于系统的设计。

需要注意的是，根据用户态和内核态的概念，即使操作系统例程在用户进程环境内执行，用户也不能篡改或干涉操作系统例程。这也说明进程和程序并非一对一的关系。在一个用户进程内，用户程序和操作系统程序都可以被执行；在不同的用户进程中可以执行相同的操作系统程序。

3. 基于进程的操作系统

如图 2.7 所示，操作系统作为一组系统进程来实现。在这种情况下，主要的内核功能被组织为独立的进程，并存在一些在任何进程之外执行的进程切换代码。

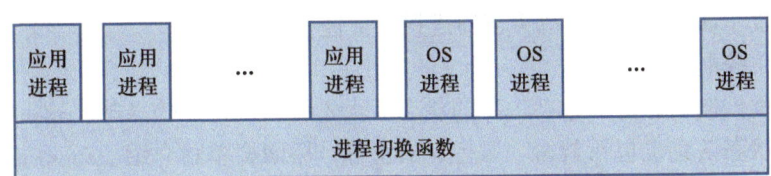

图 2.7 操作系统例程作为分离的进程执行

这种方式有很多优点。首先，符合模块化程序设计的思想，可使得模块间的接口最小且最简单。其次，有些非关键操作系统功能可简单使用独立进程来实现，这样可以任何指定的优先级在分派器的控制下与其他进程交替执行。最后，把操作系统作为一组进程来实现，可以更好地利用多处理器或多机环境，有些操作系统服务可传送到专用处理器上执行，以提高系统性能。

2.1.6 openEuler 的进程

对于 openEuler 系统中进程的相关概念部分，着重介绍它的进程控制块、进程状态以及进程树。

1. 进程控制块

在 openEuler 中，进程控制块主要包含四方面的内容：描述信息、控制信息、CPU 上下文和资源管理信息。

（1）描述信息

进程描述信息主要包含进程标识符、用户标识符以及家族关系等。其中，进程标识符用来区分不同进程，是一个 32 位的正整数，并采用位图记录其分配情况。用户标识符用于表明进程属于哪个用户，用一个 32 位的无符号整数来表示。家族关系标识进程之间的父子和兄弟关系。openEuler 启动时，0 号进程首先对内核进行初始化，然后创建 1 号进程，1 号进程在完成用户空间初始化之后，变成 init 进程，是之后创建的所有进程的共同祖先。图 2.8 的代码段给出的是 openEuler 中进程家族关系的相关成员。

```
1.  //源文件：include/linux/sched.h
2.  struct task_struct__rcu * real_parent;   //指向真正父进程
3.  struct task_struct__rcu * parent;        //指向跟踪当前进程的父进程
4.  struct list_head  children;              //指向子进程
5.  struct list_head  sibling;               //指向兄弟进程
6.  struct list_head {
7.      struct list_head  *next, *prev;
8.  };
```

图 2.8　进程家族关系相关成员

openEuler 中的父进程有两种：一种称为真正父进程，它创建了当前进程；一种称为跟踪当前进程的父进程，它与信号响应相关。如果真正父进程正常存在，指针 real_parent 和 parent 指向同一个进程；如果真正父进程已终止，会有其他进程（如 init 进程）成为当前进程的父进程。

（2）控制信息

进程控制信息主要包括进程的状态、优先级以及记账信息等。openEuler 中的进程状态信息也包括就绪、运行、阻塞等，后面会单独介绍。openEuler 中进程优先级有多种，如图 2.9 所示，包括静态优先级、动态优先级、普通优先级以及实时优先级等。静态优先级是在进程启动时确定的，值越小代表优先级越高。进程运行期间，静态优先级一般保持不变，必要时也可由相关系统调用进行修改，如 nice()。动态优先级和普通优先级，初始默认等于静态优先级，不同的是，动态优先级可能会根据调度策略的要求进行临时修改。实时优先级是

```
1.  //源文件：include/linux/sched.h
2.  int  prio;                    //动态优先级
3.  int  static_prio;             //静态优先级
4.  int  normal_prio;            //普通优先级
5.  unsigned int  rt_priority;    //实时优先级
```

图 2.9　进程优先级相关成员

为了满足实时进程的需求而设置的，其值越大代表优先级越高。记账信息主要记录进程占有以及利用资源的情况，如图 2.10 所示。

```
1.  //源文件：include/linux/sched.h
2.  u64 utime;                    //进程在用户态下占用的 CPU 时钟周期数
3.  u64 stime;                    //进程在内核态下占用的 CPU 时钟周期数
4.  u64 utimescaled;              //记录进程在用户态下的运行时间
5.  u64 stimescaled;              //记录进程在内核态下的运行时间
6.  u64 gtime;                    //虚拟机运行的 CPU 时钟周期数
7.  u64 start_time;               //进程创建时间
8.  u64 real_start_time;          //进程创建时间，包括进程睡眠时间
9.  unsigned long nvcsw, nivcsw;  //上下文切换计数
```

图 2.10　进程记账信息相关成员

（3）CPU 上下文

CPU 上下文是指进程执行到某个时刻 CPU 各个寄存器中的值，代表当前进程活动的状态信息。openEuler 中的 CPU 上下文相关数据结构如图 2.11 所示，结构体 task_struct 记录了与 CPU 相关的所有状态信息，包括 CPU 上下文、错误信息等。结构体 cpu_context 包括通用寄存器 x19 ~ x28、栈帧寄存器 FP、堆栈指针寄存器 SP 和程序计数器 PC。

```
1.  //源文件：arch/arm64/include/asm/processor.h
2.  struct task_struct {
3.    struct cpu_context cpu_context;    //CPU 上下文
4.    ...
5.    unsigned long fault_address;       //错误信息
6.    unsigned long fault_code;          //寄存器 ESR_EL1 的值，表示发生错误原因
7.    ...
8.  }
9.  //源文件：arch/arm64/include/asm/processor.h
10. struct cpu_context {
11.   unsigned long x19;
12.   unsigned long x20;
13.   unsigned long x21;
14.   unsigned long x22;
15.   unsigned long x23;
16.   unsigned long x24;
17.   unsigned long x25;
18.   unsigned long x26;
19.   unsigned long x27;
20.   unsigned long x28;
21.   unsigned long fp;
22.   unsigned long sp;
23.   unsigned long pc;
24. }
```

图 2.11　CPU 上下文相关数据结构

（4）资源管理信息

资源管理信息是进程控制块中最常见的，主要包括有关存储器、文件系统以及 I/O 设备等的信息。如图 2.12 所示，openEuler 中的资源管理信息主要是内存和文件相关的，I/O 设备也以文件的形式存在。

```
1.  //源文件：include/linux/sched.h
2.  void  *stack;                                    //指向进程的内核栈
3.  struct mm_struct *mm, *active_mmt;               //进程的用户空间描述符
4.  struct fs_struct *fs;                            //进程相关联的文件系统信息
5.  struct files_struct *files;                      //指向打开的文件列表
6.  ...
7.  //源文件：include/linux/mm_types.h
8.  struct mm_struct {                               //内存描述符
9.    spinlock_t arg_lock;                           //自旋锁，保护下面这些字段
10.   //内存空间中各段起始/结束地址
11.   //包括栈、映射段、堆、BBS 段、数据段、代码段
12.   unsigned long start_code, end_code, start_data, end_date;
13.   unsigned long start_brk, brk, start_stack;
14.   unsigned long arg_start, arg_end, env_start, env_end;
15.   ...
16. };
17. //源文件：include/linux/fs_struct.h
18. struct fs_struct {                               //文件系统描述符
19.   int users;                                     //该结构引用的用户数
20.   spinlock_t lock;                               //自旋锁
21.   struct path root, pwd;                         //根目录与当前目录
22.   ...
23. };
24. //源文件：include/linux/fdtable.h
25.   unsigned long pc;
26. struct files_struct {
27.   atomic_t count;                                //引用计数
28.   struct fdtable_rcu *fdt;                       //默认指向 fdtab，可用于动态申请内存
29.   struct fdtable fdtab;                          //为 fdt 提供初始值
30.   ...
31. };
```

图 2.12　资源管理相关成员

2. 进程状态

openEuler 中进程状态基本遵循前面讲到的五状态模型，但在此基础上进行了一些更细致的划分。退出态细分成僵尸状态和死亡状态两种，僵尸状态是指进程终止时，父进程还没有回收该进程，也没有回收其占用的资源；而死亡状态是指父进程已经回收了该进程及其占用的资源。也就是说，只有进程进入了死亡状态，其生命周期才算真正结束。除此之外，还定义了停止状态和跟踪状态，停止状态是指进程收到了停止信号后所处的状态；跟踪状态是指进程被

debugger 进程或其他进程监视跟踪时所处于的状态。在代码层面，openEuler 中进程状态主要由成员 state 和 exit_state 进行描述。进程处于僵尸状态时，需要把 state 设为 TASK_DEAD，exit_state 设为 EXIT_ZOMBIE；进程处于死亡状态时，需要把 state 设为 TASK_DEAD，exit_state 设为 EXIT_DEAD；进程处于停止状态时，需要把 state 设为 TASK_STOPPED；进程处于跟踪状态时，需要把 state 设为 TASK_TRACED。

3. 进程树

openEuler 中的进程树如图 2.13 所示，展示了各个进程创建的先后顺序。openEuler 操作系统启动后，内核会使用静态数据 init_task 创建第一个进程，称为 0 号进程。0 号进程主要负责内核初始化的工作，包括初始化页表、中断处理表、系统时间等。完成初始化之后，调用函数 kernel_thread() 创建 1 号和 2 号进程。此时，三个进程都在内核态运行，还没有用户空间。之后，0 号进程演变为 idle 进程，一直在内核态运行；1 号进程继续完成剩余的系统初始化工作，然后执行 /bin/init 程序，初始化用户空间，演变为 init 进程，在用户态运行。init 进程是之后操作系统中创建的所有用户进程的共同祖先，与所有用户进程共同构成一个进程树。此外，init 进程还负责孤儿进程的管理和回收。2 号进程通常被称为 kthread（内核线程），一直在内核空间运行，对内核线程进行管理和调度。

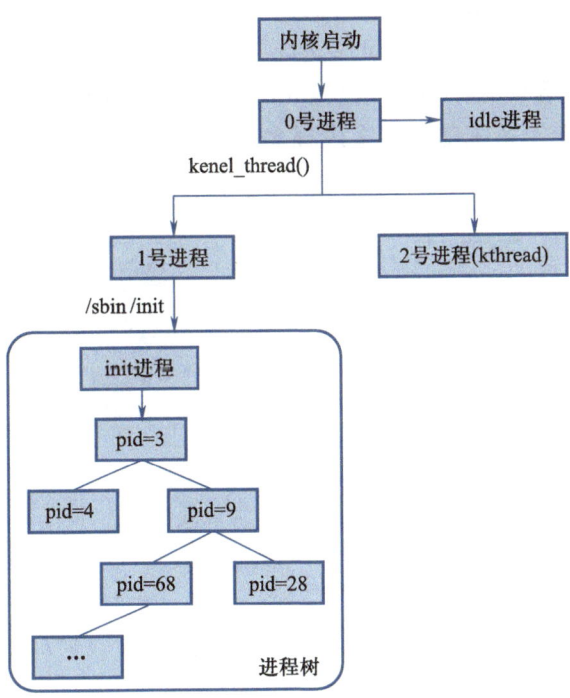

图 2.13 openEuler 中的进程树

2.2　线程

进程概念回顾及线程的定义

　　由本书 2.1 节可以看出，进程通常包含两个特点：① 资源所有权，即进程具有对资源的控制权或所有权，这里所说的资源包括内存、I/O 通道、I/O 设备和文件等；② 调度 / 执行，即进程具有执行态（运行、就绪等）和分配给它的优先级，是操作系统调度和分派处理器的对象实体。

　　但是，在进程运行过程中的切换操作需要伴随着模式切换，从而导致系统时间和系统资源的消耗，降低系统性能。进程所具有的这两个特点是独立的，操作系统可以分别对其进行处理。因此，可以把进程的"资源所有权"和"调度 / 执行"分离开来，前一项任务仍然由进程完成，作为系统资源分配和保护的独立单元，无须频繁切换；后一项任务交给称作线程的轻量实体来完成，线程作为调度分派的基本单位，会被频繁调度和切换。

　　在进程之后再引入线程的概念，可以减少程序并发执行时所付出的时空开销，使得并发粒度更细、并发性更好。

2.2.1　多线程概述

1. 多线程

单线程与多线程

　　多线程是指操作系统在单个进程内支持多个并发执行路径的能力。若每个进程内仅执行单个线程则称为单线程。如图 2.14 所示，左侧是单线程方法，右侧是多线程方法。MS–DOS 支持单进程单线程；传统的 UNIX 支持多进程，但每个进程仅支持一个线程；Java 运行时环境是单进程多线程的；而目前绝大多数的操作系统都支持多进程多线程，如 Windows、Solaris 以及现代UNIX 等。

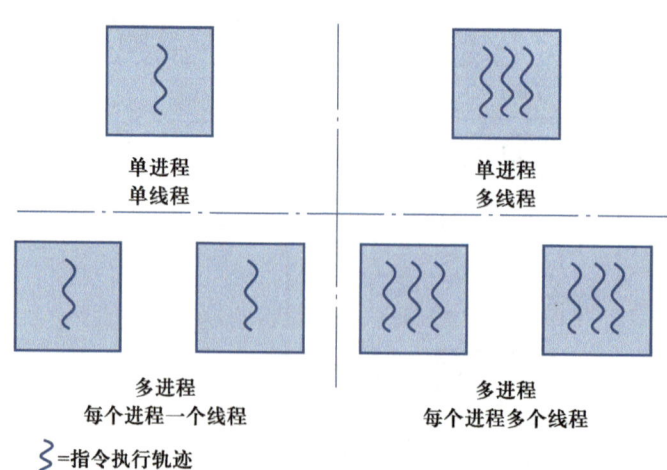

图 2.14　线程和进程

图 2.15 给出了一个单线程和多线程的进程模型，也说明了线程和进程的区别。在单线程进程模型中（无明确的线程概念），进程包括进程控制块、用户地址空间，以及在进程执行时管理调用/返回的用户栈和内核栈。在多线程模型中，进程仍然有一个与之关联的进程控制块和用户地址空间，但每个线程会有自己的线程控制块、用户栈以及内核栈。线程控制块中包含寄存器值、优先级，以及其他与线程相关的状态信息。进程中的所有线程共享该进程的状态和资源，所有线程驻留在同一块地址空间中，并可以访问相同的数据。与进程相比，线程具有以下优点。

（1）减少管理开销。线程的创建和终止所花费的时间都比进程少，并且无须再分配存储空间和各种资源。

（2）线程切换快速。同一进程中的线程切换只需要改变堆栈和寄存器，地址空间不变，因此比进程间切换花费的时间少。

（3）通信易于实现。在多数操作系统中，独立进程间通信需要内核介入，以提供保护和通信所需的机制。由于同一进程中的多个线程共享内存和文件，因此它们无须调用内核就可以相互通信。

（4）并发程度提高。多线程适宜并行工作，能充分发挥处理器与设备的并行工作能力，使多核和多处理器系统的性能发挥得更好。

线程的优点
和功能特性

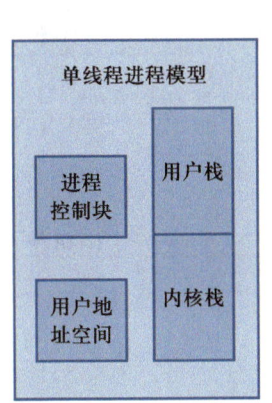
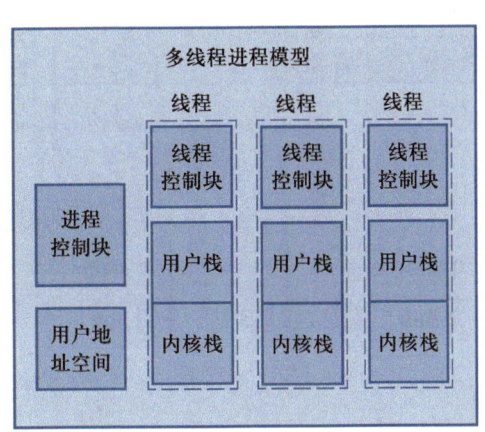

图 2.15　单线程和多线程进程模型

文件服务器是能够很好地阐释线程优点的一个例子。当每个新文件请求到达时，文件管理程序会创建一个新的线程。由于服务器将会处理很多请求，因此需要在短时间内创建和销毁很多线程。如果服务器运行在多处理器机器上，那么在同一个进程中的多个线程就可以同时在不同的处理器上执行。此外，由于文件服务中的进程或线程必须共享文件数据，并据此协调它们的行为，使用线程和共享内存要比使用进程和消息传递更快。

2. 线程状态

与进程类似，线程也有生命周期。由于同一进程中的多线程会竞争处理器资源，或者在运行过程中需要等待事件，因此会有运行、就绪、阻塞等关键状态，状态之间的转换关系与进程类似。由于线程不是资源的拥有单位，因此挂起状态对于线程是没有意义的。如果进程被挂起，由于所有线程共享该进程的地址空间，所以它的所有线程也会被挂起，也就是说挂起操作所引起的状态变化是进程级的，而不是线程级。同理，进程的终止也会导致该进程中所有线程的终止。

讨论一个重要的问题，一个线程阻塞是否会导致整个进程阻塞？换言之，进程中的一个线程阻塞时，是否会阻止进程中其他线程的运行，即使这些线程处于就绪态？显然，若答案为"是"，则会丧失线程的某些灵活性和能力。因此在绝大多数情况下，这个问题的答案为"否"。但在某些情况下，又不得不回答"是"，具体会在下面内容中介绍。

2.2.2　线程分类

多线程的实现通常分为三类：内核级线程（kernel level thread，KLT）、用户级线程（user level thread，ULT）以及混合方式（同时支持 KLT 和 ULT），如图 2.16 所示。

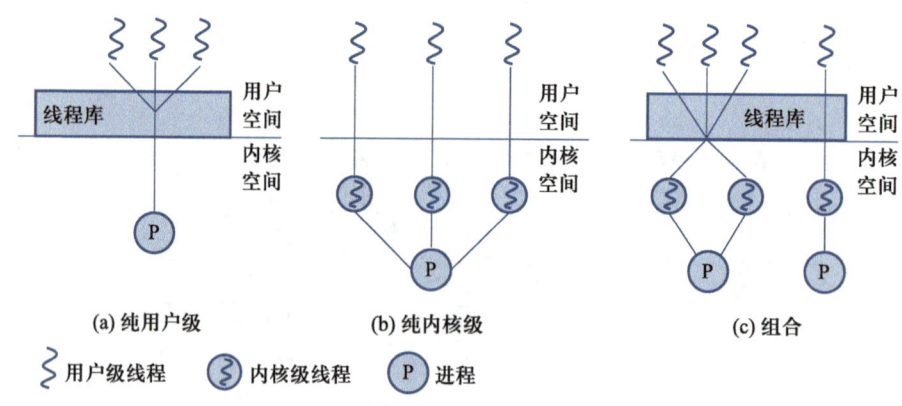

图 2.16　多线程分类

1. 内核级线程

内核级线程

内核级线程是指所有线程管理工作由操作系统内核完成，应用进程没有线程管理代码，需要通过内核提供的应用程序接口来使用线程。内核需要为进程以及进程内的每个线程维护上下文信息。处理器调度以线程为单位，即内核的处理器调度程序直接选中某个就绪的线程执行。

内核级线程有如下优点：

① 内核可同时把同一进程中的多个线程调度到多个处理器中。

② 若进程中的一个线程被阻塞，内核可以调度同一进程中的另一个线程，也可以运行其他进程的线程。

③ 由于内核级线程只有很小的数据结构和堆栈，切换速度快，内核本身也可以使用多线程技术实现，从而提高系统的执行效率。

内核级线程有如下缺点：

由于线程在用户态运行，而线程的调度和管理在内核实现，因此在同一进程中控制权从一个线程传送到另一个线程时，需要进行用户态 – 内核态 – 用户态的模式切换，系统开销较大。

2. 用户级线程

用户级线程是指线程管理工作由应用程序来完成，在用户空间内实现，操作系统内核意识不到线程的存在。任何应用程序都可使用线程库设计成多线程程序。线程库是管理用户级线程的一个例行程序包，主要功能包括创建和销毁线程、在线程间传递消息和数据、调度线程执行，以及保存和恢复线程上下文等。也就是说，线程库是线程的运行支撑环境。

用户级线程

用户级线程有如下优点：

① 线程切换不需要内核态特权，所有线程管理的数据结构均在用户空间中，可以节省模式切换开销和内核的宝贵资源。

② 调度可以是应用程序相关的，允许进程按照应用的特点需要选择调度算法，且线程库的线程调度算法与操作系统的低级调度算法无关。

③ 可以在任何操作系统中运行，不需要对底层内核进行修改以支持用户级线程。

同样，用户级线程的缺点也很明显：

① 大多数系统调用都会引起阻塞。因此，当执行一个系统调用时，不仅会阻塞这个线程，还会阻塞与其同一进程中的所有线程。

② 无法利用多处理器结构。内核一次只为一个进程分配给一个处理器，因此一个进程中只有一个线程可以执行。

第一个缺点，即之前讨论的一个线程被阻塞是否会引起同一进程中的所有线程被阻塞问题的"是"答案。显然，这种情况是不太受欢迎的。有一种解决该问题的方法叫作"套管"（jacketing）技术，其目标是把一个产生阻塞的系统调用转化为一个非阻塞的系统调用。例如，不让线程直接调用一个系统 I/O 例程，而是调用一个应用级的 I/O 套管例程，这个套管例程中的代码用于检查并确定 I/O 设备是否忙。若忙，则该线程进入阻塞态并把控制权交给另一个线程。这个线程重新获得控制权后，套管例程会再次检查 I/O 设备。

3. 混合方式

有些操作系统使用混合方式，具体来说，由操作系统内核支持内核级线程，操作系统函数库支持用户级线程，线程的创建、调度以及同步都在用户空间中进行。一个应用程序中的多个用户级线程会被映射到一些内核级线程上。两者（ULT–KLT）的映射关系有一对一、一对多和多对多等多种。

混合方式

采用混合方式实现多线程技术具有以下一些特点。

① 线程的创建、调度以及同步完全在用户空间中完成，线程的切换代价比较低。

② 多个用户级线程被映射到一些内核级线程上，可以通过调节两类线程

数量以达到一个应用整体最佳的有效解决方案。

③ 如果设计得当，混合方式可以充分利用用户级、内核级两种策略的优点，减少或者回避它们的缺点。

2.2.3　openEuler 的线程

openEuler 系统采用的是内核级线程模型，对用户提供线程库 NPTL。NPTL中提供了相关的 API 函数供用户调用，API 函数调用内核提供给用户空间的系统调用接口，借助内核中的原语，完成线程控制。openEuler 系统没有单独为线程定义原语，直接使用进程相关原语。因此，NPTL 中的函数对应的是相关进程原语，如表 2.4 所示。

表 2.4　线程控制接口与进程原语的对应关系

基本控制	线程库 API 函数	进程原语
创建	pthread_create()	fork()/clone()
终止	pthread_exit()	exit()
等待回收	pthread_join()	wait()/waitpid()
获取 ID	pthread_self()	getpid()

虽然 openEuler 中线程控制函数最终对应的是进程原语，但两者还是有区别的。以创建为例，进程创建是对父进程资源进行复制，也就是说，它将拥有父进程大部分资源实体的一个副本，因此复制时间成本会比较高；而线程由于共享进程的多数资源，因此线程创建对进程大部分资源只是引用，只需要将资源项引用计数加一，不需要实际复制资源实体，时间成本会降低。所以，跟进程相比，线程是轻量级的。

此外，openEuler 中线程的状态同一般原理一致，也是包含创建、就绪、运行、阻塞、终止的五状态模型。

2.3　并发原理

与并发相关
的一些术语

在多道程序设计系统中，同一时刻可能有许多进程并发执行。为了更好地理解并发的概念，首先来了解一些与并发紧密相关的关键术语。

原子操作：一个函数或动作由一个或多个指令的序列实现，对外是不可见的。也就是说，没有其他进程可以看到其中间状态或能中断此操作。要保证指令序列作为一个组来执行，要么都执行，要么都不执行，对系统状态没有可见的影响。原子性保证了并发进程的隔离。

临界资源：一次仅允许一个进程独占使用的资源，如独占型硬件、被共享的数据结构和文件等。对临界资源的访问必须互斥地进行。

临界区：一段代码，在这段代码中进程将访问临界资源，当一个进程已经在这段代码中运行时，另外一个进程就不能在这段代码中执行。

互斥：当一个进程在临界区访问临界资源时，其他进程不能进入该临界区访问临界资源的情形。

同步：两个或两个以上的并发进程合作来完成共同任务，需要按照某种先后顺序执行的情形。

死锁：两个或两个以上的进程因其中的每个进程都在等待其他进程做完某些事情而不能继续执行的情形。

饥饿：一个可运行的进程被调度程序无限期地忽略，不能被调度执行的情形。

2.3.1　并发的基本概念

在单处理器多道程序设计系统中，进程会被交替地执行，这就是所说的并发。而在多处理器系统中，可以重叠执行进程，这是并行。当然，多处理器系统中也会有进程交替执行，所以也存在并发。由此，可以发现并发和并行这两种执行方式的不同。并发是一种宏观上的同时执行，而并行是一种微观上的同时执行。在单处理器系统中，不能实现真正的并行，只能实现并发。而且进程交替执行需要来回切换，会带来一定的系统开销，但这种方式对提高处理器利用率和程序结构方面都有好处。

与同一临界资源有关的临界区分散在各有关进程中，而并发进程的相对执行速度是不可预测的，取决于其他进程的活动、操作系统处理中断的方式以及操作系统的调度策略。因此，并发执行会带来一些新的设计方面的问题。

首先，全局资源的共享充满危险。例如，若两个进程共享同一个全局变量，并且都对该变量执行读写操作，则不同的读写执行顺序可能会带来不一样的后果，可能发生各种与时间有关的错误。后面内容会给出具体的案例分析这个问题。

其次，操作系统很难对资源进行最优化分配。例如，某进程请求使用一个特定的资源并获得了控制权，但它在使用该资源之前已经被阻塞，而操作系统仍然锁定这个资源，以防止其他进程使用。这种情况有可能导致死锁，后续2.5节将会详细讨论这个问题。

最后，定位程序设计错误非常困难。因为并发进程的不同执行顺序会导致运行结果通常是不确定的和不可再现的。

2.3.2　并发进程的制约关系

并发进程可能是无关的，也可能是交互的。无关的并发进程是指这些进程分别在不同的变量集合上操作，一个进程的执行与其他并发进程的进展无关，即一个进程不会改变另一个与其并发执行的进程的变量。交互的并发进程共享某些变量，一个进程的执行可能会影响其他进程的执行结果，它们之间具有制约关系。因此，进程的交互必须是有控制的，否则会出现不正确的计算结果。

1. 无关的并发进程

并发进程的无关性是进程的执行与时间无关的一个充分条件，该条件在

1966 年由 Bernstein 提出。假设 $R(P_i)=\{a_1,\ a_2,\ \cdots,\ a_n\}$，表示程序 P_i 在执行期间所引用的变量集；$W(P_i)=\{b_1,\ b_2,\ \cdots,\ b_n\}$，表示程序 P_i 在执行期间所改变的变量集。

若两个进程的程序 P_1 和 P_2 能满足 Bernstein 条件，即引用变量集（读集）与改变变量集（写集）的交集为空集，则并发进程的执行与时间无关。

$$R(P_1)\cap W(P_2)\cup R(P_2)\cap W(P_1)\cup W(P_1)\cap W(P_2)=\varnothing$$

上述公式中，$R(P_1)\cap W(P_2)\cup R(P_2)\cap W(P_1)=\varnothing$，表明一个程序在两次读操作之间，存储单元的数据不会被改变；$W(P_1)\cap W(P_2)=\varnothing$，表明程序的写操作结果不会丢失。因此，只要满足 Bernstein 条件，并发执行的程序就可以保持封闭性和可再现性。

2. 交互的并发进程

两个交互的并发进程，由于一个进程的执行速度通常无法为另一个进程所预知，对于共享公共变量（资源）的并发进程而言，计算结果往往取决于这一组并发进程执行的相对速度，可能导致出现错误。因为速度是时间的函数，所以该错误称为与时间有关的错误。与时间有关的错误通常有两种：结果不唯一和永远等待。下面通过两个案例来说明这一问题。

案例 1：机票问题（结果不唯一）

如图 2.17 所示，假设机票预订系统有两个终端，以并发的方式运行两个售票进程 T_1 和 T_2。A_j（$j=1,\ 2,\ 3\cdots$）存放某年某月某日某航班的余票数，X_1 和 X_2 分别表示进程 T_1 和 T_2 执行时所用的共享存储单元。

```
void T1( ) {                          void T2( ) {
    {按旅客订票要求找到 Aj};              {按旅客订票要求找到 Aj};
    int X1=Aj;                          int X2=Aj;
    if(X1>=1) {                         if(X2>=1) {
        X1--;                              X2--;
        Aj=X1;                             Aj=X2;
        {输出一张票};                       {输出一张票};
    }                                  }
    else                               else
    {输出信息"票已售完"};                 {输出信息"票已售完"};
}                                  }
```

图 2.17　飞机票售票问题

两个售票进程可并发执行，共享同一批票源数据，因此很有可能出现如下交替执行情况：

```
T₁:X₁=Aj;       //X₁=m
T₂:X₂=Aj;       //X₂=m
T₂:X₂--; Aj=X₂; { 输出一张票 };      //Aj=m-1
T₁:X₁--; Aj=X₁; { 输出一张票 };      //Aj=m-1
```

此时，会造成余票数不正确，两位旅客各自买到一张票，但 A_j 的值只减了 1。特别需要注意的是，若只有一张余票，则会出现同一张票卖给两位旅客的情况。

案例 2：主存管理问题（永远等待）

如图 2.18 所示，假设有两个可并发执行的程序 borrow() 和 return()，分别负责申请和归还主存资源，进程在申请和归还主存资源时调用它们。X 表示现有空闲主存总量，B 表示申请或归还的主存量。

```
void borrow(int B) {                    void return(int B) {
  while(B>X)                              X=X+B;
  {进程进入等待主存资源队列};              {修改主存分配表};
  X=X-B;                                  {释放等待主存资源的进程};
  {修改主存分配表，进程获得主存资源};      }
}
```

图 2.18   主存管理问题

由于 borrow() 和 return() 共享代表主存物理资源的临界变量 X，对它们的并发执行如果不加控制将会导致错误。例如，若出现如下交替执行情况：

> borrow:while(B>X);
> return:X=X+B;{ 修改主存分配表 };{ 释放等待主存资源的进程 };

此时，因为 borrow 还没有进入等待队列，因此，return 的释放操作是空操作，当 borrow 进入等待队列时，可能没有进程再来归还，处于永远等待状态。

上述两个案例说明，交互的并发进程在执行过程中存在先后制约关系，如果不能妥当控制该制约关系，并发程序设计将会出现与时间有关的错误。

2.3.3   操作系统设计问题

对操作系统设计和管理需要面临和解决诸多问题，其中最为重要且需要特别关注的包括如下四点：

（1）操作系统必须能跟踪不同的进程。这可以使用前面学习过的进程控制块来实现。

（2）操作系统必须为每个活跃进程分配和释放各种资源。有时，可能多个进程想访问相同的资源，包括处理器、存储器、文件以及 I/O 设备等。这时必须进行相应的控制，以免出现问题。相应的解决策略后续内容均会涉及。

（3）操作系统必须保护每个进程的数据和物理资源，避免其他进程无意或有意的干扰。这涉及与存储器、文件以及 I/O 设备等相关的技术。

（4）一个进程的功能和执行结果必须与执行速度无关（相对于其他并发进程的执行速度）。这是本章需要解决的问题，接下来会详细讨论。

2.4　同步与互斥

同步与互斥
问题的产生

交互的并发进程在执行时的制约关系主要包含两类：进程互斥与进程同步。进程互斥是指并发的进程之间因相互争夺独占型资源而产生的一种竞争制约关系，如读取共享变量，经处理后再将其写回，该过程就是进程互斥。进程同步是指并发进程之间为完成共同任务，基于某个条件来协调执行先后关系而产生的协作制约关系，如必须在输入进程完成输入之后，计算进程才能对输入结果进行加工处理。只有有效解决进程互斥与进程同步这两种制约关系，才能保证交互的并发进程在执行过程中能够得到合理的结果。

2.4.1　互斥

在实现并发进程间互斥执行时，对相关进程的执行速度和处理器的数目没有任何要求和限制，并且一个在非临界区停止的进程也不能干涉其他进程。在此基础上，要提供对互斥的支持，必须满足以下要求：

互斥操作的
四个要求

（1）必须强制实施互斥。在与相同资源或共享对象的临界区有关的所有进程中，一次只允许一个进程进入临界区。

（2）需要访问临界区的进程要在有限的等待时间内进入临界区，并且一个进程驻留在临界区中的时间必须是有限的，即不会导致进程死锁或饥饿。

（3）当没有进程在临界区时，任何需要进入临界区的进程必须能够立即进入。

（4）当进程不能进入临界区时，应该释放处理器，避免进程忙等。

满足这些互斥条件的方法有很多，具体如下：

（1）软件方法。由并发执行的进程担负解决问题的责任，这类进程需要与另一个进程合作，而不需要操作系统或程序设计语言提供任何支持。这种方法已经被证明会增加开销并存在很多缺陷，所以这里不去探讨。

（2）硬件方法。该方法涉及机器指令，优点是可以减少开销，但却很难成为一种通用的解决方案。本节接下来的内容将会重点介绍该方法。

（3）操作系统或程序设计语言中提供某种级别的支持。该方法具有比较好的适用性，不仅可以解决互斥问题，也可以解决同步问题，本书 2.4.2、2.4.3 以及 2.4.4 节将分别介绍其中最重要的三种方法：信号量、管程以及消息传递。

本节讨论两种实现互斥的硬件方法：中断禁用和专用机器指令。

1. 中断禁用

在单处理器系统中，并发进程是交替执行的，一个进程在调用一个系统服务或被中断前，将一直运行。因此，为保证互斥，只需保证一个进程不被中断即可，这可以通过系统内核定义的启用中断原语和禁用中断原语来实现。进程可以通过如下方式实现互斥：

```
while (true){
    /* 禁用中断 */;
    /* 临界区 */;
    /* 启用中断 */;
    /* 其余部分 */;
    }
```

由于临界区不被中断，故可以保证互斥。但是，这种方法有两个明显的问题。第一个问题是代价非常高。中断机制出现的目的是提高处理器的利用率，禁用中断，也就意味着处理器的执行效率会明显降低。另一个问题是，这种方法不适用于多处理器体系结构。多处理器环境中，通常可能有多个进程同时被执行，在这种情况下，禁用中断并不能保证互斥。

2. 专用机器指令

在硬件级别上，对存储单元的访问需要互斥，因此处理器设计时会有一些机器指令，用于保证多个动作的原子性。例如，在一个取指周期中对一个存储单元进行写操作，则在这个指令执行过程中，将阻止任何其他指令访问内存，并且这些动作在一个指令周期内完成。

下面给出两种最常见的机器指令，分别是比较和交换指令、交换指令，先介绍这两个指令的含义，然后利用这两个指令设计互斥方案。

（1）比较和交换指令

```
int compare_and_swap (int *word, int testval, int newval)
{
    int oldval;
    oldval=*word;
    if (oldval==testval) *word=newval;
    return oldval;
}
```

这个指令有两个版本的解释，第一个版本是用一个测试值（testval）检查一个内存单元（*word）。若这个内存单元的当前值是 testval，就用 newval 取代该值；否则保持不变。该指令总是返回旧内存值，因此，若返回值与测试值相同，则表示该内存单元已被更新。由此可见，这个原子指令由两部分组成：比较内存单元值和测试值，值相同时产生交换。整个比较和交换指令按原子操作执行，即不接受中断。第二个版本是返回一个布尔值。交换发生时为真，否则为假。几乎所有处理器家族都支持该指令其中的某个版本，且多数操作系统都利用该指令支持并发。

图 2.19（a）给出了基于这个指令的互斥方案。共享变量 bolt 被初始化为 0，唯一可以进入临界区的进程是发现 bolt 等于 0 的那个进程，该进程进入临界区之后，bolt 值会因为 compare_and_swap 指令自动变为 1，所有试图进入临

界区的其他进程进入忙等待模式。一个进程离开临界区时，将 bolt 置为 0，此时允许一个等待进程进入临界区。哪个进程会被选择取决于其正好执行紧接着的 compare_and_swap 指令。这里解释一下术语忙等待（busy waiting），也称为自旋等待（spin waiting），是指进程在得到临界区访问权之前，不停地执行测试变量的指令来试图得到访问权，除此之外不能做任何其他事情。

```
int bolt=0;                                    int bolt=0;
void P(int i){                                 void P(int i){
    while(true){                                   int keyi=1;
        while(compare_and_swap(bolt,0,1)==1)       while(true){
        /*不做任何事*/;                                do exchange(&keyi,&bolt)
        /*临界区*/;                                    while (keyi!=0);
        bolt=0;                                        /*临界区*/;
        /*其余部分*/;                                  bolt=0;
    }                                                  /*其余部分*/;
}                                                  }
                                               }
```

　　　　　(a) 比较和交换指令　　　　　　　　　　　　(b) 交换指令

图 2.19　通过专用机器实现互斥

（2）交换指令

```
void exchange (int *register, int *memory)
{
    int temp;
    temp=*memory;
    *memory=*register;
    *register=temp;
}
```

　　该指令用于交换一个寄存器（register）和一个存储单元（memory）的内容。图 2.19（b）给出了基于这个指令的互斥方案。共享变量 bolt 被初始化为 0，每个进程都使用一个局部变量 key 且初始化为 1。唯一可以进入临界区的进程是发现 bolt 等于 0 的那个进程，该进程进入临界区之后，bolt 值会因为 exchange 指令自动变为 1，来避免其他进程进入临界区。一个进程离开临界区时，它把 bolt 重置为 0，允许另一个进程进入临界区。

　　使用专用机器指令实施互斥有如下优点：

① 适用于在单处理器或共享内存的多处理器上的任意数量的进程。

② 简单且易于证明。

③ 可用于支持多个临界区，每个临界区可以用它自己的 bolt 变量定义。

　　但是，使用专用机器指令实施互斥也有如下缺点：

① 忙等待：当一个进程在等待进入临界区时，会继续消耗处理器时间。

② 可能饥饿：当有一个进程离开临界区而有很多进程在等待时，选择哪个等待进程是随机的，因此某些进程可能会被长期拒绝进入。

③ 可能死锁：在单处理器系统中，若进程 P1 执行上述某专用指令并进入临界区，然后 P1 被中断并把处理器让给具有更高优先级的 P2。若 P2 试图使用同一资源，由于互斥机制，它将被拒绝访问。因此，P2 会进入忙等待，但是，由于 P1 比 P2 的优先级低，因此它将永远不会被调度执行。这两个进程便进入死锁状态。

综上所述，无论是禁用中断还是使用专用机器指令，硬件方法都无法成为一种通用的解决方案，因此需要寻找其他合适的机制。接下来将介绍基于操作系统和程序设计语言的并发机制，主要介绍其中最常用的三种，分别是信号量、管程和消息传递。这三种方案都是既可以解决互斥问题，也可以解决同步问题。

2.4.2 信号量

信号量是由荷兰籍科学家 Dijkstra 于 1965 年提出的一种同步工具。Dijkstra 是著名的计算科学的奠基人之一，于 1972 年获得图灵奖，他的贡献覆盖了很多领域，包括编译器、操作系统、分布式系统、程序设计、编程语言、程序验证、软件工程、图论等。我们现在熟悉的一些标准概念，如互斥、死锁、信号量等，都是 Dijkstra 发明和定义的，非常著名的最短路径算法（也称为 Dijkstra 算法），也是他提出的。

1. 基本概念

信号量的基本原理如下：两个或多个进程通过简单的信号进行合作，可以强迫一个进程在某一位置停止，直到它接收到一个特定的信号。任何复杂的合作需求都可以通过适当的信号结构得到满足。信号量是一个特殊变量，假设定义为 s，需要通过两个原语 semWait（s）和 semSignal（s）进行接收和发送。若相应的信号未发送，则阻塞进程，直到发送完为止。图 2.20 给出了信号量原语的定义。

信号量、Wait 和 Signal 操作的含义

```
struct semaphore{
    int count;
    queueType queue;
}
void semWait(semaphore s){
    s.count--;
    if(s.count<0){
        /*把当前进程插入等待队列 s.queue，阻塞当前进程*/;
    }
}
void semSignal(semaphore s){
    s.count++;
    if(s.count<=0){
        /*从等待队列 s.queue 中唤醒一个进程，将其插入就绪队列*/;
    }
}
```

图 2.20 信号量原语定义

由这个定义可以看出，信号量包含一个值为整数的变量，以及一个队列。

① 信号量的值可以初始化成非负数。

② semWait 操作使信号量的值减 1。若值为负数，则执行 semWait 的进程阻塞，否则继续执行。

③ semSignal 操作使信号量的值加 1。若值小于或等于 0，则被 semWait 操作阻塞的进程被解除阻塞。

信号量定义还有如下三个重要的结论。

① 通常，在进程对信号量减 1 之前，无法提前知道该信号量是否会被阻塞。

② 当进程对一个信号量加 1 之后，会唤醒另一个进程，两个进程继续并发运行，在单处理器系统中，无法知道哪个进程会被立即执行。

③ 向信号量发出信号后，不需要知道是否有另一个进程正在等待，被解除阻塞的进程数要么没有，要么为 1。

上述信号量通常被称为计数信号量（counting semaphore）或普通信号量（general semaphore），信号量的取值范围比较广。还有一种信号量被称为二元信号量（binary semaphore），信号量的取值只能是 0 或 1。理论上，二元信号量和普通信号量具有同样的表达能力，为了后面在用信号量解决同步 / 互斥问题时更加简洁明了，这里不对二元信号量进行深入讨论，后续使用的信号量都是普通信号量。无论是什么类型的信号量，都需要使用队列来保存在信号量上等待的进程，那么，进程按照什么顺序从等待队列中移出呢？最公平的策略是先进先出（first in first out，FIFO），即被阻塞最久的进程最先从队列释放，采用这一策略的信号量称为强信号量（strong semaphore）；相应地，没有采用这一策略的就称为弱信号量（weak semaphore）。强信号量是操作系统提供的典型信号量形式，后续方案中默认使用的都是强信号量。

（1）信号量解决互斥问题

使用信号量解决互斥问题的方法如图 2.21 所示。设有 n 个进程，用数组 P（i）表示，所有进程都需要访问共享资源。每个进程进入临界区前执行 semWait（s），若 s 的值为负，则进程被阻塞；若值为 1，则 s 被减为 0，进程立即进入临界区；由于 s 不再为正，因而其他任何进程都不能进入临界区。

用信号量实现互斥

```
semaphore s=1;
void P(int i){
    while(true){
        semWait(s);
        /*临界区*/;
        semSignal(s);
        /*其余部分*/;
    }
}
```

图 2.21　使用信号量解决互斥问题

　　用于互斥的信号量一般设初值为 1，这样第一个执行 semWait 的进程可以立即进入临界区，此时信号量的值为 0。接下来，任何试图进入临界区的其他进程都将被阻塞，并使得信号量的值减 1。当最初进入临界区的进程离开时，信号量的值会加 1，若等待队列中有进程，则会唤醒其中的一个，置于就绪态。当操作系统下一次调度时，它就可能有机会进入临界区。

　　图 2.22 给出一个使用信号量解决互斥问题的案例。在该案例中，三个进程 A、B、C 访问一个受信号量 lock 保护的共享资源。进程 A 先执行 semWait（lock），由于信号量初值为 1，所以 A 可以立即进入临界区，且信号量的值变为 0；当 A 在临界区中时，B 和 C 都执行一个 semWait（lock）操作并被阻塞；当 A 退出临界区时，等待队列中的第一个进程 B 就可以进入临界区了，同理，当 B 退出临界区时，C 就可以进入临界区。当 C 也退出临界区之后，信号量 lock 的值重新变回 1。

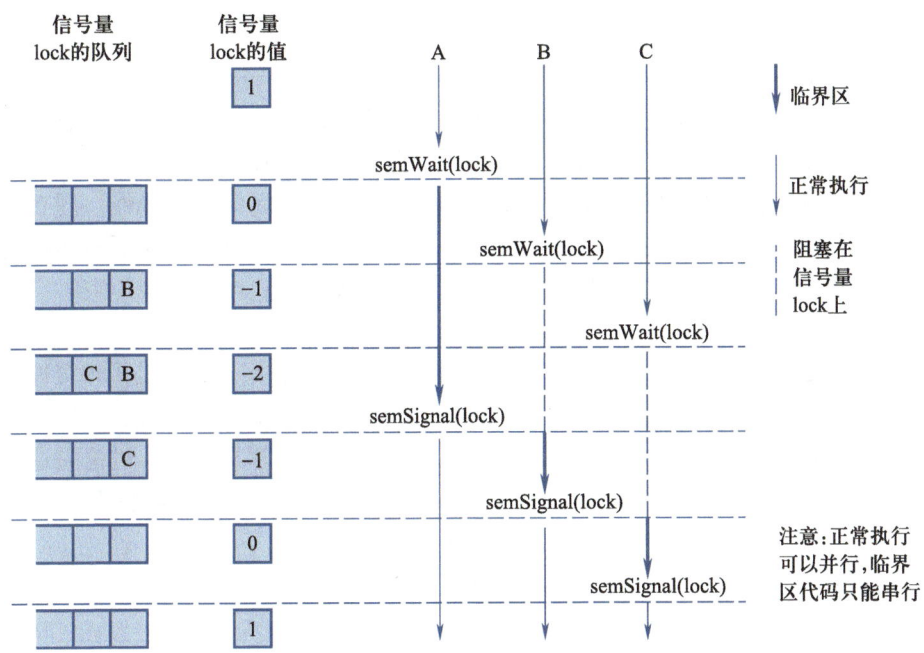

图 2.22　使用信号量解决互斥问题示例

　　当然，前述互斥方案也可以用于解决一次允许多个进程进入临界区的互斥问题，只需将信号量的初值设置为某个特定的值，比如一次允许 10 个进程进入临界区，那么信号量的初值就设为 10。在任意时刻，信号量的值（用 s.count 表示）都具有如下含义：

　　① s.count>=0：表示可以执行 semWait（s）而不被阻塞的进程数。

　　② s.count<0：其绝对值表示阻塞在 s.queue 队列中的进程数。

　　（2）信号量解决同步问题

　　信号量不仅可以解决进程互斥问题，也是实现进程同步的有力工具。在协

用信号量实现同步

作进程之间，一个进程的执行依赖于协作进程的信号或消息，在尚未得到来自协作进程的信号或消息时则等待，直到信号或消息到达时才被唤醒。使用信号量解决进程同步问题的基本思路如下：定义一个信号量，用于表示可用的消息数（资源数），等待消息的进程在执行 semWait 操作后，如果没有得到消息，就会被阻塞在同步信号量的等待队列，并依序排队；而发出消息的进程在执行 semSignal 操作后，如果有等待该消息的进程，将唤醒一个在该同步信号量上等待的进程。

通常并发进程之间会有复杂的交互关系，可能是互斥，也可能是同步，也可能两者兼而有之。简单起见，经常会统称为进程同步问题，但这并不代表该问题里就一定没有互斥关系。因此在用信号量去解决问题时，首先要厘清进程之间存在的交互关系，然后分别设计相应的信号量，最后写出合理的进程结构。

接下来介绍两个典型的进程同步问题：生产者 – 消费者问题和读者 – 写者问题，还有一个哲学家进餐问题，因为一般的解决方案容易死锁，所以将在本章 2.5 节进行讲解。

2. 生产者 – 消费者问题

生产者 – 消费者问题的要求

生产者 – 消费者问题是经典的进程同步问题，也是并发处理中最常见的一类问题。这类问题通常描述如下：有两类进程分别称为生产者和消费者，数量都是一个或多个，生产者生产某种类型的数据并放置在缓冲区中，消费者从缓冲区中取数据，每次取一项。系统要保证避免对缓冲区的重复操作，即在任何时候只有一个主体（生产者或消费者）可访问缓冲区。还要确保下面两种情况：当缓冲区已满时，生产者不会继续向其中添加数据；当缓冲区为空时，消费者不会从中移走数据。

下面分两种情况来讨论生产者 – 消费者问题的解决方案，分别是无限缓冲和有限缓冲。无限缓冲是指缓冲区个数是无限多的，这是一种理想情况，可以简化问题。有限缓冲是指缓冲区的个数是有限的，现实情况都是如此。讨论完这两种情况之后，会给出一个生产者 – 消费者问题的相关案例：苹果 – 香蕉问题。

（1）无限缓冲的生产者 – 消费者问题

使用信号量解决这一问题的方案如图 2.23 所示。

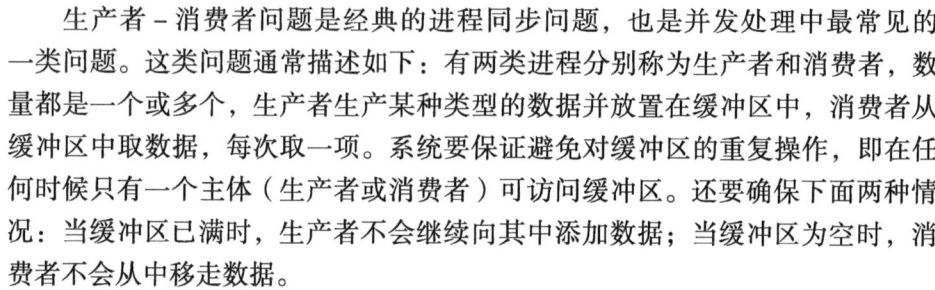

图 2.23 使用信号量解决无限缓冲区生产者消费者问题方案

由于缓冲数量是无限的，因此生产者可以在任何时刻自由地向缓冲区中添加数据项，但要保证对缓冲区的互斥操作，在添加数据前执行 semWait(s)，之后执行 semSignal(s)，以阻止消费者或其他生产者在该生产者添加数据过程中访问缓冲区。而消费者要取数据，必须申请到两个信号量 s 和 n，n 用于保证目前有数据可取，s 用于保证对缓冲区的互斥操作。生产者放完数据之后，还会执行 semSignal(n)，这样，若有消费者在等待产品，就会被唤醒，从而搭建起二者的同步协作关系。

（2）有限缓冲的生产者–消费者问题

使用信号量解决这一问题的方案如图 2.24 所示。

```
semaphore s=1;        //互斥信号量，用于缓冲区的互斥访问
semaphore n=0;        //产品数量，初值为 0，即初始情况所有缓冲为空
semaphore e=buf_size; //空缓冲的数量，初始为缓冲区的大小 buf_size，即全为空

void producer(){              void consumer (){
    while(true){                  while(true){
        produce();                    semWait(n);
        semWait(e);                   semWait(s);
        semWait(s);                   take();
        append();                     semSignal(s);
        semSignal(s);                 semSignal(e);
        semSignal(n);                 consume();
    }                             }
}                             }
```

图 2.24　使用信号量解决有限缓冲区生产者消费者问题方案

相比于无限缓冲，有限缓冲问题增加了信号量 e 来记录空闲缓冲的数量。生产者要添加数据时，必须有可用的空缓冲才可以，因此增加了 semWait(e) 操作。消费者增加的操作是取完产品之后，执行 semSignal(e)，这样若有生产者在等待空缓冲，则可以将其唤醒。

（3）苹果–香蕉问题

苹果–香蕉问题的描述如下：桌子上有一个盘子，可以存放一个水果。父亲总是放苹果到盘子中，而母亲总是放香蕉到盘子中；儿子专等吃盘中的香蕉，而女儿专等吃盘中的苹果。

该问题实际是生产者–消费者问题的一种变形，生产者、消费者以及放入缓冲区的产品都有两类，但每类消费者只消费其中固定的一种产品。使用信号量解决这一问题的方案如图 2.25 所示。

这里的同步关系跟一般生产者–消费者问题是一样的，不同的是，这里并没有对缓冲区的互斥访问进行显式控制，原因是这里只有一个缓冲区即盘子，设置一个表示盘子是否为空的信号量 dish，其初值为 1，父亲和母亲只要有一方申请了，另一方就无法申请到；而对于儿子和女儿，由于两人需要的产品不同，不会引发竞争。

用信号量解决有限缓冲区生产者消费者问题

```
semaphore dish=1;       //表示盘子是否为空
semaphore apple =0;     //表示盘中是否有苹果
semaphore banana =0;    //表示盘中是否有香蕉

void father (){                        void son (){
    while(true){                           while(true){
      semWait(dish);                         semWait(banana);
      将苹果放到盘中;                          从盘中取出香蕉;
      semSignal(apple);                      semSignal(dish);
    }                                      }
}                                      }
void mother (){                        void daughter (){
    while(true){                           while(true){
      semWait(dish);                         semWait(apple);
      将香蕉放到盘中;                          从盘中取出苹果;
      semSignal(banana);                     semSignal(dish);
    }                                      }
}                                      }
```

图 2.25　使用信号量解决苹果 – 香蕉问题方案

3. 读者写者问题

读者写者问题

题描述

读者写者问题也是一个经典的进程同步问题，其描述如下：有一个由多个进程共享的数据区（如一个文件、一块内存或一组寄存器），有些进程（读者）只读取数据区中的数据，有些进程（写者）只往数据区中写数据。进程并发执行时必须满足以下条件：

① 任意数量的读进程可以同时读。

② 一次只允许一个写进程去写。

③ 若一个写进程正在写，则禁止任何读进程去读。

使用信号量解决读者 – 写者问题通常有两种解决方案，分别是读者优先和写者优先：

① 读者优先：只要有一个读进程在读，其他的读进程就可以访问数据区。

② 写者优先：当写进程想写时，不允许新的读进程再访问数据区。

（1）读者优先

使用信号量解决读者优先的读者写者问题的方案如图 2.26 所示。

用信号量解

决读者优先

的读者写者

问题

读者优先的解决方案中，信号量 wsem 用于互斥操作共享数据区，写进程只需要用 wsem 实施互斥，保证当有一个写进程正在访问共享数据区时，其他读或者写的进程都不能访问。读进程也需要用 wsem 实现互斥，其互斥的对象是写进程，如果已经有读进程在访问共享数据区，其他读进程是无须等待 wsem 信号量的。因此，只有第一个读进程需要申请 wsem 信号量，最后一个读进程需要释放 wsem 信号量。整型变量 readcount 用于记录读进程的个数，方便识别第一个和最后一个读进程。信号量 x 用于互斥操作变量 readcount，以保证其可以被正确更新。

```
int readcount=0;    //用于记录读进程的个数
semaphore x=1;      //用于确保 readcount 被正确地更新
semaphore wsem=1;  //用于互斥操作共享数据区

void reader (){                        void writer (){
  while(true){                           while(true){
    semWait(x);                            semWait(wsem);
        readcount++;                       WRITEUNIT();
        if(readcount==1)                   semSignal(wsem);
            semWait(wsem);               }
    semSignal(x);                      }
    READUNIT();
    semWait(x);
        readcount--;
        if(readcount==0)
            semSignal(wsem);
    semSignal(x);
  }
```

图 2.26　使用信号量解决读者优先问题的方案

（2）写者优先

写者优先的解决方案中，要保证当有写进程想访问共享数据区时，不允许新的读进程再访问数据区。相对于读者优先的解决方案，增加了下面 4 个新的数据结构：

① 信号量 rsem：当有写进程想要访问共享数据区时，用于禁止在这之后想访问数据区的所有读进程。

② 变量 writecount：用于对写进程进行计数，第一个写进程要申请信号量 rsem，以阻止后续读进程。

③ 信号量 y：用于互斥访问变量 writecount，保证其被正确更新。

④ 信号量 z：让所有读进程在等待 rsem 之前，在信号量 z 上排队，这样可以防止读进程在 rsem 上排长队，使得写进程能尽快申请到 resm。

信号量解决写者优先问题的方案如图 2.27 所示。

（3）独木桥问题

独木桥问题描述如下：东、西向汽车过独木桥。桥上无车时允许一方汽车过桥，待全部过完后才允许另一方汽车过桥。

独木桥问题放在这里是因为其与读者 – 写者问题非常类似，可以参考读者优先的思路进行解决，方案如图 2.28 所示。

参考读者优先方法解决独木桥问题

4. 信号量小结

一个信号量可用于控制 n 个进程的同步互斥，除了赋初值，只能由 semWait 和 semSignal 操作才能修改信号量的值。

当信号量 S 用于控制 n 个进程互斥时，会对其赋初值 1，取值范围是 1 到 –（n–1），这时，S 相当于临界区的通行证，实际上也是资源个数，只是数量最多为 1。S 的不同取值所代表的含义如下：

```
int readcount=0;           //用于记录读进程的个数
int writecount=0;          //用于记录写进程的个数
semaphore x=1;             //用于确保 readcount 被正确地更新
semaphore y=1;             //用于确保 writecount 被正确地更新
semaphore z=1;             //用于确保不在 rsem 上建造长队列
semaphore wsem=1;          //用于互斥操作共享数据区
semaphore rsem=1;          //用于写进程准备访问数据区时禁止所有读进程
```

```
void reader(){                              void writer(){
  while (true) {                              while (true) {
    semWait(z);                                 semWait(y);
    semWait(rsem);                                writecount++;
    semWait(x);                                   if(writecount==1)
        readcount++;                                  semWait(rsem);
        if(readcount==1)                        semSignal(y);
            semWait(wsem);                      semWait(wsem);
    semSignal(x);                               WRITEUNIT();
    semSignal(rsem);                            semSignal(wsem);
    semSignal(z);                               semWait(y);
    READUNIT();                                   writecount--;
    semWait(x);                                   if(writecount==0)
        readcount--;                                  semSignal(rsem);
        if(readcount==0)                        semSignal(y);
            semSignal(wsem);                  }
    semSignal(x);                             }
  }
}
```

图 2.27　使用信号量解决写者优先问题的方案

```
semaphore wait=1;          //用于互斥访问桥
semaphore mutex1=1;        //用于确保 count1 被正确地更新
semaphore mutex2=1;        //用于确保 count2 被正确地更新
int count1=0;              //用于对东边的车进行计数
int count2=0;              //用于对西边的车进行计数
```

```
void Peast(){                               void Pwest(){
while (true) {                              while (true) {
  semWait(mutex1);                            semWait(mutex2);
      count1++;                                   count2++;
      if(count1==1)  semWait(wait);             if(count2==1)  semWait(wait);
  semSignal(mutex1);                          semSignal(mutex2);
  过独木桥;                                    过独木桥;
  semWait(mutex1);                            semWait(mutex2);
      count1--;                                   count2--;
      if(count1==0)  semSignal(wait);           if(count2==0)  semSignal(wait);
  semSignal(mutex1);                          semSignal(mutex2);
  }                                           }
}                                           }
```

图 2.28　参考读者优先，使用信号量解决独木桥问题的方案

① S=1：临界区可用。

② S=0：已有一个进程进入临界区。

③ S<0：临界区已被占用，|S| 个进程正等待进入。

当信号量 S 用于控制 n 个进程同步时，会对其赋一个大于或等于 0 的初值（具体看实际问题），这时，S 表示资源的个数，其不同取值所代表的含义如下：

① S>=0：表示可用资源个数。

② S<0：表示该资源的等待队列长度。

对于操作信号量的两个原语，semWait(S) 表示请求分配一个资源，semSignal(S) 表示释放一个资源。对于同一个信号量的 semWait 和 semSignal 操作必须成对出现，并且具有如下规律：当用于互斥时，semWait 和 semSignal 成对出现于同一进程内；当用于同步时，semWait 和 semSignal 交错出现于两个合作进程内。

特别需要注意的是，当有多个 semWait 操作时，其先后次序不能随意颠倒，否则可能导致死锁。因为其代表了申请资源的顺序，本章 2.5 节会专门进行分析，当申请资源顺序不恰当时，容易出现死锁。而多个 semSignal 操作的次序可任意，因为其代表释放资源，释放得早一些或者晚一些没有太大影响。

2.4.3 管程

信号量是解决进程同步互斥问题的强大工具，但是在信号量使用过程当中，由于 semWait 和 semSignal 操作可能分布在多个进程，难以防止有意或无意的错误同步操作，容易造成程序设计错误。

引入管程的原因

1974 年，P. B. Hansen 和 C. A. R. Hoare 等提出了一种新的同步机制——管程（monitor）。管程是一种程序设计语言结构，对于解决进程同步互斥问题，与信号量具有同等表达能力，但更易于控制。管程结构在很多程序设计语言中都得到了实现，包括并发 Pascal、Pascal-Plus、Modula-2、Modula-3 以及 Java 等。

1. 管程基本概念

如图 2.29 所示，管程是由一个或多个过程、一个初始化序列和局部数据组成的软件模块，主要包含如下特点。

（1）局部数据变量只能被管程中的过程访问，不能被任何外部过程访问。

（2）一个进程通过调用管程的一个过程进入管程。

（3）在任何时候，只能有一个进程在管程中被执行，调用管程的任何其他进程都被阻塞，以等待管程可用。

管程结构强制要求，管程中的数据变量每次只能被一个进程访问，因此管程已经提供了互斥机制。而要进行并发处理，还必须提供同步工具。管程通过条件变量提供对同步的支持，条件变量只有在管程中才能被访问，通过如下两个原语对条件变量进行操作：

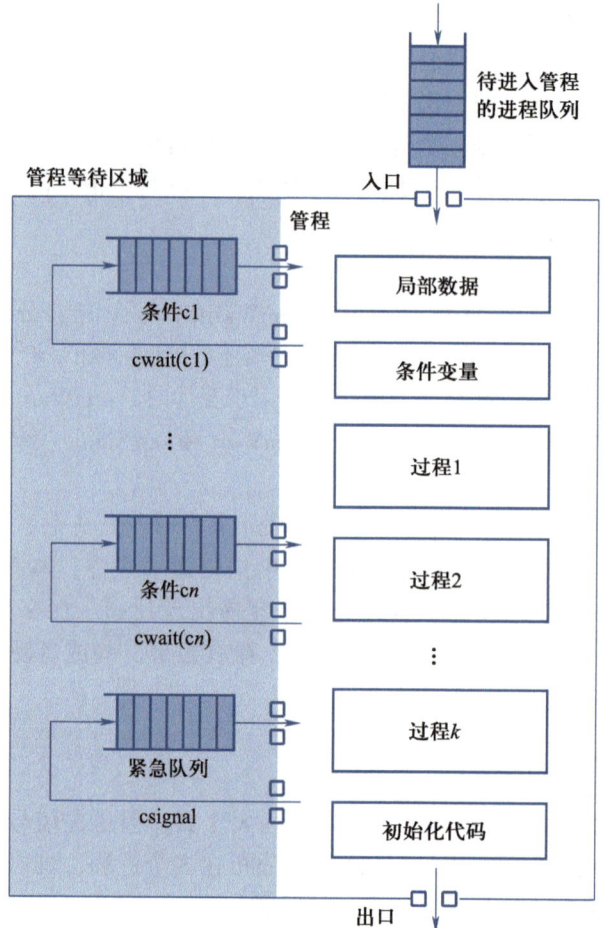

管程的结构

图 2.29　管程的结构

（1）cwait(c)：调用管程的进程在条件变量 c 的等待队列中阻塞。

（2）csignal(c)：恢复执行条件变量 c 的一个阻塞进程。如果有多个阻塞进程，则选择其中的一个；如果没有阻塞进程，则什么都不做。

需要注意的是，管程中的 wait 和 signal 操作与信号量是不同的。如果管程中有进程用 csingal(c) 发出一个信号，但没有进程在这个条件变量上等待，则这个信号将被丢弃。

此外，还有一个问题需要关注。由于管程中一次只允许一个进程进入，若有进程执行 csignal 操作唤醒了另外一个进程，那么接下来哪个进程在管程中执行呢？对于这个问题，不同的管程结构有自己不同的处理机制，最常见的有如下两种：

（1）要求 csignal 操作是进程在管程中执行的最后一条语句。当其唤醒另外一个进程时，它自己就结束任务退出管程了，接下来被唤醒的进程在管程中执行。本书中的案例遵循了这一处理机制。

用管程实现
互斥

（2）发出 csignal 操作的进程阻塞自己，被唤醒的进程接下来在管程中执

80

行。由于阻塞的进程已经在管程中执行了部分任务，因此，让它们优先于新进入的进程是很有必要的。这可以通过建立一条独立的紧急队列来实现，如图 2.29 所示。

用管程解决
生产者消费
者问题

2. 管程解决生产者消费者问题

对于生产者消费者问题，之前已经学习了使用信号量的解决方案，接下来给出使用管程的解决方案，如图 2.30 所示。这里只针对有限缓冲的生产者 / 消费者问题。

```
monitor boundebuffer;
char buffer[N];                         //可存放N个数据项的缓冲区
int nextin,nextout;                     //缓冲区指针
int count;                              //缓冲区中数据项的个数
cond notfull,notempty;                  //条件变量
void append (char x){
    if(count==N) cwait(notfull);        //若缓冲区满，则生产者需要等待notfull
    buffer[nextin]=x;
    nextin=(nextin+1)%N;
    count++;
    csignal(notempty);                  //唤醒等待notempty 的进程
}
void take (char x){
    if(count==0) cwait(notempty);       //若缓冲区空，则消费者需要等待notempty
    x=buffer[nextout];
    nextout=(nextout+1)%N;
    count--;
    csignal(notfull);                   //唤醒等待 notfull 的进程
}
{nextin=0;nextout=0;count=0;            //缓冲区初始化为空}
void producer(){
    char x;
    while(true){
        produce(x);
        append(x);
    }
}
void consumer(){
    char x;
    while(true){
        take(x);
        consume(x);
    }
}
void main(){
    parbegin (producer, consumer); //producer和consumer并发运行
}
```

图 2.30　使用管程解决有限缓冲生产者消费者问题的方案

生产者通过管程中的过程 append( ) 在缓冲区中存入数据项。首先检查缓冲区中是否还有空余空间，若有，将数据项放入指针 nextin 的位置，nextin 前进一步；若没有，进程在条件变量 notfull 上阻塞，等待被唤醒。当进程成功将数据

项放入缓冲区中后，还需执行 signal 操作，以唤醒在 notempty 上阻塞的消费者进程。

消费者通过管程中的过程 take( ) 从缓冲区中取数据项。首先检查缓冲区中是否有数据项，若有，从指针 nextout 位置取出数据项，nextout 前进一步；若没有，进程在条件变量 notempty 上阻塞，等待被唤醒。当进程成功从缓冲区中取走数据项之后，还需要执行 signal 操作，以唤醒在 notfull 上阻塞的生产者进程。

2.4.4　消息传递

1. 消息传递的基本概念

消息传递是一种通信方式，用于合作进程之间进行信息交换。下面介绍一对消息传递原语来实现消息传递的实际功能：

① send（destination，message）。send 用于一个进程以消息（message）的形式发给另一个指定的目标进程（destination）。

② receive（source，message）。receive 用于一个进程接收源进程（source）发送的消息（message）。

（1）同步

两个进程之间进行消息传递本身已隐含同步关系，即只有当发送者进程发送了消息，接收者进程才能接收到消息。需要注意的是，一个进程发出 send 或 receive 原语之后，会发生些什么。

先考虑 send 原语。一个进程执行 send 原语时可能有两种情况：一是发送进程被阻塞，直到这个消息被目标进程接收到；二是发送进程不会被阻塞，不理会消息是否被目标进程接收到。也就是说，send 原语分为阻塞和无阻塞两种情况。类似地，receive 原语也分为阻塞和无阻塞两种情况：阻塞的 receive 是指接收进程会被阻塞直到所等待的消息到达；无阻塞的 receive 是指在等待消息到达的过程中接收进程不会被阻塞。

由此可见，发送者和接收者都有可能阻塞或者不阻塞。两者可以搭配出如下 3 种常见组合：

① 阻塞 send，阻塞 receive：发送者和接收者都被阻塞，直到完成信息的投递。这种情况常见于具有紧密同步关系的进程间通信。

② 无阻塞 send，阻塞 receive：发送者不阻塞，但接收者会被阻塞，直到请求的消息到达。这种组合是比较有意义的，发送者进程可以尽快给目标进程发送一条或多条消息，而接收者进程必须接收到消息才能继续工作。例如，一个服务器进程给其他进程提供服务或资源。

③ 无阻塞 send，无阻塞 receive：发送者和接收者均不阻塞，不要求任何一方等待，但接收者可能会丢失消息。

（2）寻址

根据 send 和 receive 原语中确定目标或源进程的方式不同，寻址分为直接寻址和间接寻址两类。

直接寻址是指消息直接从发送者到接收者。对于 send 原语来说，会直接指明消息所发送到的目标进程标识号。对于 receive 原语来说会有两种情况。一种是要求接收进程显式指定源进程，即事先必须明确，希望得到来自哪个进程的消息。另一种情况是无法指定所期望的源进程。例如，打印机服务器进程可能会接收到来自很多不同进程的打印请求，很难指定消息的源进程。此时，receive 原语中的 source 参数不再代表源进程，而是保存接收操作执行后的返回值。

间接寻址是指消息不直接从发送者到接收者，而是通过一个共享数据结构——信箱来进行。信箱可以供两个或以上进程共享，发送者往信箱中发送消息，接收者从信箱中获取消息。

间接寻址方式解除了发送者和接收者之间的耦合关系，使得消息的使用更加灵活。进程和信箱之间的关联可以是静态的，也可以是动态的。一般来说，当发送者和接收者是一对一关系时，进程和信箱可以静态关联，而当有很多发送者或者接收者时，进程和信箱就需要动态关联。此外，信箱的所有权一般归接收进程，亦即信箱由接收进程创建，所以当接收进程退出时，信箱也会随之销毁。当然，对于一些通用的信箱，也可以由操作系统创建和拥有。

（3）消息格式

消息格式取决于消息机制的目标，以及该机制是运行在一台计算机上还是运行在分布式系统上。比较常见的有固定长度消息和可变长度消息。固定长度消息通常都是定长的短消息，可以减少处理和存储的开销，但不够灵活。可变长度消息由于其更为灵活的特性，而被很多操作系统所采用。图 2.31 给出了一种可变长度消息的一般格式。由图 2.31 可见，其分为消息头和消息体两部分。消息头主要包含跟消息相关的一些信息：消息源和目标的标识符、消息长度以及一些额外的控制信息等；消息体包含消息的实际内容。

（4）排队原则

当同一时间有很多消息需要被发送或接收时，需要对消息进行排队。简单且公平的排队原则是先进先出，但其忽略了某些消息可能会更紧急的问题。解决这个问题的办法是允许指定消息的优先级，根据优先级高低来对消息进行排队。当然，也可以由发送者或者接收者自行决定优先发送或接收哪个消息。

2. 消息传递解决互斥问题

虽然消息传递是一种进程间的通信方式，但利用 send 和 receive 原语的阻塞与无阻塞特点，以及间接通信机制，可以用于实现进程同步与互斥的解决方案。下面先给出互斥的解决

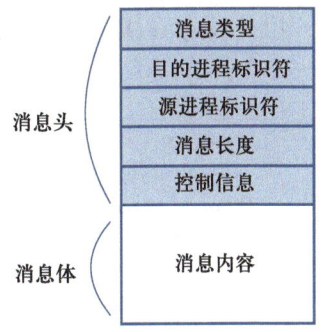

图 2.31　可变长度消息的一般格式

方案，如图 2.32 所示。一组并发进程共享一个信箱 box，初始情况下，信箱里放有一条无内容的消息，使用无阻塞 send 和阻塞 receive。想要进入临界区的进程，需要先从信箱中接收到一条消息，若信箱为空，则该进程会被阻塞；若成功接收到消息，则该进程可以进入临界区，退出临界区时，需要把消息发送回信箱。由于初始信箱里只放了一条消息，因此最初想进入临界区的进程接收到这条消息之后，信箱就空了，后续想进入临界区的进程将全部被阻塞；而退出临界区的进程需要将消息发回信箱，这样被阻塞的进程，后续可以接收到消息而进入临界区。

```
void P (int i)                          void main()
{                                       {
    message msg;                            create mailbox (box);
    while (true){                           send (box, null);
        receive (box, msg);                 parbegin (P(1),P(2),...,P(n));
        /*临界区*/;                      }
        send (box, msg);
        /*其余部分*/;
    }
}
```

图 2.32　消息传递解决互斥问题方案

3. 消息传递解决生产者 – 消费者问题

以有限缓冲的生产者 – 消费者问题为例，给出使用消息传递解决进程同步问题的解决方案，如图 2.33 所示。这里使用了两个信箱 mayproduce 和 mayconsume，仍然使用无阻塞 send 和阻塞 receive。当生产者生产了数据之后，数据将作为消息发送到信箱 mayconsume，只要该信箱中有消息，消费者就可以从中取消息进行消费，消费完之后，向 mayproduce 信箱发一条空消息；若该信箱为空，则

```
void producer (){                       void consumer (){
    message pmsg;                           message cmsg;
    while (true){                           while (true){
        receive (mayproduce, pmsg);             receive (mayconsume, cmsg);
        pmsg=produce();                         consume(cmsg);
        send (mayconsume, pmsg);                send (mayproduce, null);
    }                                       }
}                                       }

void main(){
    create_mailbox (mayproduce);
    create_mailbox (mayconsume);
    for (int i=1;i<=n;i++) send (mayproduce, null);  //n 为缓冲区容量
    parbegin (producer, consumer);
}
```

图 2.33　消息传递解决有限缓冲的生产者 / 消费者问题方案

消费者将被阻塞。mayproduce 信箱即缓冲区的容量，初始情况下填满 n 条空消息，每生产一条消息，mayproduce 信箱的消息数会减 1，若为空，则生产者将被阻塞。

2.4.5 openEuler 实现案例

对于进程同步与互斥，openEuler 系统主要采用了锁、信号量以及消息传递等策略，本节从线程的角度，介绍比较有特色的自旋锁。首先介绍自旋锁的基本思想和存在的问题，然后介绍 openEuler 中 Qspinlock（队列自旋锁）的具体实现。

1. 自旋锁

openEuler 系统中，线程访问临界区需要获取锁，当临界区中已经有线程访问时，其他线程就无法获取到锁，会在进入区循环读取锁的状态，直到获取到锁，这种类型的锁就被称为自旋锁。

自旋锁虽然能够实现临界区的互斥访问，但可能会带来严重的性能开销。例如，当一个线程持有锁之后，进入临界区之前，被其他线程抢占了 CPU，那么后续申请锁的线程都要自旋至少一个时间片。在持有锁的线程被重新调度执行之前，锁是不会被释放的，那些想要获取锁的线程，则会不断检测一个暂时不可能改变状态的锁变量，从而出现消耗 CPU 周期、总线和存储带宽以及缓存失效等问题，造成严重的资源浪费。此外，当同时有很多线程竞争锁时，能够获得锁的时机是随机的。也就是说，自旋锁无法保证等待线程获取锁的公平性。因此，操作系统必须设计一些机制，来缓和资源浪费，保证获取锁的公平性。

2. Qspinlock 的基本思想

Qspinlock 是 openEuler 内核的锁机制，通过下面三点来解决前述自旋锁存在的问题。

（1）引入队列。当锁被释放时，通过施加一些规则，来决定哪个线程能够抢到锁。

（2）引入本地锁状态。线程根据本地锁状态判断目前其是否位于队列的队头，只有位于队头的线程才能读取全局锁状态，这样可以避免所有等待锁的线程都不断读取全局锁状态，能够有效缓解缓存一致性所带来的开销。

（3）两阶段锁。当线程想获取锁时，如果锁没有被任何线程持有，则可直接获得锁；否则，查看是否有其他等待线程，若无，则以自旋的方式不断尝试获取锁；若有，则将锁的获取过程分成两个阶段。第一阶段，等待线程进入阻塞状态，一直到其排到队头时才会被唤醒；第二阶段，被唤醒的线程以自旋锁的方式不断尝试获取锁。

3. Qspinlock 的具体实现

下面将从数据结构、快速路径、慢速路径以及排队四方面介绍 Qspinlock 的具体实现。

（1）数据结构

Qspinlock 的数据结构如图 2.34 所示。用一个原子变量记录锁的状态，包含三个字段：locked、pending、tail。其中，locked 表示锁的状态，1 表示不可获取，0 表示可获取；pending 表示锁的未决位，1 表示至少存在一个线程在等待锁，0 表示要么锁已经被持有但没有争用，要么等待锁的队列已经存在；tail 用于标识队尾，0 表示等待锁的队列尚未创建，非 0 表示等待锁的队列已经存在。

```
1.  //源文件：include/asm-generic/qspinlock_types.h
2.  typedef struct qspinlock {
3.    Union {
4.      atomic_t val;
5.      struct {
6.        u8 locked;          //锁状态
7.        u8 pending;         //未决位
8.      }
9.      struct {
10.       u16 locked_pending;  //线程个数超过 2^14 时，作为 tail 的扩展
11.       u16 tail;           //标识队尾
12.     }
13.   }
14. }
```

图 2.34　Qspinlock 的数据结构

（2）获取锁的快速路径

为了简化描述，接下来全部使用三元组（tail，pending，locked）来描述 Qspinlock 锁的状态，初始状态为（0，0，0）。锁的直接获取关键代码如图 2.35 所示。假设第一个尝试获取锁的线程为 T_1，T_1 首先会查看当前锁的状态，即检测 lock–>val 的值是否为 0。若为 0，则直接获取锁，并将其置为 1，此时，T_1 持有锁，三元组状态更新为（0，0，1）；否则，进入慢速路径中等待锁的持有者释放锁。

```
1.  //源文件：include/asm-generic/qspinlock.h
2.  void queued_spin_lock(struct qspinlock *lock) {
3.    // (0,0,0)-->(0,0,1)
4.    u32 val = atomic_cmpxchg_acquire(&lock->val, 0, _Q_LOCKED_VAL);
5.    if (likely(val ==0))
6.      return;
7.    queued_spin_lock_slowpath(lock, val);
8.  }
```

图 2.35　锁的直接获取关键代码

（3）获取锁的慢速路径

如果线程 T_1 已经获取锁，则三元组状态为（0，0，1）。在 T_1 未释放锁之

前，若 T_2 试图获取锁，则必须等待。T_2 将进入慢速路径处理，在 queued_spin_lock_slowpath() 中检查是否存在其他线程竞争锁。若字段 pending 和 tail 都是 0，则表示没有竞争者。此时，T_2 会将字段 pending 置为 1，三元组状态更新为（0，1，1）。此后，T_2 以自旋的方式读取锁状态以等待锁释放，如图 2.36 所示。

```
1.  //源文件：kernel/locking/qspinlock.c: queued_spin_lock_slowpath()
2.  val = queued_fetch_set_pending_acquire(lock);  //将 pending 位置 1
3.  ...
4.  if (val & _Q_LOCKED_MASK)           //等待锁的释放
5.    atomic_cond_read_qcquire(&lock->val, !(VAL & _Q_LOCKED_MASK));
```

图 2.36　三元组更新为（0，1，1）的关键代码

如果 T_1 将锁释放，T_2 将退出函数 atomic_cond_read_qcquire() 的循环。此时，三元组状态从（0，1，1）变为（0，1，0）。T_2 将直接获取锁，并将字段 pending 清 0，字段 locked 置 1。三元组状态从（0，1，0）变为（0，0，1），如图 2.37 所示。

```
1.  //源文件：kernel/locking/qspinlock.c: queued_spin_lock_slowpath()
2.  clear_pending_set_locked(lock);         //清除 pending 位并获取锁
3.  ...
4.  return;
```

图 2.37　三元组更新为（0，0，1）的关键代码

考虑这样一种情况：当 T_1 释放锁后，T_2 还未完成锁的获取，而此时 T_3 尝试获取锁，即三元组状态已经变为（0，1，0），T_2 处于即将获取到锁的过渡状态。这种情况下，T_3 可以先自旋等待 T_2 获取锁，然后将字段 pending 置为 1，以等待获取锁，使用函数 atomic_cond_read_relaxed() 读取锁值 lock->val，进行固定次数的循环，等待 T_2 获取锁，如图 2.38 所示。

```
1.  //源文件：kernel/locking/qspinlock.c: queued_spin_lock_slowpath()
2.  if (val == _Q_PENDING_VAL{
3.    int cnt =_Q_PENDING_LOOPS;
4.    val = atomic_cond_read_relaxed(&lock->val, (VAL!= _Q_PENDING_VAL)||!cnt--);
5.  }
```

图 2.38　三元组状态为（0，1，0）时的特殊情况

（4）排队

当有多个线程同时试图获取锁时，为了保证公平性，Qspinlock 采用 MCS 队列进行管理。MCS 队列是一个 FIFO（first-in-first-out，先来先出）队列，其数据结构如图 2.39 所示。成员 next 用于指向节点的后继节点，成员 locked

用来判断当前节点是否是队头，成员 count 用于记录当前 CPU 获取锁的个数。openEuler 规定一个 CPU 在一种类型中断中最多只能尝试获取一个锁，除了线程本身，三个中断事件 softirq、hardirq、NMI 也能试图获取锁，因此一个 CPU 最多可同时试图获得四个锁。每个 CPU 定义四个 MCS 节点，保存在 qnodes 数组中。

```
1.   //源文件：kernel/locking/mcs_spinlock.h
2.   struct mcs_spinlock {
3.       struct mcs_spinlock *next;
4.       int locked;
5.       int count;
6.   }
```

图 2.39　MCS 数据结构

只有竞争锁的线程大于两个时，MCS 队列才会被启用。例如，当 T_1 持有锁，T_2 在自旋等待锁，这时如果 T_3 也想获取锁，将被推入 MCS 队列。如图 2.40 所示，首先，T_3 通过 qnodes［0］得到当前竞争锁的数目 count，将其加 1；然后，将自己的 CPU 编号和 context 编号编码进变量 tail 里；最后，取出对应的空闲 MCS 节点 node，将 node 的 locked 值初始化为 0，将 next 指针初始化为 NULL。更新 Qspinlock 中的字段 tail，使其指向该节点自身，并将 Qspinlock 中锁的原状态保存到变量 old 中。

```
1.   //源文件：kernel/locking/qspinlock.c: queued_spin_lock_slowpath()
2.   node = this_cpu_ptr(&qnodes[0],mcs);    //获取 qnodes[0]，得到当前 CPU 锁的个数
3.   idx = node->count++;              //要获取一个空闲 node,需要将 count 加 1
4.   tail = encode_tail(smp_processor_id(),idx);  //使用 CPU ID 与 idx 形成字段 tail
5.   ...
6.   node = grab_mcs_nose(node,idx);       //根据 idx 去除对一个的空闲 node
7.   node -> locked=0;
8.   node ->next=NULL;
9.   ...
10.  old = xchg_tail(lock,tail);        //更新 qspinlock 中的字段 tail
```

图 2.40　获取 node 并初始化的关键代码

T_3 进入 MCS 队列后，将位于 MCS 队列的头部，它会循环读取字段 pending 和 locked 的值，检测是否都为 0，以自旋等待 T_2 获取锁然后释放锁。

当 T_3 还在排队等待时，如果 T_4 也想获取锁，则 T_4 也会被推入 MCS 队列。T_4 会检测 old 字段中的 tail 值，若不为 0，说明已经有线程在队列中，则 T_4 直接排到队尾，如图 2.41 所示。

当 T_4 在排队时，为了减小自旋锁带来的性能消耗，操作系统会让当前 CPU 进入休眠状态。当锁被 T_3 释放时，才将其唤醒。

```
1.  //源文件: kernel/locking/qspinlock.c: queued_spin_lock_slowpath()
2.  if (old & _Q_TAIL_MASK) {
3.    prev = decode_tail(old);              //解析字段 tail
4.    WRITE_ONCE(prev->next, node);         //使前驱节点的 next 指向自己
5.    pv_wait_node(node, prev);             //等待 node->locked 变为 true
6.    arch_mcs_spin_lock_contended(&node->locked); //进入休眠状态
7.    next = READ_ONCE(node->next);    //node 的 next 可能已经存在, 需提前记录
```

图 2.41 队列已存在的情况下排队的关键代码

在 MCS 队列中, 位于队头的线程可以获取锁时, 会有如下两种不同情况。

① 若该线程是队列中唯一的排队者, 则可以直接获取锁, 清除 tail, 释放 MCS 节点。如图 2.42 所示, 函数 try_clear_tail() 原子性地将 lock->locked 置为 1, 同时将 lock->tail 清 0。

```
1.  //源文件: kernel/locking/qspinlock.c: queued_spin_lock_slowpath()
2.  locked;
3.  if(((val & _Q_TAIL_MASK) == tail) && try_clear_tail(lock, val, node))
4.    goto release;
5.  ...
6.  release: true
7.    __this_cpu_dec(qnodes[0].mcs.count);
```

图 2.42 唯一排队者获取锁的关键代码

② 若还存在其他的排队者, 队头节点先获取锁, 再调用函数 smp_cond_load_relaxed() 将后继节点 next->locked 置为 1, 并将后继节点对应的 CPU 唤醒, 如图 2.43 所示。此时, 后继节点将成为队头节点, 自旋等待锁的释放。

```
1.   //源文件: kernel/locking/qspinlock.c: queued_spin_lock_slowpath()
2.   set_locked(lock); //获取锁
3.   if(!next)
4.   next=smp_cond_load_relaxed(&node->next,(VAL));;  //更新 next
5.   mcs_pass_lock(node,next);  //将 next 的 locked 设为 1, 解除在节点的 spin
6.
7.   //源文件: arch/arm/include/asm/mcs_spinlock.h
8.   # define arch_mcs_spin_unlock_contended(lock,val)
9.   do{
10.    smp_store_release(lock,(val));
11.    dsb_sev();  //使用 sev 指令唤醒 CPU
12.  }while(0)
```

图 2.43 存在后继节点的队头获取锁的关键代码

2.5　死锁

2.5.1　死锁原理

死锁的定义
及举例

死锁是指一组相互竞争系统资源或者进行通信的进程间"永久"阻塞。其表现是在一个进程集合中，每个进程都在等待只能由该进程集合中的另一个进程才能引发的事件。由于没有事件能够被触发，故死锁一旦发生就是永久性的，并且与并发进程管理中的其他问题不同，死锁问题目前还没有有效的通用解决方案。为了更加清晰地阐述死锁的概念，下面列举一些引发死锁的例子。

1. 竞争资源引发死锁

假设系统中有两种资源 R_1 和 R_2，数量均为 1，相互竞争的两个进程 P 和 Q，都想独占访问 R_1 和 R_2，两个进程并发执行，按下列次序请求和释放资源。

```
process P (){              process Q (){
    请求 R₁;                    请求 R₂;
    请求 R₂;                    请求 R₁;
    ......                     ......
    释放 R₁;                    释放 R₂;
    释放 R₂;                    释放 R₁;
}                          }
```

并发进程 P 和 Q 执行时的相对速度是无法预知的，假设当前进程 P 已经占用了 R_1，进程 Q 占用了 R_2，那么接下来，P 申请 R_2，而 R_2 被 Q 占用，P 必须等待；Q 申请 R_1，而 R_1 被 P 占用，Q 也必须等待。两个进程都在等待对方所占用的资源，使得这种等待状态无法结束，从而引发了死锁。

2. 进程通信引发死锁

假设系统中有两个相互通信的进程 P 和 Q，每个进程都需要从对方接收到一条消息之后，再给对方发送一条消息。使用阻塞的 receive 原语和无阻塞的 send 原语：

```
process P (){                  process Q (){
    ...                            ...
    receive (Q);                   receive (P);
    ...                            ...
    send (Q, Message1);            send (P, Message2);
}                              }
```

由于 receive 原语是阻塞的，如果 P 接收不到 Q 的消息，就不会给 Q 发消息，Q 也是一样，这样，就会发生死锁。

（1）资源分配图

资源分配图是一种用于刻画进程资源分配情况的有效工具。如图 2.44 所示，它是有向图，包含资源和进程两种节点，分别用方形和圆形来表示。由进程指向资源的边，表示进程请求资源还未得到分配，可称之为请求边；由资源指向进程的边表示进程已得到该类资源，可称之为占有边，也称为分配边。资源节点中的圆点表示该类资源的一个实例。观察图 2.44（a）（b），会发现请求边只需指向资源节点的方框，而占有边要具体到资源节点中的圆点。这是因为请求只需要指明是哪种资源，而不需要具体到该类资源的哪个实例，而分配是要具体到分配了该类资源的哪个实例。

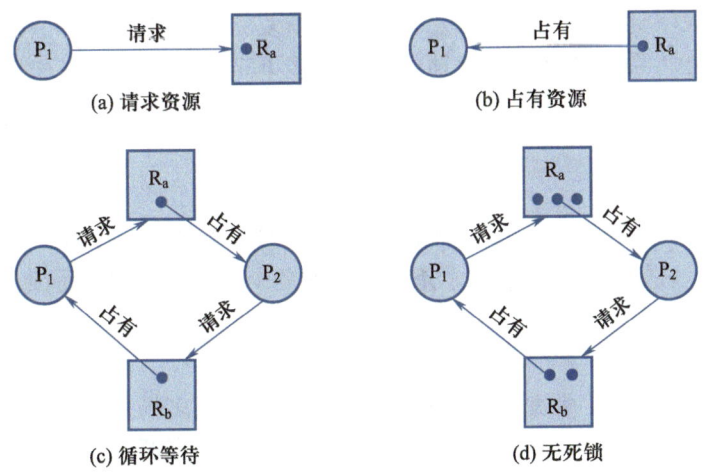

图 2.44　资源分配图示例

观察图 2.44（c）（d），会发现这两个图具有相同的拓扑结构，图中均出现了闭合的环路，即顺着箭头方向，从任意节点出发，可以再回到该节点。但是，图 2.44（c）中存在死锁，图 2.44（d）中却没有死锁。这是因为，图 2.44（c）中资源 R_a 和 R_b 都只有一个实例，进程 P_1 占有 R_b 的同时又申请 R_a，而进程 P_2 占有 R_a 的同时又申请 R_b，两个进程均被阻塞无法运行。而图 2.44（d）中资源 R_a 和 R_b 都具有多个实例，虽然进程 P_1 占有 R_b，但 R_b 中有两个实例，当 P_2 申请 R_b 时也可以获得分配。同样地，虽然 P_2 占有 R_a，但 R_a 中有三个实例，当 P_1 申请 R_a 时也可以获得分配，两个进程均可以顺利获得所需资源，继续运行。

综上可知，若死锁，则资源分配图中必有环路；但有环路时并不一定死锁，要看是否所有进程都被阻塞而无法运行。

资源分配图

（2）死锁的条件

系统产生死锁必须同时满足下面四个条件：

① 互斥。进程互斥使用临界资源，即任一时刻一个资源仅可分配给一个进程使用，其他请求该资源的进程必须等待。

死锁的条件

91

② 占有且等待。当一个进程因请求资源得不到满足而处于等待状态时，继续占有已经分配到的资源。

③ 不可抢占。任何进程不能强行抢占其他进程已经占有的资源，即已经分配给进程的资源，只能由占有进程自己来释放。

④ 循环等待。存在一个闭合的循环等待链，每个进程都在等待链中前一个进程所占有的资源，从而造成永远等待。

上述四个条件，前 3 个条件是死锁存在的必要条件而非充分条件，第四个条件是前三个条件的潜在结果，4 个条件一起构成了死锁的充分必要条件。

死锁可能造成不可估量的损失。目前常用的死锁处理方法主要有三种：死锁预防、死锁避免以及死锁检测与恢复。其中，死锁预防和死锁避免是通过某些干预手段不让死锁发生，而死锁检测与恢复是允许死锁出现，检测到死锁并采取措施将系统恢复到无死锁的状态。接下来将分别介绍这三种死锁解决方案。

2.5.2 死锁预防

死锁的四个条件不是独立存在的，只有四个条件同时出现，死锁才会发生。因此，只要能破坏掉这四个条件其中的一个，就可以防止死锁。这种解决死锁的方案，称为死锁预防。

1. 互斥

破坏互斥条件，即允许资源被同时访问，这在很多场合下是不适应的。需要互斥访问的资源，操作系统就必须支持互斥。有些资源允许同时访问，如文件，但也只是允许同时读，而写仍然需要互斥。

2. 占有且等待

要破坏占有且等待条件，可以采取资源静态分配法，即要求进程必须一次性地请求并分配得到所需要的所有资源，否则将阻塞进程直到所有资源请求都得到满足。但是这种方法会带来一些问题，第一个问题是会导致系统低效。首先，要得到所有的资源，一个进程可能会被阻塞很长时间，而实际上，通常只需要获得一部分资源进程就可以执行；其次，进程已经分配得到的资源可能长时间不会被使用，而其他需要该资源的进程又无法获取到。第二个问题是一个进程可能事先无法确切知道它需要的所有资源。

3. 不可抢占

破坏不可抢占条件，可以从两个角度考虑。一是主动释放，当一个进程已经占有了一些资源，但进一步申请资源无法得到满足时，就必须释放其最初已经占有的资源；二是被动抢占，当一个进程请求的资源被另一个进程占有时，操作系统可以抢占占有资源的进程，要求其释放资源给需要的进程。无论是主动释放还是被动抢占，进程都需要进行回滚，即退回到之前的某个点上，之后从此点开始重新运行。因此，只有在资源状态可以很容易保存和恢复的情况下（如处理器、可逆的数据修改等），这种方案才比较实用。

间接死锁预防

直接死锁预防

4. 循环等待

破坏循环等待条件，可以采取资源有序分配法，即给系统内每个资源明确一个编号，各进程必须严格按照编号递增的顺序申请资源。

可以证明这种策略的正确性：当 $i<j$ 时，资源 R_i 排在资源 R_j 的前面。假设现在有两个进程 P 和 Q 发生死锁，其情况是 P 占有 R_i 请求 R_j，而 Q 占有 R_j 请求 R_i，这是不可能的。因为根据资源申请顺序，由 P 的情况可以推出 $i<j$，而由 Q 的情况可以推出 $i>j$，矛盾。

虽然循环等待条件可以被破坏，但跟破坏占有且等待条件一样，可能会导致系统低效：会使得进程执行速度变慢，并可能导致在没有必要的情况下拒绝资源访问。

2.5.3 死锁避免

死锁避免是死锁问题的另一种解决方案，通过掌控并发进程中与每个进程相关的资源申请情况，来避免死锁的发生。当有进程申请资源时，是否可以分配，取决于系统状态，若满足当前进程的请求可能会导致系统死锁，则拒绝分配；否则接受申请，为其分配资源。

死锁避免

死锁避免方案的代表性算法是银行家算法，由 Dijkstra 于 1965 年提出。银行家算法借鉴银行借贷业务的处理方式来解决死锁。从银行贷款的客户对应于进程，银行资金对应于资源。对于银行的借贷业务，银行可以借贷的资金是有限的，当有客户需要贷款时，银行要做风险评估，来决定是否满足客户要求，以防止出现坏账。同银行借贷业务一样，当有进程申请资源时，银行家算法需要判断系统是否安全，安全的情况下就可以满足其申请，否则就拒绝。接下来首先介绍安全状态的概念，然后详细介绍银行家算法。

1. 安全状态

安全状态指至少存在一个资源分配序列（称为安全序列），使得所有进程都能运行结束而不会死锁，反之则称为不安全状态。下面举例说明。

假设某系统有某种资源 12 个，有三个进程需要使用这 12 个资源。其中，P_0 总共需要 10 个，P_1 总共需要 4 个，P_2 总共需要 9 个。而当前的情况是，P_0 已经分配到 5 个，P_1 已经分配到 2 个，P_2 已经分配到 2 个。那么，目前系统是否处于安全状态呢？

根据上述描述，系统目前的状况如表 2.5 所示。系统可分配资源数只有 3 个，只能满足 P_1 接下来的资源需求，那就先分配给 P_1，P_1 获得了所有需要的资源就可以运行结束，从而释放其占有的所有资源，此时，系统剩余资源数变为 5；接下来可以满足 P_0 的需求，同样，P_0 运行结束释放占有的所有资源，系统剩余资源数变为 10；最后满足 P_2 的需求，P_2 运行结束释放占有的所有资源，系统资源数变回原始的 12。也就是说，存在一个安全序列 <P_1, P_0, P_2>，按照这个顺序给进程分配资源直到其所需的最大资源需求量，三个进程都可以顺利执行完，因此当前的系统状态是安全的。

表 2.5　系统资源情况

进程	最大需求	当前占有	还需申请	系统剩余资源
P_0	10	5	5	
P_1	4	2	2	3
P_2	9	2	7	

那么，安全状态、不安全状态以及死锁的关系是怎样的呢？如图 2.45 所示，死锁是不安全状态的一个子集，因此可以得出以下结论：

① 安全状态不是死锁状态。

② 死锁状态是不安全状态。

③ 不是所有不安全状态都是死锁状态。

由此可知，死锁避免策略不能确切地预测死锁，它仅是预测死锁的可能性并确保永远不会出现这种可能性。

图 2.45　安全、不安全以及死锁的关系图

2. 银行家算法

接下来详细介绍银行家算法。首先介绍描述算法所用到的数据结构，并对一些符号进行说明；然后分安全性算法和资源请求算法两部分来对银行家算法进行阐述；最后给出一个实例，来进一步说明算法的执行过程。

（1）数据结构

Resource：一维向量，表示系统中每种资源的总量，例如 Resource $[j]=k$，表示资源类型 R_j 总共有 k 个实例。

Available：一维向量，表示系统剩余的还没有分配出去的资源数量。例如 Available $[j]=k$，表示资源类型 R_j 现有 k 个实例还未分配。

Claim：二维向量，表示进程对资源的最大需求量。例如 Claim $[i, j]=k$，表示进程 P_i 对资源 R_j 的最大需求量是 k 个。

进程启动拒绝的数据结构

Allocation：二维向量，表示进程已经分配到的资源数量。例如 Allocation $[i, j]=k$，表示进程 P_i 已经分配得到资源 R_j 的数量是 k 个。

Need：二维向量，表示进程完成任务还需要的资源数量。例如 Need $[i, j]=k$，表示进程 P_i 还需要申请资源 R_j 的数量是 k 个。显然，Need $[i, j]=$ Claim $[i, j]$ –Allocation $[i, j]$。

（2）符号说明

X<=Y，这里 *X* 和 *Y* 是长度为 n 的向量。两个向量比较大小时，将所有分量对齐，当且仅当对所有 $i=1, 2, \cdots, n$，都有 X $[i]$ <=Y $[i]$，才有 **X<=Y**。

Allocation$_i$ 表示分配给进程 P_i 的资源向量，这里是指 Allocation 的每一行。Need 和 Claim 也有一样的表述方式。

（3）银行家算法 – 安全性算法

安全性算法用于确定计算机系统是否处于安全状态，算法描述如下：

① 设 Work 和 Finish 分别是长度为 m 和 n 的向量，初始化 Work=Available，Finish $[i]$ =false （$i=1$，2，…，n）。

② 查找 i 使其满足：Finish $[i]$ =false 且 $Need_i<=Work$，若没有这样的 i 存在，则直接转到④。

③ Work=Work+$Allocation_i$，Finish $[i]$ =true，返回②。

④ 如果对所有 i，Finish $[i]$ =true，则系统处于安全状态；否则系统处于不安全状态。

这里，Work 代表当前系统可用资源的数量，Finish 表示进程是否执行完毕。算法思想是，每次查找一个进程，它还没有执行完，且系统目前的剩余资源能够满足它的资源需求，当该进程得到所需的资源时，执行完毕就会释放它占有的所有资源。如果最后发现所有进程的 Finish 都已经是 true，就表示所有进程都顺利得到其所需的资源而运行完毕了，那么系统就是安全的，否则就是不安全的。算法第三步中 Work 值的计算，其实就是一个资源分配再回收的过程，具体推导如下：

$$Work=Work-Need_i+Claim_i=Work-Need_i+Need_i+Allocaiton_i=Work+Allocation_i$$

（4）银行家算法 – 资源请求算法

资源请求算法用于判断是否可以满足当前进程的资源需求，算法描述如下。

设 $Request_i$ 为进程 P_i 的请求向量。

① 如果 $Request_i<=Need_i$，那么转到第②步，否则产生出错条件。因为进程请求资源的数量超过了其之前声明的数量。

② 如果 $Request_i<=Available$，那么转到第③步，否则进程需要等待。因为目前系统没有足够的可用资源。

③ 系统可以满足进程 P_i 的资源请求，则试探性地分配，按如下方式修改状态：

- Available=Available-$Request_i$；
- $Allocation_i$=$Allocation_i$+$Request_i$；
- $Need_i$=$Need_i$-$Request_i$。

④ 调用安全性算法确定新状态是否安全。

- 安全：操作完成，进程 P_i 分配到其所需的资源。

- 不安全：进程 P_i 必须等待，并将第③步修改的数据结构恢复到原状态（即逆操作）。

算法首先需要判断请求的合法性，进程任何时刻提出的资源请求数量都不能超过原先声明的数量，合法才可以继续，否则就此止步；然后判断系统可用资源是否能够满足当前的请求，若不能满足，算法也到此结束，进程等待；若能够满足，就假设先分配资源给进程，修改系统状态，然后对修改后的状态调用安全性算法进行安全检查，安全的情况下就真的分配，否则就撤回之前的假设分配。

进程启动拒绝的算法

银行家算法简介

银行家算法
举例

（5）银行家算法举例

假设系统中有 5 个并发进程 P_0, P_1, P_2, P_3, P_4, 有 3 种资源类型 A、B、C，且实例个数分别为 10、5、7，T0 时刻状态如表 2.6 所示。

表 2.6　T0 时刻资源情况

P_i	Allocation			Claim			Available		
	A	B	C	A	B	C	A	B	C
P_0	0	1	0	7	5	3	3	3	2
P_1	2	0	0	3	2	2			
P_2	3	0	2	9	0	2			
P_3	2	1	1	2	2	2			
P_4	0	0	2	4	3	3			

请回答下面四个问题。

① T0 时刻是否为安全状态？若是，给出安全序列。

② 若在 T0 时刻进程 P_1 请求资源（1，0，2），是否能实施分配？为什么？

③ 在②的基础上，若进程 P_4 请求资源（3，3，0），是否能实施分配？为什么？

④ 在③的基础上，若进程 P_0 请求资源（0，2，0），是否能实施分配？为什么？

首先，将题干给的 T0 时刻状态进行转换，补充 Need 向量，如表 2.7 所示。

表 2.7　补充 Need 向量

P_i	Claim			Allocation			Need			Available		
	A	B	C	A	B	C	A	B	C	A	B	C
P_0	7	5	3	0	1	0	7	4	3	3	3	2
P_1	3	2	2	2	0	0	1	2	2			
P_2	9	0	2	3	0	2	6	0	0			
P_3	2	2	2	2	1	1	0	1	1			
P_4	4	3	3	0	0	2	4	3	1			

接下来给出四个问题的解答过程。

① T0 时刻是否为安全状态？若是，给出安全序列。

这里只需要调用安全性算法，检测 T0 时刻是否为安全状态，过程如表 2.8 所示。

表 2.8   检测 T0 时刻是否为安全状态

P_i	Work			Need			Allocation			Work+Allocation			Finish
	A	B	C	A	B	C	A	B	C	A	B	C	
P_1	3	3	2	1	2	2	2	0	0	5	3	2	True
P_3	5	3	2	0	1	1	2	1	1	7	4	3	True
P_4	7	4	3	4	3	1	0	0	2	7	4	5	True
P_2	7	4	5	6	0	0	3	0	2	10	4	7	True
P_0	10	4	7	7	4	3	0	1	0	10	5	7	True

T0 时刻是安全的，存在安全序列 <P_1, P_3, P_4, P_2, P_0>。

注意，若系统状态是安全的，安全序列可能有很多。例如上述例子中，Work 的初值为（3，3，2），根据算法流程，查找小于或等于 Work 的 Need，进程 P1 和 P3 均符合要求。给出任意一条安全序列，即可判断系统当前处于安全状态。

② 若在 T0 时刻进程 P_1 请求资源（1，0，2），是否能实施分配？为什么？

这里涉及资源请求，需要调用完整的银行家算法，判断是否可以分配，过程如下：

Request（1，0，2）<=Need（1，2，2）；

Request（1，0，2）<=Available（3，3，2）；

系统试探为 P_1 分配资源后，资源情况如表 2.9 所示。

表 2.9   系统试探为 P_1 分配资源后

P_i	Claim			Allocation			Need			Available		
	A	B	C	A	B	C	A	B	C	A	B	C
P_0	7	5	3	0	1	0	7	4	3	2	3	0
P_1	3	2	2	3	0	2	0	2	0			
P_2	9	0	2	3	0	2	6	0	0			
P_3	2	2	2	2	1	1	0	1	1			
P_4	4	3	3	0	0	2	4	3	1			

有三个数据发生变化，P_1 的 Allocation 增加（1，0，2），Need 减少（1，0，2），系统 Available 减少（1，0，2）。

然后对上述变化后的状态执行安全性算法，检测当前时刻是否为安全状态，过程如表 2.10 所示。

表 2.10　检测当前时刻是否为安全状态

P_i	Work			Need			Allocation			Work+Allocation			Finish
	A	B	C	A	B	C	A	B	C	A	B	C	
P_1	2	3	0	0	2	0	3	0	2	5	3	2	True
P_3	5	3	2	0	1	1	2	1	1	7	4	3	True
P_4	7	4	3	4	3	1	0	0	2	7	4	5	True
P_0	7	4	5	7	4	3	0	1	0	7	5	5	True
P_2	7	5	5	6	0	0	3	0	2	10	5	7	True

给 P_1 分配资源之后系统是安全的，存在安全序列 <P_1，P_3，P_4，P_0，P_2>，因此 P_1 请求的资源可以实施分配。

③ 在②的基础上，若进程 P_4 请求资源（3，3，0），是否能实施分配？为什么？

由于第②问中 P_1 申请的资源已经得到分配，因此第③问要在新的状态下进行，即基于第②问中资源情况修改后的表格。调用完整的银行家算法，判断是否可以分配，过程如下：

Request（3，3，0）<=Need（4，3，1）；

Request（3，3，0）>=Available（2，3，0）；

算法在此时停止执行，因为系统没有足够的资源分配给进程 P_4，需等待。

④ 在③的基础上，若进程 P_0 请求资源（0，2，0），是否能实施分配？为什么？

由于第③问进程 P_4 申请资源并没有得到分配，因此第④问仍然基于第②问中资源情况修改后的表格进行。调用完整的银行家算法，判断是否可以分配，过程如下：

Request（0，2，0）<=Need（7，4，3）；

Request（0，2，0）<=Available（2，3，0）；

此时，系统试探为 P_0 分配资源后，资源情况如表 2.11 所示。

表 2.11　系统试探为 P_0 分配资源后

P_i	Claim			Allocation			Need			Available		
	A	B	C	A	B	C	A	B	C	A	B	C
P_0	7	5	3	0	3	0	7	2	3	2	1	0
P_1	3	2	2	3	0	2	0	2	0			
P_2	9	0	2	3	0	2	6	0	0			
P_3	2	2	2	2	1	1	0	1	1			
P_4	4	3	3	0	0	2	4	3	1			

有三个数据发生变化，P_0 的 Allocation 增加（0，2，0），Need 减少（0，2，0），系统 Available 减少（0，2，0）。对上述变化后的状态执行安全性算法，检测当前时刻是否为安全状态。这时 Work 初值为（2，1，0），会发现没有任何一个进程的 Need 满足小于或等于（2，1，0），即系统现有资源无法满足任何进程需求，进入不安全状态，恢复旧数据结构，P_0 所请求的资源无法实施分配，需等待。

3. 死锁避免的优缺点

跟死锁预防相比，死锁避免方案具有如下优点：不需要像死锁预防一样抢占或者回滚进程，并且限制比较少。但死锁避免也并不是一个通用的、优秀的死锁解决方案，在使用时也有如下很多限制。

（1）必须事先声明每个进程请求的最大资源。

（2）进程必须是无关的，其执行的顺序必须没有任何同步要求的限制。

（3）分配的资源数目必须是固定的。

（4）在占有资源时，进程不能退出。

2.5.4 死锁检测与恢复

死锁预防和死锁避免都是保守的死锁解决方案，通过对进程强加约束或者限制资源访问，确保死锁不会出现。死锁检测与恢复则恰好相反，它既不约束进程行为，也不限制资源访问。操作系统执行死锁检测算法，判断系统是否出现死锁，如果检测到死锁，就采取措施进行恢复，摆脱死锁状态。

1. 死锁检测

首先了解死锁检测的时机，即死锁检测何时进行。死锁检测可以频繁进行，每当有资源请求发生时就进行检测；也可以隔一段时间检测一次。具体取决于系统发生死锁的可能性。两种检测方式均有各自的优缺点。每次资源请求时都检测死锁，可以尽早检测到死锁，算法相对比较简单，但频繁检测会耗费大量的处理器时间，影响系统效率；周期性检测则正好相反，会减轻处理器的负担，但可能无法及时发现死锁。

死锁检测

接下来介绍一种常见的死锁检测算法。其有点类似银行家算法中的安全性算法，使用了其中的 Allocation 和 Available 向量，新定义了一个请求矩阵 Q，Q_{ij} 表示进程 i 请求资源 j 的数量。算法主要目的是标记未死锁的进程，初始情况下，所有进程都是未标记的，执行完算法之后，如果仍然有未标记的进程，则存在死锁，所有未标记的进程都是死锁进程。算法具体步骤如下：

（1）标记 Allocation 矩阵中一行全为零的进程。

（2）初始化一个临时向量 W，令 W 等于 Available 向量。

（3）查找符合下述要求的进程 i：当前未标记且 Q 的第 i 行小于或等于 W，如果找不到这样的进程，则终止算法。

（4）如果找到这样进程，则标记进程 i，并把 Allocation 矩阵中的相应行加到 W 中，返回步骤③。

算法的策略类似安全性算法，每次查找一个进程，使得当前系统可用资源能够满足该进程的资源请求，假设同意将资源分配给进程，则该进程运行结束就会释放它占有的所有资源，然后算法继续查找下一个可以满足其资源请求的进程，直到找不到符合要求的进程为止。举一个例子来说明算法的具体执行过程，当前资源情况如表 2.12 所示。

表 2.12　死锁检测算法资源情况

P_i	Request					Allocation					Available				
	A	B	C	D	E	A	B	C	D	E	A	B	C	D	E
P_1	0	1	0	0	1	1	0	1	1	0	0	0	0	0	1
P_2	0	0	1	0	1	1	1	0	0	0					
P_3	0	0	0	0	1	0	0	0	1	0					
P_4	1	0	1	0	1	0	0	0	0	0					

（1）进程 P_4 对应 Allocation 矩阵中一行全为零，因此标记 P_4。

（2）令 W=（0 0 0 0 1）。

（3）进程 P_3 的请求小于或等于 W，且当前未标记，因此标记 P_3，并令 $W=W+$（0 0 0 1 0）=（0 0 0 1 1）。

（4）剩余未标记进程 P_1 和 P_2，其请求均不小于或等于 W，因此终止算法。最终的结果是 P_1 和 P_2 未标记，说明当前存在死锁，P_1 和 P_2 参与死锁。

2. 死锁恢复

检测到死锁之后，就需要采取某种策略，使系统从死锁状态中恢复。常见的可用于死锁恢复的方法如下。

（1）终止所有死锁进程。这是最常用也是最简单的方法，但代价也比较大。

（2）将每个死锁进程进行回滚，并重新启动所有进程。此时，要求在系统中构建回滚和重启机制，需要提前定义一些检查点，每次进程回滚到这些检查点。该方法有一个潜在的风险，原来的死锁可能再次发生。但并发进程执行的不确定性，通常可以避免这种情况的出现。

（3）连续终止死锁进程直到不再存在死锁。每终止一个死锁进程后，需要重新调用死锁检测算法，测试是否仍然存在死锁，如果存在就继续终止下一个死锁进程。每次选择哪个进程终止，通常基于一种最小代价原则，稍后进行讲解。

（4）连续抢占资源直到不再存在死锁。同（3）一样，每次抢占后都要重新调用死锁检测算法，抢占哪个进程的资源也是基于最小代价原则。

上述（3）和（4）中用到的最小代价原则，通俗来讲就是选择这个进程终止或者抢占其资源，对于系统来说，付出的代价最小。通常可以从以下五方面进行考虑：

死锁恢复

（1）目前为止消耗的处理器时间最少。

（2）目前为止产生的输出最少。

（3）预计剩下的时间最长。

（4）目前为止分配的资源数量最少。

（5）优先级最低。

2.5.5 一种综合的死锁策略

既然所有死锁解决方案都各有优缺点，那么操作系统设计时可以不拘泥于只采用某种策略，可考虑针对不同情况使用不同的解决方案。比较有代表性的一种综合策略是，将资源分成几组不同的资源类，资源类之间可以采取死锁预防中的线性排序策略，一个资源类内部可以根据资源的特点，使用适合的解决方案。例如，可以把系统中的资源分成如下资源类。

（1）可交换空间：进程交换所用外存中的存储块。

（2）进程资源：可分配的设备，如文件、磁带等。

（3）内存：按页或者段分配给进程。

（4）内部资源：如 I/O 通道。

这四类资源按照上述出现的先后次序进行排序，进程申请各类资源时，必须按照先后次序进行。每类中，可以根据资源特点，考虑采用以下策略：

（1）可交换空间：由于通常可以知道最大存储需求，因此可以采用死锁预防策略，要求一次性分配所请求的资源，也可以采用死锁避免策略。

（2）进程资源：进程通常可以事先声明所需要的这类资源，因此可以采用死锁避免策略，也可以采用资源排序的死锁预防策略。

（3）内存：基于抢占的死锁预防是比较合适的策略。

（4）内部资源：可以采用基于资源排序的死锁预防策略。

2.5.6 哲学家就餐问题

哲学家就餐问题是一个经典的进程同步问题，之所以放在这里讲解，是因为其很容易出现死锁。问题描述如下：有五位哲学家共同生活在一栋房子里，他们的日常就是思考和吃饭。餐桌布局如图 2.46 所示，圆桌上有一份食物、五个盘子和五把叉子。假设食物是足够的，每人有自己的盘子，这两种资源不需要竞争。每位想吃饭的哲学家将坐到分配给他的位置上，使用盘子两侧的叉子取食物，需要解决的问题是两位哲学家不能同时使用同一把叉子。

哲学家就餐问题

1. 基于信号量的解决方案

基于信号量的一种常见解决方案如图 2.47 所示。每位哲学家首先拿起左边的叉子，然后拿起右边的叉子。吃完之后，将两把叉子放回到餐桌上。这个解决方案看上去很自然，但可能会导致死锁。假如所有哲学家都饿了想吃饭，在各自位置上坐下来之后，同时拿起了左边的叉子，则任何人都无法拿到右边的叉子。

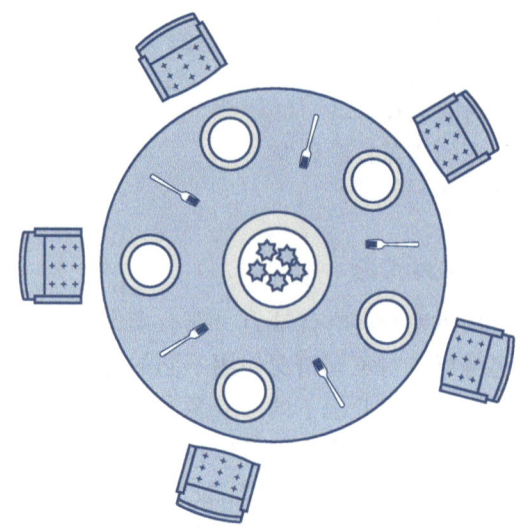

图 2.46 哲学家的就餐安排

```
semaphore fork[5]={1};
void philosopher (int i){
    while (true){
        think();
        semWait(fork[i]);
        semWait(fork[i+1] mod 5);
        eat();
        semSignal(fork[i]);
        semSignal (fork[i+1] mod 5);
    }
}
```

图 2.47 信号量解决哲学家进餐问题的第一种方案

为了避免出现死锁，可以考虑对就餐人数进行限制，最多允许四位哲学家同时进入餐厅，这样至少有一位哲学家可以拿到两把叉子，就不会出现前述的死锁情况。该解决方案如图 2.48 所示。

```
semaphore fork[5]={1};
semaphore room=4;
void philosopher (int i){
    while (true){
        think();
        semWait(room);
        semWait(fork[i]);
        semWait(fork[i+1] mod 5);
        eat();
        semSignal(fork[i]);
        semSignal (fork[i+1] mod 5);
        semSignal(room);
    }
}
```

图 2.48 信号量解决哲学家进餐问题的第二种方案

2. 基于管程的解决方案

基于管程的哲学家就餐问题解决方案如图 2.49 所示。定义一个含有 5 个条件变量的向量，每把叉子对应一个条件变量。此外，用一个布尔向量记录每把叉子的可用情况。管程包含两个过程：get_forks 和 release_forks。get_forks 表示取叉子，若至少有一把叉子不可用，则该哲学家进程需在条件变量队列中等待；release_forks 表示释放叉子，若有进程等待，则负责将其唤醒。管程解决方案与信号量的第一种解决方案相同，哲学家都是先拿左边的叉子，再拿右边的叉子。但管程方案不会引发死锁，因为同一时刻只有一个哲学家进程可以进入管程。

```
monitor dining_controller;
cond ForkReady[5];
boolean fork[5]={true};
void get_forks(int pid)
{
    int   left=pid;
    int   right=(++pid)%5;
    if (!fork[left])
        cwait(ForkReady[left]);
    fork[left]=false;
    if (!fork[right])
        cwait(ForkReady[right]);
    fork[right]=false;
}
void release_forks(int pid)
{
    int   left=pid;
    int   right=(++pid)%5;
    if (empty(ForkReady[left]))
        fork[left]=true;
    else
        csignal(ForkReady[left]);
    if (empty(ForkReady[right]))
        fork[right]=true;
    else
        csignal(ForkReady[right]);
}
void philosopher[k=0 to 4]
{
    while(true){
        think;
        get_forks(k);
        eat;
        release_forks(k);
    }
}
```

图 2.49 管程解决哲学家进餐问题

103

本章小结

本章主要介绍了操作系统中进程管理的相关内容。进程是现代操作系统中最基本的构件，操作系统需要具备创建、管理和终止进程等基本功能，并能够为每个活跃进程分配处理器时间和系统资源，以及协调活动顺序、管理冲突请求等。因此，操作系统必须维护每个进程的进程映像，包括进程的地址空间和进程控制块。进程控制块包含了操作系统管理进程需要的所有信息：进程的当前状态、分配给进程的资源、优先级以及其他相关数据等。进程是具有生命周期的，包含新建、就绪、运行、阻塞、退出等各种状态，可以在这些状态之间进行转换。正处于运行状态的进程可能会被中断事件或者系统调用打断，处理器会执行一次模式切换，将控制权交给操作系统例程，完成必需的操作之后，可以恢复被中断进程或切换到其他进程。

在区分进程和线程的操作系统中，进程拥有资源所有权，线程作为调度分派的单位。多线程系统中，可以在一个进程内定义多个并发线程，从管理的角度可以区分为用户级线程和内核级线程。用户级线程由在进程用户空间中运行的线程库创建并管理，对操作系统来说是未知的。用户级线程的优点是高效，线程切换时不涉及状态切换；缺点是一个进程中一次只允许一个线程执行，若发生阻塞，则整个进程都会被阻塞。内核级线程由内核创建并管理，因此一个进程的多个线程可以在多个处理器上并行执行，一个线程阻塞不会导致整个进程阻塞，但其线程切换需要涉及模式切换。为了扬长避短，有些系统采取了混合策略。

现代操作系统的核心是多道程序设计，当多个进程并发执行时，无论是单处理器环境还是多处理器环境，都会存在竞争与合作，从而产生进程之间的互斥与同步问题。互斥是指一组并发进程之间竞争使用某一资源，一次只允许一个进程访问资源或执行特定功能；同步是指一组并发进程之间合作完成某项任务，需要协调各个进程执行某一功能的先后次序。进程并发问题也可以统称为互斥问题或者同步问题，解决方案包括硬件方法、软件方法以及操作系统中提供相应功能等。最常见的包括专用机器指令、信号量、管程以及消息传递等。专用机器指令简单易用，但由于存在忙等待，效率较低；信号量通过在进程间设置合适的信号机制，能够解决任意多进程之间的并发问题，但如果使用不当，很容易出现死锁或程序设计错误；管程与信号量具有同等表达能力，但更容易控制；消息传递通过设置信箱、合理使用一对消息接收和发送原语，对进程同步互斥提供了有效方案，也为进程间通信提供了有效的方法。

死锁是指一组竞争系统资源或互相通信的进程间被永久阻塞的现象，如果不采取措施，死锁一旦出现将无法自己恢复到正常状态。死锁的解决方案主要包含三种：预防、避免以及检测与恢复。死锁预防通过破坏死锁的四个条件之一，确保死锁不可能出现；死锁避免通过分析新的资源请求是否导致当前状态不安全，来决定是否分配，以保证死锁不会出现；死锁检测与恢复不限制资源请求，周期性地调用死锁检测算法检测目前是否存在死锁，若存在，则通过终止进程或者抢占资源的方式，来打破死锁。

习题

一、简答题

1. 简要定义五状态进程模型中的每种状态。

2. 什么是进程控制块？它包含哪些基本信息？

3. 模式切换和进程切换有何区别？

4. 哪些资源通常被一个进程中的所有线程共享？

5. 列出用户级线程相对于内核级线程的三个优点。

6. 列出用户级线程相对于内核级线程的两个缺点。

7. 关于消息，阻塞和无阻塞式的 send 和 receive 操作有何区别？

8. 列出互斥的要求。

9. 产生死锁的四个条件是什么？

10. 死锁避免、死锁检测和死锁预防之间的区别是什么？

二、应用题

1. 假设在时间 5 时，系统资源只有处理器和内存被使用。考虑如下事件：

时间 5：P_1 执行对磁盘单元 3 的读操作。

时间 15：P_5 的时间片结束。

时间 18：P_7 执行对磁盘单元 3 的写操作。

时间 20：P_3 执行对磁盘单元 2 的读操作。

时间 24：P_5 执行对磁盘单元 3 的写操作。

时间 28：P_5 被换出。

时间 33：P_3 读磁盘单元 2 操作完成，产生中断。

时间 36：P_1 读磁盘单元 3 操作完成，产生中断。

时间 38：P_8 结束。

时间 40：P_5 写磁盘单元 3 操作完成，产生中断。

时间 44：P_5 被调入。

时间 48：P_7 写磁盘单元 3 操作完成，产生中断。

请分别写出时间 22、37 和 47 时每个进程的状态。如果一个进程在阻塞态，写出其等待的事件。

2. 某分时系统中的进程可能发生下图中编号为 1~6 的事件，这些事件将使进程状态发生改变。把所发生的事件以及引起的状态变化填写在下表中。

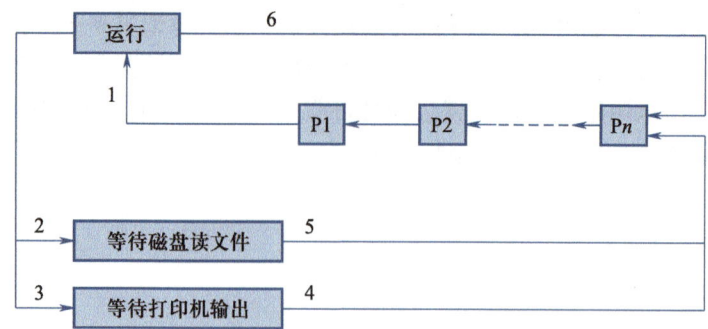

事件	发生的事件	状态变化
1		
2		
3		
4		
5		
6		

3. 写出信号量定义、semWait 和 semSignal 原语，以及用信号量实现互斥的伪代码。

4. 假设一个阅览室有 100 个座位，没有座位时读者在阅览室外等待；每个读者进入阅览室时都必须在阅览室门口的一个登记本上登记座位号和姓名，然后阅览，离开阅览室时要去掉登记项。每次只允许一个人登记或去掉登记。用信号量操作描述读者的行为。

5. 设公共汽车上，司机和售票员活动如下：

（1）司机：启动汽车，正常行车，到站停车；

（2）售票员：关车门，售票，开门上下客。

用信号量操作描述司机和售票员的同步。

6. 用信号量解决理发师问题，描述如下：理发店里有一位理发师、一把理发椅和 n 把供等候理发的顾客坐的椅子。要求：① 如果没有顾客，理发师便在理发椅上睡觉；② 一个顾客到来时，他必须叫醒理发师；③ 如果理发师正在理发又有顾客来到，如果有空椅子可坐，就坐下来等待，否则就离开。

7. 用信号量解决面包店问题，描述如下：面包店有很多面包，由 n 名销售人员推销。每名顾客进店取一个号，并且等待叫号，当一名销售人员空闲时，就叫下一个号。

8. 说明：6 个进程：P_0，P_1，…，P_5；4 种资源：A（15）、B（6）、C（9）、D（10）；T_0 时刻状态如下表所示。

问题：

（1）验证可用资源向量的正确性。

（2）计算需求矩阵 **Need**。

（3）指出一个安全的进程序列来证明当前状态的安全性。同时指出每个进程结束时可用资源向量的变化情况。

（4）假设 P_5 请求资源（3，2，3，3），该请求应该被允许吗？请说明理由。

P_i	Allocation				Claim				Available			
	A	B	C	D	A	B	C	D	A	B	C	D
P_0	2	0	2	1	9	5	5	5	6	3	5	4
P_1	0	1	1	1	2	2	3	3				
P_2	4	1	0	2	7	5	4	4				
P_3	1	0	0	1	3	3	3	2				
P_4	1	1	0	0	5	2	2	1				
P_5	1	0	1	1	4	4	4	4				

9. 如下的代码涉及 3 个进程竞争 6 种资源（A ~ F）。

（1）使用资源分配图来指出这种实现中可能存在的死锁。

（2）改变某些请求的顺序来预防死锁。注意，不能跨函数移动请求，只能在函数内部调整请求的顺序。

```
void P0()
{
    while(true){
    get(A);
    get(B);
    get(C);
    //critical region;
    //use A,B,C
    release(A);
    release(B);
    release(C);
    }
}
```

```
void P1()
{
    while(true){
    get(D);
    get(E);
    get(B);
    //critical region;
    //use D,E,B
    release(D);
    release(E);
    release(B);
    }
}
```

```
void P2()
{
    while(true){
    get(C);
    get(F);
    get(D);
    //critical region;
    //use C,F,D
    release(C);
    release(F);
    release(D);
    }
}
```

10. 考虑一个有 4 个进程和 1 种资源的系统。当前的资源请求和分配矩阵如下：Claim=（3，2，9，7），Allocation=（1，1，3，2），最少需要多少单位的资源才能保证当前的状态是安全的？

第 3 章 内存管理

本章要点：

了解内存管理需求；理解简单分页机制及简单分段机制的原理，掌握逻辑地址到物理地址的转换过程；掌握不同内存管理技术的原理及特点；理解基于分页/分段的虚拟内存方案；掌握虚拟内存的各种置换算法；理解 TLB 的作用；了解读取策略及清除策略；了解驻留集与工作集的概念及作用。

本章导图：

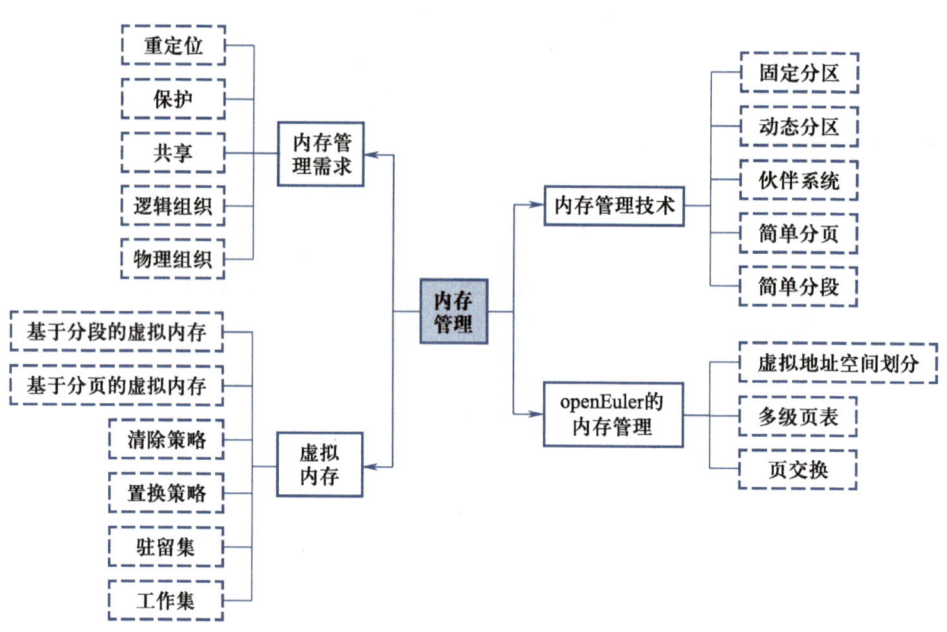

本章将介绍存储器管理，主要包括内存管理和虚拟内存管理两部分。内存管理是指程序运行时对计算机内存资源分配和使用的技术。虚拟内存管理则是基于程序的局部性原理，将实际内存空间和外存空间相结合，共同构成虚拟存储空间，程序运行于该虚拟存储空间中。

内存管理提供了根据程序请求动态分配内存的方法，并在不再需要时将其释放以供复用。有效的内存管理在多道程序设计系统中是至关重要的，能够保证有适当数目的进程占用处理器，提高资源利用率。

3.1 内存管理需求

理解内存管理的需求有助于对内存管理各种机制与策略深入学习和理解，主要内容包括重定位、保护、共享、逻辑组织和物理组织。

3.1.1 重定位

为了在多道程序设计系统中提高进程的并发能力，往往多个进程会共享内存。根据不同进程实际的执行情况，进程可以被换入或换出内存，进而提高处理器的利用率。内存中的进程因换入或换出可能发生移动，故处理器进行访问的指令和数据单元的位置并非永远不变。为了更好地理解处理器硬件和操作系统软件如何确定进程在内存中的位置，需要区分以下不同类型的地址。

（1）逻辑地址：用户程序中引用的指令或数据的地址。它独立于当前指令或数据在内存中的实际分配位置。

（2）相对地址：逻辑地址的一个特例，通常是相对于程序开始处的存储单元地址，从 0 开始编址。

（3）物理地址：也称绝对地址，是指令或数据在内存中的实际位置。

程序员通常无法判断某个程序在执行过程中会有其他哪些程序同时存在内存中，故当进程从外存换入内存时，处理器硬件和操作系统软件要确定其在内存中的位置，即要通过某种方式把程序代码中的逻辑地址转换成物理地址，以反映进程在内存中的当前位置。

对于使用相对地址的程序，系统通常采取运行时动态加载的方式将其从外存载入内存。被加载进程中的所有内存访问一般都相对于程序的开始点，重定位的硬件机制会把相对地址转换成物理地址。

图 3.1 展示了重定位硬件机制的一种典型方法。当进程被载入内存或当该进程的映像被换入时，基址寄存器会记录进程在内存的起始地址，而界限寄存器则指出该进程终止的位置。进程执行时会读取相对地址，这些相对地址包括调用和跳转指令中的指令地址、加载和存储指令中的数据地址等。对于每个指令的相对地址，处理器首先将基址寄存器中的值加上相对地址产生一个物理地址；然后将该物理地址与界限寄存器的值作比较。若该物理地址在界限范围内，则该指令继续执行；否则，处理器向操作系统发出一个越界中断信号，然后操作系统以某种方式响应这个中断。通过上述分析可知，重定位的硬件机制利用基址寄存器和界限存储器的内容把不同进程隔开，确保每个进程映像不被其他进程越界访问。

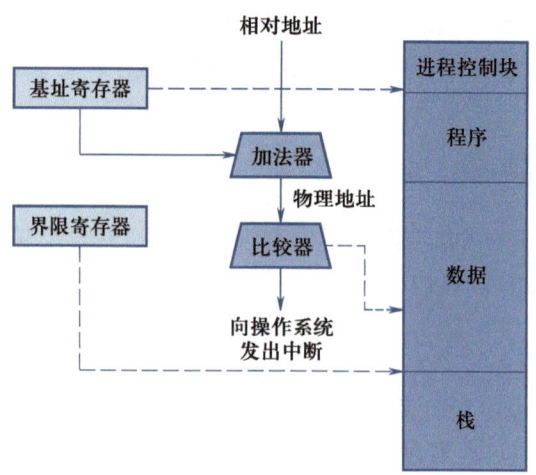

图 3.1　重定位的硬件支持

3.1.2　保护

为避免进程间相互干扰而造成的进程执行错误，每个进程都应该受到系统保护。某个进程在未经授权的情况下不能访问其他进程所在的内存单元。由于程序在内存中的位置不可预测，因而在编译时无法通过检查物理地址保护进程。此外，大多数程序设计语言允许在进程运行时进行物理地址的动态计算，故处理器应该检查进程运行所产生的所有内存访问，从而保证它们只访问了分配给该进程的内存空间。

通常不允许用户进程访问操作系统的任何部分。一个进程的指令执行不能跳转到另一个进程所在的内存空间；如无特别许可，一个进程中的指令也不能越权访问其他进程的数据区。倘若此类指令出现，处理器必须能够及时做出终止指令执行的相关操作。

由于操作系统不能预测进程可能产生的所有内存访问，即便可以预测，提前审查进程存在违法内存访问也相当费时。故而内存保护不是由操作系统负责，而是由处理器完成的。在指令访问内存时，处理器判断该内存访问请求是否违法。

3.1.3　共享

共享是内存管理的另一个需求，应该允许不同的进程访问内存中同一块区域。例如，对应同一个程序的多个进程正在执行，允许每个进程可以访问该程序所在的内存空间。相比每个进程单独拥有程序副本的执行方式，前者比后者明显节省了内存空间。此外，共同完成一个任务的不同进程也可能需要通过访问内存中相同的数据结构进行合作。因此，内存管理必须允许进程对内存共享区域进行访问，同时支持重定位和内存保护机制。

3.1.4　逻辑组织

内存地址空间在物理上被组织成线性的，由一系列字节或字组成，外存（即外部存储器）在物理空间上也以类似的方式组织。这种组织方式与实际机器硬件类似，但它并不符合构造程序的典型方法。大多数程序由模块组成，某些模块具有只读或只执行的属性，因此不可被修改；而某些模块则包含可以被修改的数据。若操作系统和计算机硬件能够有效处理以模块形式组织的用户程序，则可带来以下好处：

（1）程序员可独立编写、编译模块，系统在运行时解析模块之间的所有引用。

（2）可给不同模块设置不同的保护级别，如只读保护。

（3）可方便地实现多个进程间共享同一模块。模块级共享符合从用户角度看待问题的方式，方便用户指定需要的共享内容。

分段机制是最易于实现这些需求的工具，这种内存管理技术将在下面的章节介绍。

3.1.5 物理组织

物理组织是指从硬件角度组织存储器，它至少要被组织成两级，即内存和外存。内存访问速度较快，但成本较高且具有易失性；而外存访问速度较慢，但价格相对便宜且通常具备非易失性。因此，大容量的外存通常被用于长期存储程序和数据，而较小的内存则被用于保存当前使用的程序和数据。

在上述的这种两级方案中，内存和外存之间信息流的组织是系统必须重点关注的。让程序员组织该信息流的做法是不可取的，原因如下。

（1）程序员不清楚当前内存的使用情况，有可能出现空闲的内存空间无法加载或换入新的程序和数据。此时程序员必须采用覆盖技术来组织程序和数据，将不会被同时调用的不同模块分配到内存中的同一块区域，主程序在必要时换入或换出模块。覆盖技术的实现非常浪费程序员和系统的时间。

（2）在多道程序设计环境中，程序员在编写代码时无法知道可用空间的大小及其在内存中的位置。

3.2　内存管理技术

内存管理的主要工作是把程序高效载入内存中安全地执行。内存管理技术包括固定分区、动态分区、伙伴系统、简单分页，以及简单分段等，具体如表 3.1 所示。尽管实际中已不使用简单分页和简单分段，但对这两种技术的理解有利于掌握后续提出的虚拟存储方案（虚存）。

内存分区概述

表 3.1　不同的内存管理技术

技术	说明	优点	缺点
固定分区	程序执行前，内存被划分成若干分区，每个分区大小可以相同或不同。但一旦分区被划分好，这些分区大小及其个数就是固定的。进程可以被载入大于或等于自身大小的分区中	实现简单，系统开销较少	会产生内部碎片，分区数量及大小是固定的

续表

技术	说明	优点	缺点
动态分区	分区是进程加载时动态生成的，每个分区的大小正好等于每个进程的大小	不会产生内部碎片	会产生外部碎片；由于需要压缩外部碎片，系统开销较大
简单分页	内存被划分成若干大小相等的页框，每个进程被划分成若干大小与页框相等的页，进程载入内存时需要把进程包含的所有页都同时载入内存中	没有外部碎片，同一进程占据的页框不必连续在一起	存在较小的页框内部碎片
简单分段	内存被划分成若干大小可能不相等的段，进程载入内存时需将其包含的所有段都载入内存中	没有内部碎片，内存中的段不一定连续在一起	存在外部碎片，内存利用率低
虚拟内存分页	除进程载入内存时不需要将其所有的页同时载入外，与简单分页一样；非驻留集中的页在需要时调入内存	没有外部碎片，扩展了实际的内存空间	虚拟内存管理复杂，开销较大
虚拟内存分段	除进程载入内存时不需要将其所有的段同时载入外，与简单分段一样；非驻留集中的段在需要时调入内存	没有内部碎片，扩展了实际的内存空间，支持进程保护和共享	虚拟内存管理复杂，开销较大

3.2.1　固定分区

固定分区及内部碎片

固定分区的缺点

固定分区是指程序执行前，内存被划分成若干分区，每个分区大小可以相同或不同。但一旦分区被划分好，这些分区大小及其个数就是固定的。进程可以被载入大于或等于自身大小的分区中，存于不同分区的不同进程可以并发执行。早期的固定分区方案中分区大小被设计为相等的（见图 3.2（a）），只要进程小于或等于某个空闲分区，就可载入该分区。若所有分区内的进程均处于阻塞状态，则处理器会闲置，系统必须将其中一个或多个进程换出，为新进程让出内存空间。具体换出哪个进程属于置换问题，将在虚拟内存管理的相关章节讨论。但是，分区大小相等的固定分区方案在实际使用过程会遇到如下两种情况。

（1）程序因太大无法一次性放到一个分区中。此时，必须使用覆盖技术设计程序，使该程序只有一部分模块存在内存中。当所需模块不在内存时，把该模块加载到该程序所分配的分区，覆盖其已有的程序。注意：被覆盖区域中的程序运行过程中会根据需要调入和调出内存。

（2）即使很小的程序也要为其分配一个完整的分区。此时，该分区大部分空间会闲置，内存利用率大大降低。这种由于加载的数据块小于分区大小而导致内存空间浪费的现象，称作"内部碎片"。

为了缓解上述两个难题，提出了分区大小不等的固定分区技术（见图 3.2（b））。

操作系统 10 MB	10 MB	10 MB	10 MB	10 MB	10 MB	10 MB

(a) 大小相等的分区

操作系统 10 MB	2 MB	3 MB	6 MB	14 MB	15 MB	20 MB

(b) 大小不等的分区

图 3.2　内存（70 MB）的固定分区例子

对于分区大小不等的方案，进程进入内存时分配哪个分区成为首要问题。最简单的方法是将其分配到能够容纳它的最小分区中，为该分区维护一个进程调度队列，用于保存从该分区换出的进程（见图 3.3（a））。这种方法能够确保每个分区的内部碎片最少。从单个分区的角度来看，这种方法是最好的；但从整个系统的角度来看，却不尽然。在图 3.3（a）的例子中，假设在某时刻，对应 20 MB 分区的进程调度队列为空。此时，尽管其他队列中有一些更小的进程，本可以分配到 20 MB 分区中得以执行，但由于该分配机制限制无法将其调度到 20 MB 的分区，该分区仍处于闲置。若为所有进程提供一个共享队列（见图 3.3（b）），便可以很好地解决上述问题。当把共享队列中的一个进程载入内存时，选择可以容纳该进程的最小可用分区。若全部分区都已被占据，则实施**交换**（swapping）操作。具体换出哪个进程可结合具体的情况进行分析，一般优先考虑换出能容纳新进程的最小分区中的进程，有时也需要同时考虑诸如优先级之类的其他因素。

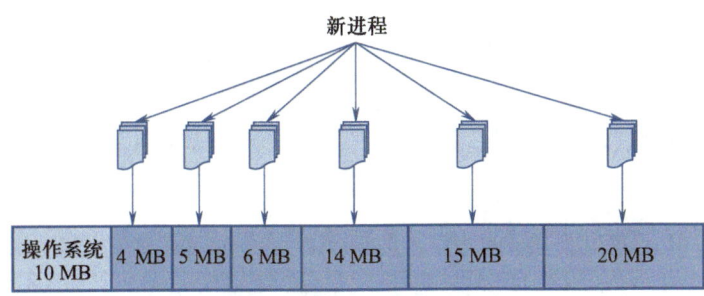

(a) 每个分区对应一个进程队列

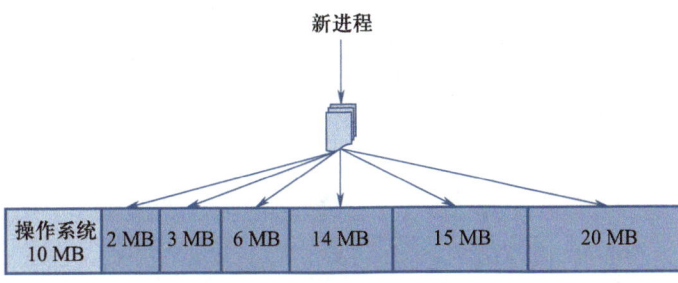

(b) 所有分区对应一个进程队列

图 3.3　固定分区中的内存分配

使用分区大小不相等的固定分区方案具有一定的灵活性和简单性，但该方案也有如下弱点：

（1）分区数量在程序载入内存前就已经确定，系统中活动进程的最大数量受到了限制。

（2）分区的大小在系统设计阶段已事先设置，小作业不能有效利用分区空间。

在事先知道全部作业内存需求的情况下，固定分区方案具有一定的合理性，但大多数情况下该方法非常低效。

3.2.2　动态分区

动态分区及
外部碎片

由于固定分区方案存在分区大小固定以及内部碎片等问题，因此后续提出了动态分区方案。动态分区方案中的分区是进程加载时动态生成的，根据每个进程的实际大小为其划分分区，因此分区的大小和数量都是可变的。进程需要载入内存时，系统先检查内存是否有足够的空闲空间。若有，则分配一块与进程所需容量完全相等的空闲块；若无，则令该进程等待。进程运行完毕，系统回收其占用的分区空间，并与相邻的空闲区合并。

图 3.4 展示了动态分区方案的一个例子。该系统使用总的内存大小为 70 MB。系统启动时，只有操作系统使用内存低地址端的 10 MB 空间，空闲块为 60 MB（见如图 3.4（a））。从装载操作系统结束处的空闲块开始，依次向内存载入 3 个进程，其大小分别为 20 MB、15 MB 和 20 MB，动态分区方案为这 3 个进程分配刚好大小的内存空间，此时，内存的空闲块大小为 5 MB（见图 3.4（b）~（d））。但是，对于 8 MB 大小的进程 4 来说，5 MB 的空闲块太小，

图 3.4　动态分区的示例

因此进程 4 只能等待。假设在某个时刻，内存中所有进程都被阻塞了，操作系统根据某些规则将进程 2 换出（见图 3.4（e）），这样进程 2 占据的 15 MB 空间被释放出来。此时可将进程 4 调入内存，放于进程 2 原来所在位置。但是由于进程 4 比进程 2 小 7 MB，因此又产生了另一个较小的空闲块（见图 3.4（f））。在此状态下，假设内存中所有进程又被阻塞无法执行，而进程 2 刚好处于就绪 – 挂起态，操作系统则可根据规则将进程 1 换出，然后换入进程 2，此时又剩余 5 MB 的空闲块（见图 3.4(g) ~ (h)）。

动态分区方案实施过程中，内存由于进程多次换入换出而出现多个无法利用的小空闲块，称作"**外部碎片**"。内存中外部碎片会积累得越来越多，致使内存利用率降低。

为消除外部碎片对性能的影响，系统可以采用**压缩技术**解决该问题。具体来说，操作系统通过不断移动内存中的多个进程，将这些进程放置于内存连续的地址空间，从而把所有的小空闲块移向另一端，合并为一个整体，以便有充足的内存空间分配给后续新进程。如上例中图 3.4（h）所示，操作系统可通过压缩技术将 3 个小的外部碎片合并为一个大小为 17 MB 的空闲块。但是必须注意，压缩技术会占用处理器时间，且需动态重定位技术支持，因此实现具有一定难度。

解决外部碎片的方法

当一个进程载入内存时，系统需要先确定其在内存的存放位置。这就需要调用动态分区方案的放置算法来完成内存空间的分配。放置算法的设计原则是力争能够减少因压缩造成的性能损失，提高内存的利用率。

常见的动态分区放置算法一般有四种：首次适配法（first fit, FF）、下次适配法（next fit, NF）、最佳适配法（best fit, BF）和最差适配法（worst fit, WF）。为便于实现空闲区管理，将空闲区组织在一条空闲区链表中。每次找到一个可容纳进程的空闲区后，只从其中划分出进程需要的大小并分配，其余部分作为一个新空闲区，重新排入空闲区链表中。这些算法都是在内存中选择大于或等于进程的空闲区，空闲区链表和分配方法差别如下。

动态分区的放置算法

（1）首次适配法：空闲区按起始地址递增顺序排列。从链首开始查找，选择可容纳进程的第一个空闲区；

（2）下次适配法：空闲区按起始地址递增顺序排列。从上一次放置进程的内存位置开始扫描，选择可容纳进程的第一个空闲区。

（3）最佳适配法：空闲区按分区大小递增顺序排列。从链首开始查找，第一个满足要求的空闲区就是满足要求的最小空闲区，划分该空闲区；

（4）最差适配法：空闲区按分区大小递减顺序排列。从链首开始查找，第一个空闲区不能满足要求时分配失败，否则选择第一个空闲区；

图 3.5（a）展示了内存进行若干次换入或换出进程操作后的配置情况。假设前一次操作在一个 23 MB 的空闲块中创建了一个 14 MB 的分区，当前到达一个大小为 17 MB 的新进程，图 3.5（b）展示了分别使用最佳适配法、最差适配法、首次适配法和下次适配法为其分配空闲块的结果。最佳适配法检查所有的空闲块，选取最接近进程大小的 19 MB 的空闲块，会产生 2 MB 的碎片；最差

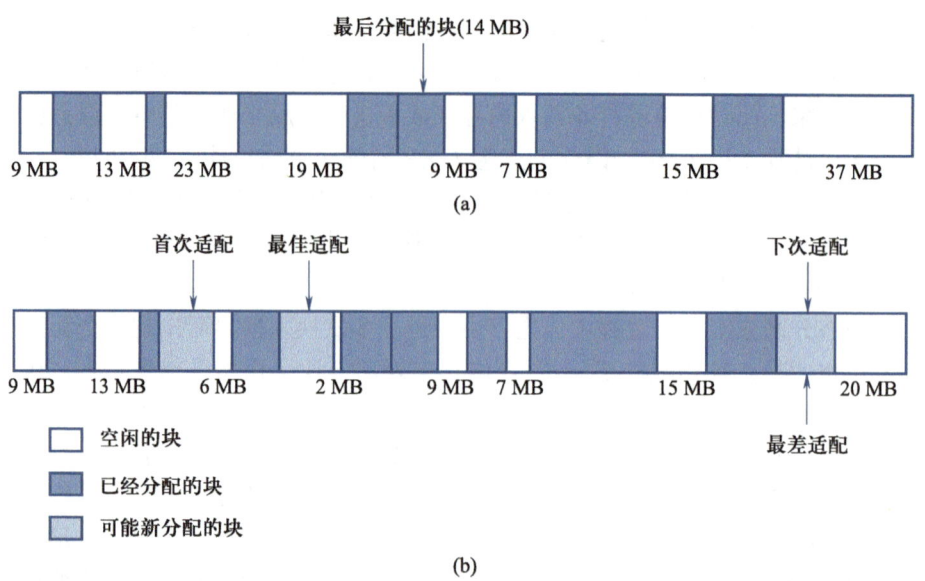

图 3.5 分配 17MB 的块的操作前后对比

适配法同最佳适配法类似，检查所有的空闲块，选择最大的 37 MB 的空闲块；首次适配法从头开始扫描，第一个可容纳该进程的 23 MB 的空闲块，会产生 6 MB 的碎片；假定扫描空闲块的指针停在内存 14 MB 的位置，下次适配法将继续向下扫描，选择第一个可容纳该进程的 37 MB 的空闲块，剩余一个 20 MB 空闲块。无论哪种放置算法，当进程运行完毕释放所占分区时，都将与相邻空闲块合并。例如以最佳适配法分配分区，进程运行完毕后，其 17 MB 的空间将与仍然空闲的 2 MB 空间合并，成为 19 MB 的空闲块。

通常情况下，首次适配法实施最简单，效果最好且速度最快，但其存在一个明显的问题，即会在内存的低地址端不断地分配空间，从而出现很多无法被再次使用的碎片，并且在每次查找时都要遍历这些空闲块。下次适配法会在整个内存中产生很多无法被再次使用的小空闲块，并且其性能通常要比首次适配法差。最佳适配法实际上性能往往是最差的，因为它需查找满足进程要求的最小空闲块，这就导致每次分配都可能会产生无法再满足任何内存分配请求的碎片。因此，它需更频繁地进行内存压缩。最差适配法每次选择的都是满足需求的最大空闲块，导致内存中很快不再有较大的连续空闲空间，如果有大进程需求到达时，则无法满足，只能进行交换或者压缩。

在使用动态分区方案的多道程序设计系统中，当所有进程都处于阻塞态，即使进行压缩，新进程仍无法得到足够的内存空闲块时，操作系统需要把其中的一个阻塞进程换出内存，从而为新进程或处于就绪－挂起态的进程提供足够的空闲空间。

3.2.3 伙伴系统

固定分区方案和动态分区方案均存在不足之处：前者分区大小及数量是固定的，严重限制了活动进程的数量，内存利用率较低；后者则维护复杂，而且会因内存压缩增加额外开销。鉴于此，研究人员提出了一种折中的方案——伙伴系统。

伙伴系统是为进程分配内存页框（也称作帧、页帧）。页框是指对内存空间划分的固定长度的块，例如 4 KB/ 页框。

两个伙伴是两个相邻的帧块，每块大小相同，包含 2^i 个帧（$i=0, 1, 2, 3, \cdots$）。将一块包含 2^{i+1} 个帧的物理内存对半分裂，得到两个长度为 2^i 个帧的伙伴。

为新进程分配空闲块时，要先根据进程需求和帧长，确定一个合适尺寸 s，s 包含 2^i 个帧。例如帧长度是 4 KB，进程需要分配 20 KB，则实际需分配 2^3 个帧，即 32 KB。

当一个新进程到达时，伙伴系统的内存分配过程如下：首先，查找是否刚好有长度为 s 的空闲块，若有则直接分配；若没有长度为 s 的空闲块，则查看是否有长度为 $2s$ 的空闲块，仍没有则查找 $4s$、$8s$、$16s$ 等长度的块，直至找到一个空闲块；把该块对半分裂为两个伙伴——左伙伴 L 和右伙伴 R。R 保留作为新空闲块。如果 L 长为 s 则直接分配。如果 L 仍过大，则再次对半分裂为 L' 和 R'，重复该过程，直至得到长为 s 的左伙伴，将其分配给新进程。所有右伙伴都被保留作为新空闲块，将为之后的请求分配这些块。

当某个进程退出内存时，伙伴系统的内存回收过程如下：系统释放该进程所占据的内存空间，同时检查其对应的伙伴是否也为空闲块，若是，则将其合并为更大的伙伴空闲块，重复此过程，直到不能再合并为止；若对应的伙伴仍处于占用状态，则回收过程停止。

伙伴系统案例

图 3.6 展示了伙伴系统中内存分配及释放的过程。假定内存空间初始大小为 1 MB，第一个进程 A 请求的内存大小为 100 KB，根据伙伴系统内存分配过程可知，需要 128KB 的空闲块。因此，最初的 1 MB 的空闲块先被划分成两个 512 KB 的伙伴，随后第一个伙伴又被划分成两个 256 KB 的伙伴，紧接着其中的第一个

1 MB的内存块	1 MB			
A请求100 KB	A=128 KB	128 KB	256 KB	512 KB
B请求235 KB	A=128 KB	128 KB	B=256 KB	512 KB
C请求63 KB	A=128 KB	C=64 KB / 64 KB	B=256 KB	512 KB
D请求256 KB	A=128 KB	C=64 KB / 64 KB	B=256 KB	D=256 KB / 256 KB
释放B	A=128 KB	C=64 KB / 64 KB	256 KB	D=256 KB / 256 KB
释放A	128 KB	C=64 KB / 64 KB	256 KB	D=256 KB / 256 KB
E请求75 KB	E=128 KB	C=64 KB / 64 KB	256 KB	D=256 KB / 256 KB
释放C	E=128 KB	128 KB	256 KB	D=256 KB / 256 KB
释放E	512 KB		D=256 KB	256 KB
释放D	1 MB			

图 3.6 伙伴系统中内存分配及释放过程

117

又划分成两个 128 KB 的伙伴，最后将其中之一分配给进程 A；第二个进程 B 请求的内存大小为 235 KB，需要 256 KB 的块。由于已经存在这样的一个空闲块，便可直接分配给进程 B。类似地，继续进行这样的分割与合并过程。注意：当进程 E 占据的伙伴被释放时，两个 128 KB 的伙伴均为空闲块，即被合并成一个 256 KB 的空闲块，随后这个 256 KB 的空闲块又与它的伙伴合并成一个 512 KB 的块。

伙伴系统改进了固定分区方案和动态分区方案存在的不足，但目前的操作系统使用的是基于分页和分段机制的虚存管理方案。

3.2.4 简单分页

固定分区方案存在分区大小固定、分区数量固定、产生内部碎片等问题。为解决这些问题，研究人员提出了简单分页机制，相关的关键术语包括页和页框。页框是指在物理空间上把内存划分成的多个固定长度的块，也称作页帧。页是在逻辑层面对用户进程的划分单位，也称作页面，其大小与页框的大小相同，常见的尺寸是 4 KB/ 页。简单分页技术就是在需要时将进程中的所有页加载到内存中的页框。使用简单分页技术，仅在进程的最后一页可能产生内部碎片，不会产生外部碎片，提高了内存利用率。

简单分页机制中，在某时刻，内存中的某些页框已经加载了进程，某些页框仍是空闲的。一个进程的每个页面会装入合适空闲页框中，但不一定连续存储。那么，如何为一个页面选择合适的页框加载成为关键问题。这就需要操作系统为每个进程维护一个数据结构——页表，用于记录各个页面到页框的映射关系。进程的每页在页表中都对应一项，即页表项。每个页表项包含用于保存该页的相应页框号。但是页号是连续的，页表项长度固定，可以根据页号计算偏移量定位到某个页表项，因此，页表中的页号是隐藏的，并不需占用存储空间。系统很容易根据页表记录管理进程加载入内存的页面。此外，操作系统也会为内存中的空闲页框维护一个空闲页框列表（可以采用位图表示），以便为新进程提供合适的页框。

简单分页及案例

图 3.7 展示了简单分页机制的处理过程。假设存储在磁盘上的进程 A 由 5 页组成。将其载入内存时，操作系统需要在内存中查找 5 个空闲页框，并将该进程的 5 个页面分别载入这 5 个页框中，如图 3.7（b）所示。同理，假设接着到达的进程 B 包含 4 页，进程 C 包含 4 页，它们也都依次被载入相应页框。而包含 5 个页面的进程 D 到达时，内存中已没有足够空间分配给它。此时，进程 B 被选中挂起，那么进程 D 则可被顺利地载入内存。图 3.8 给出了此时各个进程的页表和空闲页框列表的情况，可以看到进程 D 并没有存入连续的页框中，5 页分别被载入页框 5 ~ 8 和 13。通过该例子可知，简单分页机制中一个程序可以占据多个页框，并且这些页框在内存中可以离散分布。

程序每条指令的逻辑地址包括一个该指令所在的页号和其在该页中的偏移量，需要将逻辑地址转换为包括页框号和偏移量的物理地址才能得以执行。逻辑地址到物理地址的转换需由处理器硬件完成，且处理器必须能够访问当前进程的页表。进程被执行时，获取了逻辑地址后，处理器可根据页表产生物理地址。

分页机制通常将页面和页框大小设定为 2 的次幂，以便将逻辑地址转换为物理地址。逻辑地址对程序员、汇编器和链接器等都是不可见的。程序的每个逻辑地址与其相对地址是一致的。程序运行时，由硬件实现动态地址转换相对比较容易。假设有一个 $n+m$ 位的二进制逻辑地址，左边的 n 位表示页号，右边

简单分页逻辑地址转换

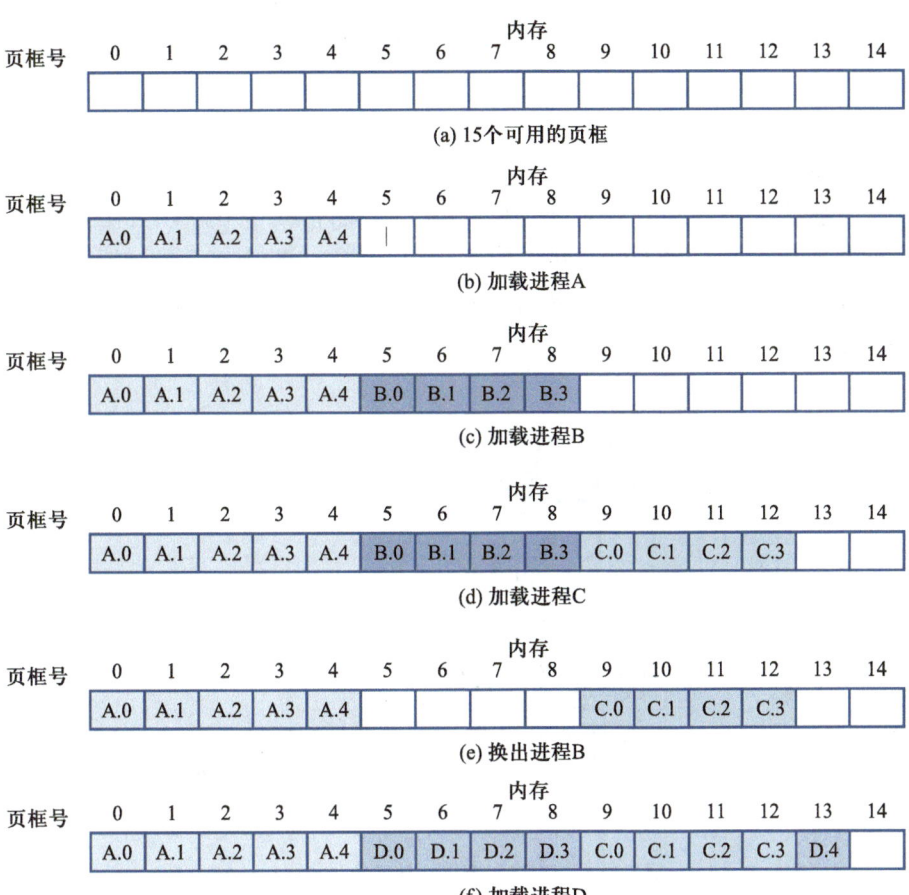

图 3.7 为进程页面分配进程页框

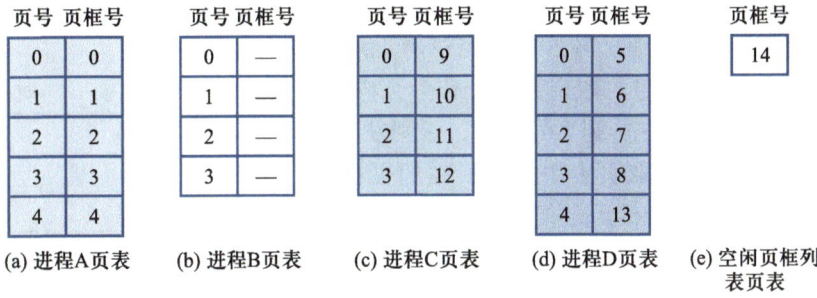

图 3.8 进程页表示例

119

的 m 位表示页内偏移量。逻辑地址向物理地址转换的过程如下：

（1）将逻辑地址左侧的 n 位提取出来作为页号。

（2）根据进程页表，查找页号对应的页框号 k。

（3）根据页框号计算页框的起始物理地址为 $k \times 2^m$，被访问字节的物理地址是起始地址加上页内偏移量。

实际在处理器硬件进行地址转换时，物理地址并不需要计算。由于地址是以二进制形式表示，可以直接把页框号与偏移量进行拼接，即为物理地址。

下面通过例子说明简单分页硬件机制中如何将逻辑地址转化为物理地址。

图 3.9 给出了一个 16 位的二进制地址，页大小为 1 KB=2^{10} B，所以偏移量用 10 位表示，剩下的 6 位用于表示页号。因此，一个程序最多由 2^6=64 页组成。那么，假如相对地址为 1792，其二进制形式为 000001 1100000000。即 1792 对应于页 1（000001）中的偏移量为 768（1100000000）的位置。通过页表可知，该页号 1 对应的页框号为 011100。因此，其对应的物理地址为 011100 1100000000。

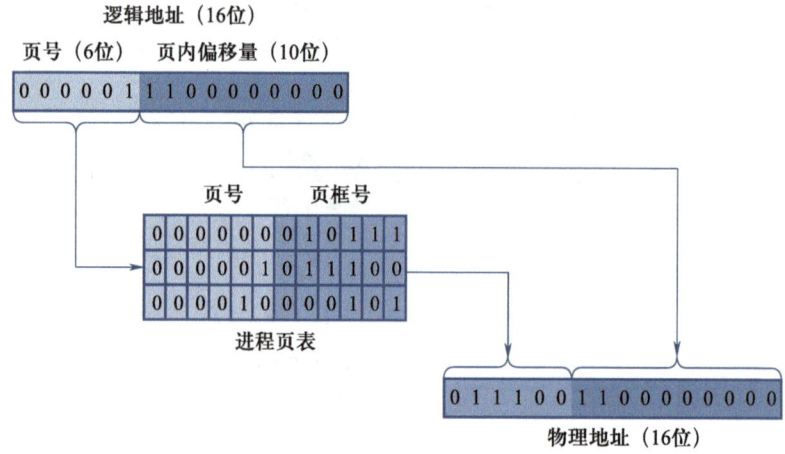

图 3.9　简单分页技术中将逻辑地址转换为物理地址的示例

【例】假设页大小为 1024 B，进程由 4 页构成，页表如图 3.10 所示，请将逻辑地址 1011、2148、4000、5012 转换为相应物理地址（以十进制计算）。

解：

以十进制进行地址转换时，将逻辑地址除以页长，取整数部分作为页号，取余数部分作为页内偏移量。如果页号在页表中存在，则页号有效，否则发生越界错误。当页号有效时，读取页表中该页所在的页框号，计算：物理地址＝页框号 × 页长＋页内偏移量。

页号	页框号
0	2
1	3
2	1
3	6

图 3.10　进程页表

逻辑地址 1011：由 1011/1024=0…1011 可得该地址页号为 0，偏移量为 1011。通过查页表，可知该页对应的页框号为 2，故物理地址为 2 × 1024+1011=3059。

逻辑地址 2148：由 2148/1024=2…100 可得该地址页号为 2，偏移量为 100。通过查页表，可知该页对应的页框号为 1，故物理地址为 $1 \times 1024 + 100 = 1124$。

逻辑地址 4000：由 4000/1024=3…928 可得该地址页号为 3，偏移量为 928。通过查页表，可知该页对应的页框号为 6，故物理地址为 $6 \times 1024 + 928 = 7072$。

逻辑地址 5012：由 5012/1024=4…916 可得该地址页号为 4，页表中该页不存在，故地址越界错误。

3.2.5 简单分段

简单分段机制的提出是为了方便用户编程以及实现共享和保护。它可以把程序及其相关数据划分为几个段。每个段有最大长度的限制，且所有程序每个段的长度可以不相等。和简单分页机制的逻辑地址类似，甚至比动态方案产生的外部碎片更多，内存利用率更低。

简单分段的概念

当一个程序需要载入内存时，需要把该程序的所有段都载入内存。简单分段方案允许一个程序占据多个不同的段，且不要求这些段在连续的内存空间中，这与动态分区方案不同。简单分段机制也会产生外部碎片，甚至比动态分区产生的外部碎片要多，内存利用率更低。

对程序员来说，分页管理是不可见的，而分段机制作为程序员组织程序和数据的一种便捷方式，分段管理则是可见的。通常程序员或编译器会将程序和数据指定到不同的段，从而达到模块化程序设计的目的。需要注意的是，实施这种方案要求程序员清楚知道段的最大长度限制。

在简单分段方案中，操作系统会为每个进程创建一个段表，同时也维护内存中的空闲块列表。每个段表项给出相应段在内存中的起始地址和该段的实际长度，保证使用的地址有效。进程开始运行时，操作系统会把该进程段表的地址装载到一个寄存器中，并由内存管理硬件来访问这个寄存器。假设有一个二进制的 $n+m$ 位地址，由左侧的 n 位表示段号，右侧的 m 位表示段内偏移量。分段机制的逻辑地址向物理地址的转换需要以下步骤：

（1）提取逻辑地址左侧的 n 位作为段号，若段号大于或等于段表长度，则该段不存在，该地址无效。

（2）当段号有效时，以这个段号为索引，查找进程段表，获取该段的起始物理地址。

简单分段逻辑地址转换

（3）将右侧 m 位的段内偏移量和该段长度进行比较，若段内偏移量大于或等于段长度，则发生越界，该地址无效；否则，物理地址为该段的起始物理地址与段内偏移量之和。

下面通过一个例子说明简单分段硬件机制中如何将逻辑地址转化为物理地址。

【例】图 3.11 给出了一个 16 位的逻辑地址：0000 001011110000，其中段号为 0000，偏移量为 001011110000。如果该段驻留在内存中的起始物理地址为 0010000000100000，则相应的物理地址为

121

0010000000100000+001011110000=0010001100010000。

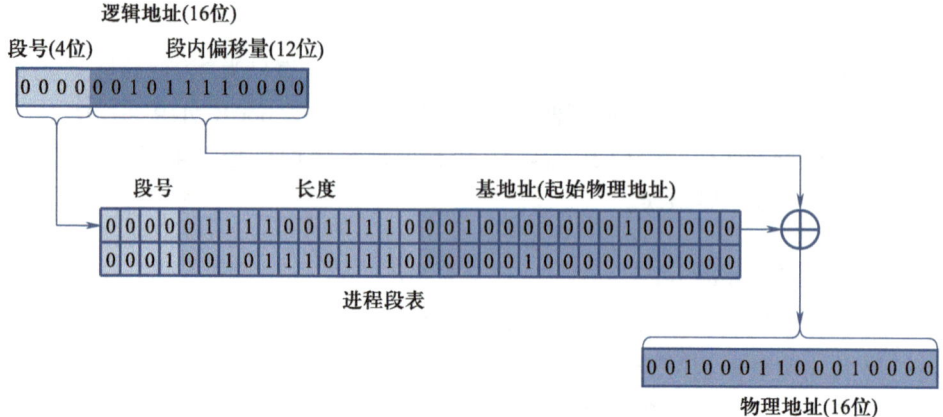

图 3.11 简单分段机制中将逻辑地址转换为物理地址的示例

【例】假设一个进程的段表如图 3.12（a）所示，请将图 3.12（b）列出的逻辑地址转换为相应的物理地址（以十进制计算）。

段号	内存起始地址	段长
0	210	500
1	2350	20
2	100	90
3	1350	590
4	1938	95

(a) 进程段表

段号	段内偏移量
0	430
1	10
2	500
3	400
4	112
5	32

(b) 逻辑地址

图 3.12 进程段表及逻辑地址

解：

（1）逻辑地址（0，430）：通过进程段表可知，该段在内存中的起始地址为 210，又因其偏移量为 430，小于该段的长度 500，故物理地址为 210+430=640。

（2）逻辑地址（1，10）：通过进程段表可知，该段在内存中的起始地址为 2350，又因其偏移量为 10，小于该段的长度 20，故物理地址为 2350+10=2360。

（3）逻辑地址（2，500）：通过进程段表可知，该段在内存中的起始地址为 100，但因其偏移量为 500，大于该段的长度 90，故该逻辑地址无效。

（4）逻辑地址（3，400）：通过进程段表可知，该段在内存中的起始地址为 1350，又因其偏移量为 400，小于该段的长度 590，故物理地址为 1350+400=1750。

（5）逻辑地址（4，112）：通过进程段表可知，该段在内存中的起始地址为 1938，但因其偏移量为 112，大于该段的长度 95，故逻辑地址无效。

（6）逻辑地址（5，32）：通过进程段表可知，该段不存在，故逻辑地址无效。

3.3　虚拟内存

虚拟内存是操作系统内存管理的一种技术，该技术允许一个进程多次载入、换入或换出内存，可以从逻辑上对内存的容量进行扩充，扩充后的容量由内存容量与外存容量决定，从而让用户觉得内存容量足以装下非常大的、比内存空间大得多的程序。

什么是虚拟内存

3.3.1　虚存机制的内存分配

为了更好地理解虚拟内存，下面回顾简单分页机制和简单分段机制具有的特点。

（1）一个进程能够被换入或换出内存，执行过程中遇到的内存访问地址均是逻辑地址，它们在运行时动态地被转换成物理地址，从而使进程执行过程中的不同时刻可以占据内存中的不同位置。

（2）一个进程被划分成若干块（页或段），在执行过程中，这些块在内存中的位置不需要是连续的。页表或段表的使用可以支撑实现这一点。

需要注意的是，当一个进程要载入内存执行时，简单分页机制和简单分段机制都要求该进程的所有页或所有段载入其中。但从以上这两个特点以及程序局部性原理来看，这一操作并不必要。当进程载入内存时，可将其需要运行的部分内容先载入。当执行到某条指令或访问数据不在内存时，再将包含该指令或数据的相应部分载入内存即可，这将极大地增加进程运行的灵活性。下面具体说明该过程，过程描述涉及"块"和"驻留集"的概念。"块"根据实际情况对应到"页"或"段"；"驻留集"则是指当进程执行时处于内存的"块"的集合。

当一个新进程被载入内存时，操作系统一开始仅读取包含该进程开始处的一个块或几个块。当进程被执行时，只要处理器访问的逻辑地址对应的物理地址是驻留集中的单元，进程就可以正常地运行。一旦处理器访问的逻辑地址对应的物理地址不在内存中，则会产生内存访问故障中断（缺页中断或者缺段中断）。操作系统将被中断的进程设置为阻塞态。为了使该进程能够继续执行，包含产生内存访问故障的逻辑地址的进程块将被载入内存。故产生一个把相应块载入内存的磁盘 I/O 读请求。随后在执行磁盘 I/O 操作过程中，操作系统可根据调度算法选择另一个进程运行。一旦完成向内存载入需要的块，则产生一个 I/O 中断，并将控制权交回，操作系统将因缺少该块而被阻塞的进程状态设置为就绪态。

3.3.2　虚存机制的可行性

虚存机制是基于程序的局部性原理设计的，关于局部性原理的概念，可以参考本书第 1 章的相关内容。众多操作系统的运行经验也已验证了这一点。为了更好地理解虚存方案的可行性，考虑一个比较大的进程，该进程由很长的程序和多个数据数组构成。在任何一段很短的时间内，进程的执行可能会局限在很小的一个程序段中，而且可能只会访问一个或两个数据数组。若在进程被换出前仅使用了一部分进程块，则为该进程在内存分配太多的块容易导致空间浪费，因此仅载入一小部分块可更好地提高内存利用率。若进程跳转到或访问到不在内存的某个块中的指令或数据，就会引发一个内存访问错误，随后操作系统会从外存读取需要的块。

在任何时刻，任何进程只有一部分块处于内存中，可增加内存中进程的数量。此外，未用到的块不需要换入 / 换出内存，节省了时间。在稳定的状态，几乎所有内存空间都被进程块占据，处理器和操作系统能直接访问到尽可能多的进程。但是，若当前需要的块不在内存中，且内存没有足够空间容纳该块，此时就必须把内存中的某一块换出，而如果被换出的块很快又被用到，则需要再次换入。如此反复将导致**系统抖动**，即处理器大部分时间都用于交换块而非执行指令。

虚存的设计基于局部性原理，该原理描述了一个进程中程序和数据引用的集簇倾向。因此，很短的时间内仅需进程的一部分块这一假设是合理的。此外，该原理还可对未来可能访问的块进行预测，从而避免系统抖动。

3.3.3　虚拟内存管理技术

虚拟内存管理技术包括虚拟分页技术、虚拟分段技术及虚拟段页式技术。

1. 虚拟分页技术

简单分页方案中，每个进程都有自己的页表，页表项描述进程的页与对应页框的关系。基于分页的虚拟内存方案同样需要页表，且通常每个进程有一个唯一的页表，但页表项涉及的内容较多，包括驻留位、修改位等控制位，如图 3.13 所示。

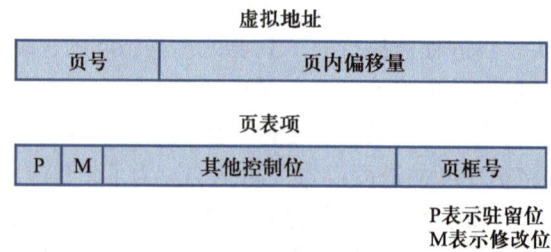

图 3.13　基于分页的虚拟地址

因为一个进程可能只有部分页在内存中，每个页表项需有一个驻留位（P）来表示它所对应的页当前是否在内存中。驻留位也称为存在位、有效 – 无效位。如果该页在内存中，则这个页表项还包括该页的页框号。

页表项中的另一个控制位是修改位（M），它表示相应页的内容从这一次载入内存到现在是否被修改。若未修改，则换出该页无须用页框中的内容更新磁盘中该页的副本。页表项一般还需提供其他控制位，用于在页面级别进行保护或共享控制。

虚拟内存地址，简称虚拟地址，又称为逻辑地址。基于分页的逻辑地址由页号和偏移量组成，而对应的物理地址由相应的页框号和偏移量组成。页表的长度因进程大小而变化，存于内存。图 3.14 展示了基于分页的虚拟地址转换至物理地址的一种硬件实现。进程运行时，一个寄存器保存该进程页表的起始地址。虚拟地址的页号用于在页表中查找其相应的页框号，并将页框号与虚拟地址的偏移量结合起来形成物理地址。

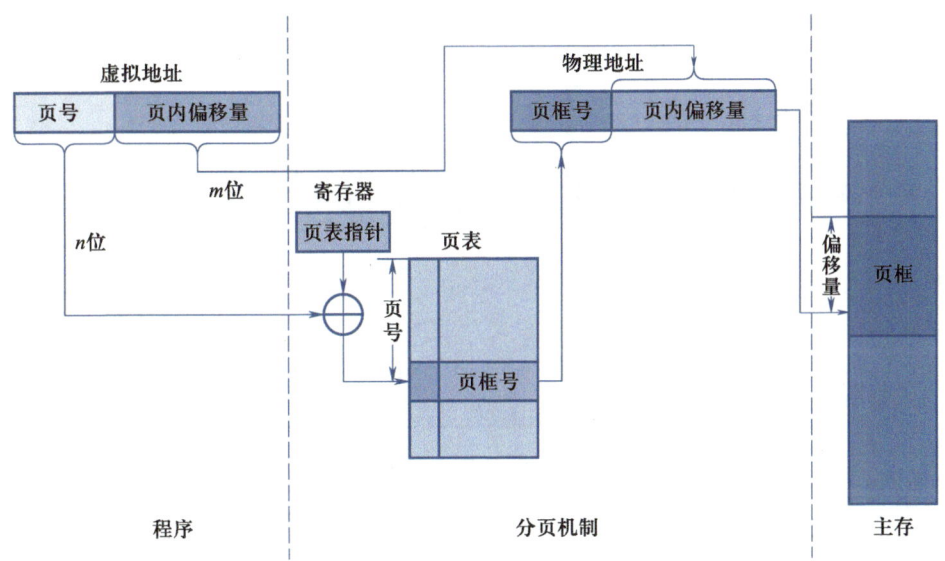

图 3.14 基于分页的虚拟地址至物理地址的转换过程

每个进程都有一个进程页表，因进程的虚存空间通常往往较大，这导致页表占据较大的内存空间。例如，在 VAX 系统结构中，每个进程占用 2^{31} B=2 GB 的虚存空间；若使用大小为 2^9 B=512 B 的页，则每个进程页表需要保存 2^{22} 个页表项。为解决页表过大和检索费时的问题，系统可以采取多级页表、倒排页表或转换检测缓冲区。

（1）多级页表

虚拟内存方案的页表都保存在虚存而非内存。如此，页表存储和其他程序页面一样都遵循分页机制的管理。进程运行时，该进程页表至少有一部分须在内存中，这一部分页表包含正在运行的页对应的页表项，某些处理器会采用两级方案组织页表。这类两级方案需要一个页目录，该页目录中的每项指向一个页表。假设页目录中页表项数目为 X，一个页表的最大页表项数目为 Y（通常

两级页表

情况下，一个页表的长度是一页），则一个进程最多拥有 $X \times Y$ 页。

图 3.15 和图 3.16 展示了 32 位地址的进程页表的两级方案组织。假设按字节寻址，页尺寸为 4 KB，则 4 GB 的虚拟地址空间由 2^{20} 页组成。若每页的页表项大小为 4 B，那么创建由 2^{20} 个页表项组成的一个页表需要 4 MB 内存空间，这个页表需要 2^{10} 页（4 MB/4 KB=2^{10}）组成，并保留在虚存中。此外，还需要创建一个包括 2^{10} 个页表项的根页表（页目录），该根页表需要 4 KB × （4 B × 2^{10}）的内存空间。图 3.16 展示了这种方案中逻辑地址到物理地址转换所涉及的步骤：虚拟地址的前 10 位用于从根页表中查找关于进程页表的页的页表项；若该页不在内存中，则发生缺页中断；若该页在内存中，则用虚拟地址中接下来的 10 位从进程页表项页查找该虚拟地址引用的页的页表项。

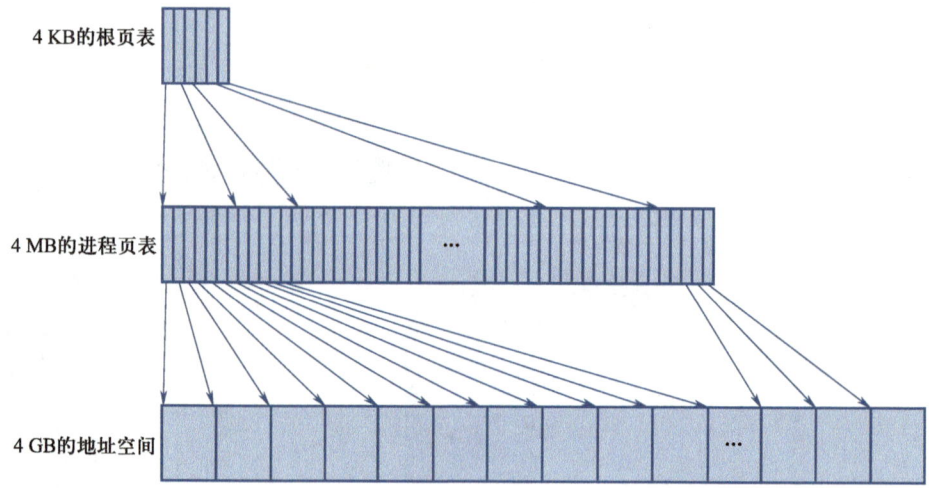

图 3.15　两级页表

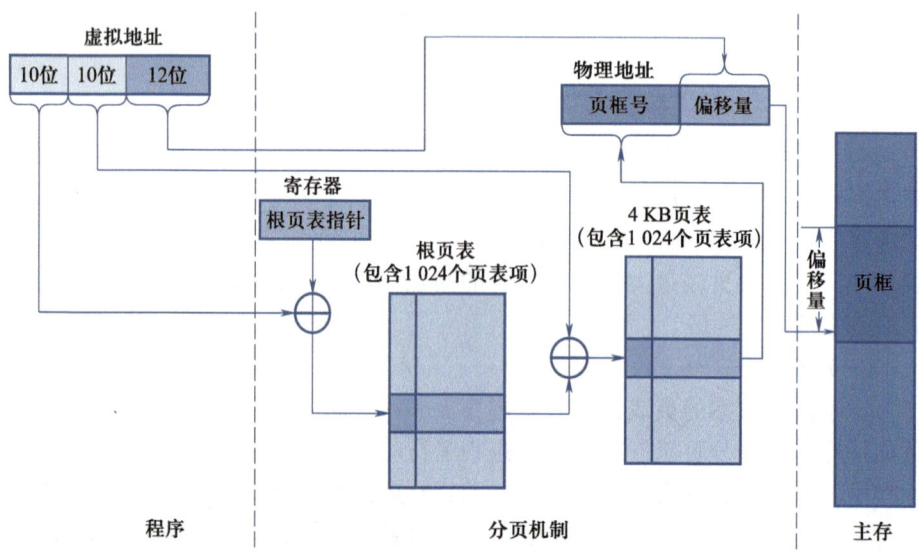

图 3.16　两级页表系统中的地址转换

（2）倒排页表

前述页表的大小与虚拟地址空间的大小成正比，遇到大程序到达时仍然可能会占用大量内存空间。倒排页表是另一种用于把逻辑地址转换为物理地址的机制，这种页表结构之所以被称为"倒排"，是因为它使用页框号而非页号来索引页表项，因此倒排页表占据的空间与内存大小相关，是固定不变的。

在这种倒排页表结构中，虚拟地址的页号通过一个散列函数映射到散列表中，该散列表包含指向倒排表中页表项的指针。采用这种结构后，页表只需要占据内存中的一个固定部分。但是，不同的虚拟地址可能映射到同一个散列表项中，此时需要进行散列冲突处理。散列技术可使链较短，加快对链的搜索速度。

图 3.17 展示了一个倒排页表方法的典型实现。假设物理内存由 2^t 个页框构成，则倒排页表包含 2^t 项，第 i 个页表项对应第 i 个页框。倒排页表中的每个页表项包含：① 页号：即虚拟地址的页号；② 进程标识符：使用该页的进程标识符，页号和进程标识志符相结合标志一个特定进程中虚拟地址空间的一页；③ 控制位：用于标记有效、访问、修改、保护、锁定等；④ 链指针：若没有链项，则该域为空（或用一个单独的位来表示）。否则，该域包含链中下一项的索引值。在该例子中，虚拟地址包含一个 n 位的页号，且 $n \gg t$。散列函数映射 n 位页号到 t 位的页框号，这个 t 位页框号用于检索倒排页表（可能需要沿散列冲突链检索），得到该虚拟地址所在的页框号，然后转换得到对应的物理地址。

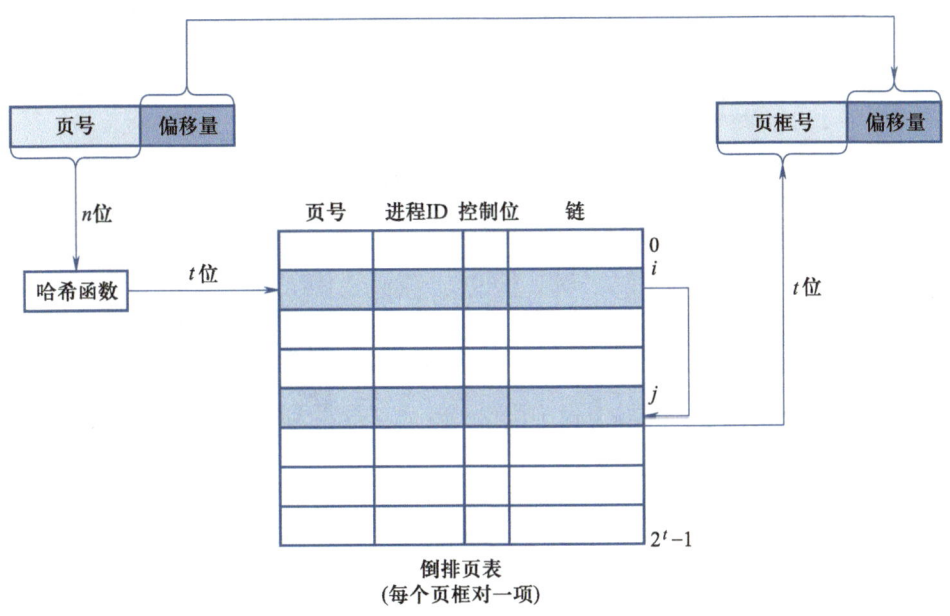

图 3.17 倒排页表的典型实现

（3）转换检测缓冲区

一般地，每次虚存访问会引起两次物理内存访问：第一次是访问相应的页表项，第二次则是访问真正需要的数据。显然，这会使虚拟内存方案的内存访问时

转址旁路缓存（TLB）

间加倍。为解决这一问题，缩短内存访问时间，大多数虚拟内存方案为页表项提供了一个特殊的"高速缓存"，称为**转换检测缓冲区**（translation lookaside buffer，TLB），也称**快表**。TLB 中包含最近访问过的页表项。具有 TLB 的虚拟分页硬件组织及访问流程分别如图 3.18 和图 3.19 所示。访问某个虚拟地址时，处理器先检查 TLB，若所需页表项在 TLB 中，则提取对应页框号，并将其与偏移量拼接形成物理地址。若所需页表项不在 TLB 中，则处理器通过页号检索内存中的进程页表，并检查相应的页表项。若"驻留位"已置为 1，则表示该页已在内存中，处理器从页表项中检索页框号以形成物理地址。处理器同时更新 TLB，使其包含该新页表。若"驻留位"未置位，则表示所需页不在内存中，会产生内存访问故障，称为缺页中断。此时，由操作系统负责将所需要的页载入内存，并更新页表相应的页表项。

　　【例题】设所访问的页在内存中，且忽略在 TLB 中查找页表项的时间。设访问内存的时间为 100 ns，访问 TLB 的时间为 20 ns。如果 TLB 命中率为 90%，则将逻辑地址转换成物理地址，并访问内存数据所需的有效访问时间是：

$$（20+100）\times 90\% +（100+20+100）\times 10\% = 130\ \text{ns}。$$

　　但如果不采用 TLB 时，则每次虚存访问都需要访问两次内存，耗费 200 ns。

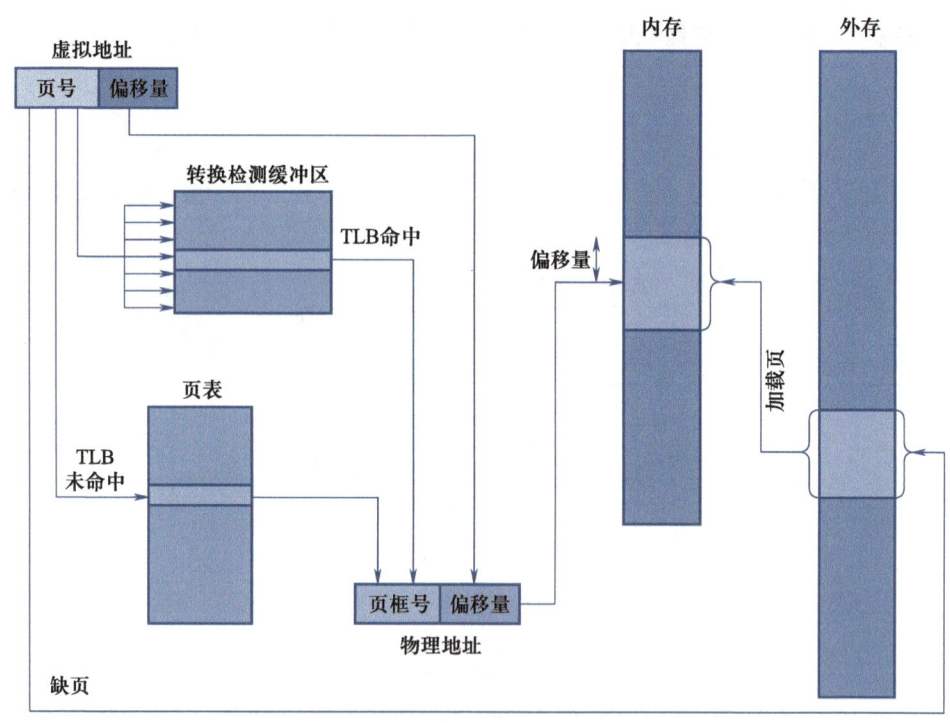

图 3.18　利用 TLB 将虚拟地址转换为物理地址的过程

　　页表使用直接映射的方式可以获得进程页号对应的页框号（见图 3.20（a））。而 TLB 利用关联映射技术来完成同样的事情。TLB 只包含整个页表中的部分表项，这些项必须包括页号及完整的页表项。关联映射技术使处理器中的硬件机制能够同时查询许多 TLB 表项, 以确定是否存在匹配的页号。

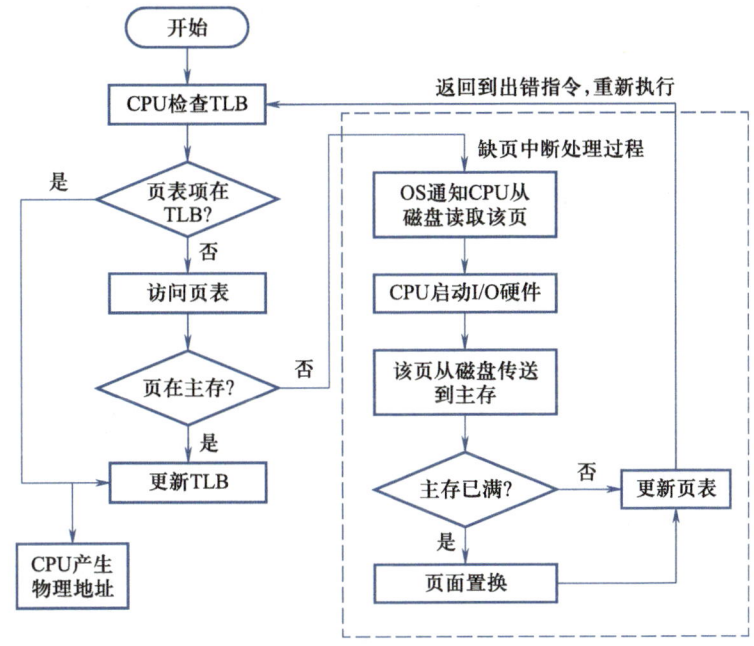

图 3.19 分页与 TLB 的操作

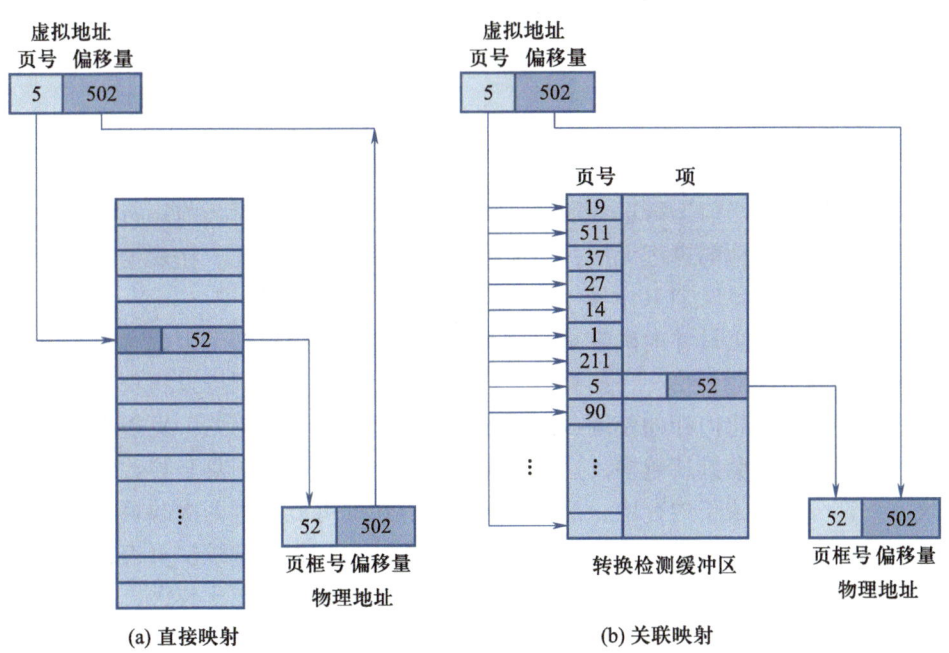

图 3.20 普通页表与 TLB 的映射方式

最后, 考虑基于分页虚存的 TLB 和高速缓存 (cache) 如何协同操作。在高速缓存情形下, 根据要访问字的虚拟地址, 内存管理系统先检索 TLB 中是否存在匹配的页表项, 若存在, 则结合页框号和偏移量, 产生物理地址; 若不存在，则从页表中读取页表项。高速缓存根据物理地址查看是否存在包含要访问字的相应块。若有，则把该字返回给处理器；若没有，则从内存中检索这个字，如图 3.21 所示。

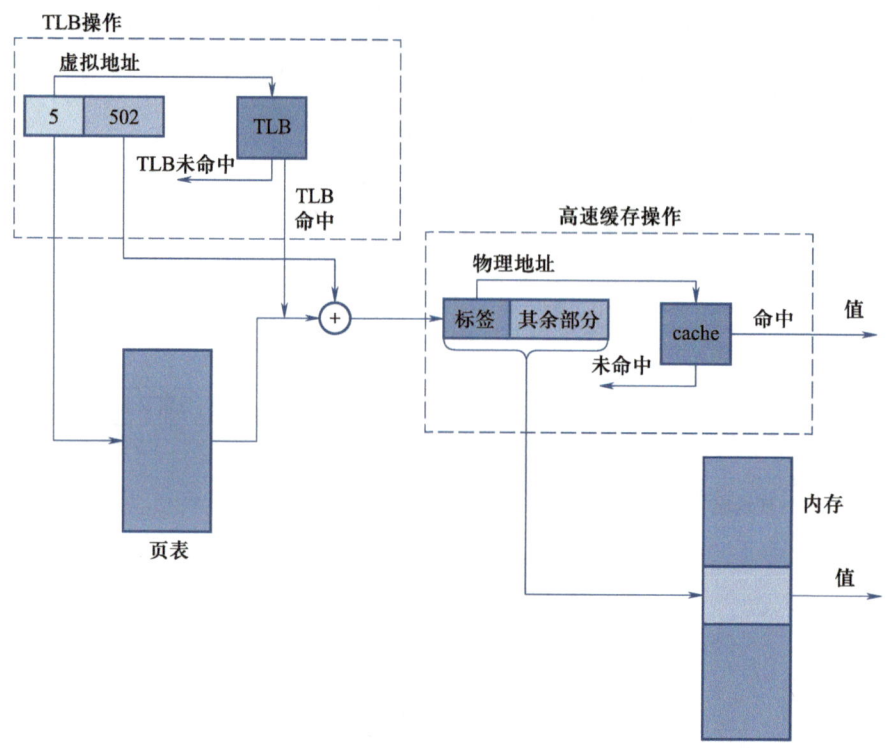

图 3.21　TLB 和高速缓存操作

　　TLB 缓存了当前运行进程的地址转换信息，这些内容对当前运行的进程极其重要，但对其他的进程无用，不应被其他进程读取。因此，在发生进程上下文切换时，需要实现 TLB 中属于不同进程条目之间的隔离。

　　分页机制中页尺寸的确定是一个重要的问题，需综合多个因素考虑，很难有绝对好的页尺寸。第一，如果想要内部碎片总量小些，则可以将页尺寸设计得小一些，为优化内存的使用，通常希望减少内部碎片；第二，页越小，每个进程需要的页的数量就越多，这就意味着需要更大的页表，甚至导致较大进程仅有一部分页表位于内存中，这样，一次内存访问可能产生两次缺页中断：第一次读取所需的页表部分，第二次读取进程页。因此为便于维护页表，通常希望较短的页表；第三，基于磁盘的物理特性，希望页尺寸能比较大，从而实现更有效的数据块传送，减少磁盘 I/O 开销。

　　页尺寸对缺页中断发生概率的影响使这些问题变得更为复杂。如果页尺寸非常小，那么每个进程在内存中有较多数量的页。一段时间后，内存中的页都包含最近访问的部分，因此缺页率较低。当页尺寸增加时，每页包含的单元和任何一个最近访问过的单元越来越远。因此局部性原理的影响被削弱，缺页率开始增长。但是，当页尺寸接近整个进程的大小时，缺页率开始下降。当一页包含整个进程时，不会发生缺页中断。缺页率还取决于分配给一个进程的页框的数量。对固定的页尺寸，当内存中的页数量增加时，缺页率会下降。

综上所述，较大的页尺寸更好。从现代操作系统的发展历史来看，页尺寸的趋势也是越来越大。另外，很多处理器硬件通常支持多种页尺寸，但大多数操作系统为了简化系统设计，一般只支持一种页尺寸。

虚拟分段技术

2. 虚拟分段技术

虚拟分段技术是将内存划分成多个段，每个段的长度可以不同，虚拟地址空间中未被使用段不会加载至物理内存中。操作系统为进程动态地按需分配物理内存。段的虚拟地址由段号和对应的偏移量组成。

虚拟分段简化了对不断增长的数据结构的处理。这些数据结构可以被分配到它自己的段，操作系统在必要时扩大或缩小这些段。如果在内存的段需要扩大，但与该段相邻的内存空闲空间却无法满足扩大的需求，则操作系统会将该段移到内存中一个更大的区域，或把它换出内存。若它被换出，则会在下次有足够空间时再换入。

对于由不同子程序组成的大程序，虚拟分段使程序员可以独立地改变或重新编译这些子程序，而不必重新链接和加载整个大程序。

虚拟分段还有利于进程间共享程序或数据。例如，程序员可以在段中放置一个实用工具程序或一个有用的数据表，供其他进程访问。此外，虚拟分段允许一个段包含一个明确定义的程序或数据集，程序可以指定段访问权限，从而达到保护的目的。

类似简单分段机制，基于分段的虚拟内存方案的每个进程也都有自己的段表，每个段表项包含相应段在内存中的起始地址和段的长度，但段表项变得更加复杂，需要有一个存在位，表明相应的段是否在内存中；另一个控制位是修改位，它用于表明相应的段从被载入内存到目前为止其内容是否已改变。若无改变，则把该段换出时就不需要写回。同时还可能需要其他控制位，用于管理保护或共享，如图 3.22 所示。

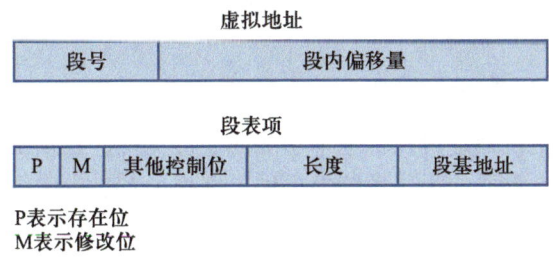

图 3.22　虚拟分段管理格式

类似简单分段机制，从内存中读一个字时，需要将虚拟地址（或逻辑地址）转换为物理地址。根据进程的大小，段表长度可变，它无法被保存在寄存器中，而是存在于内存中，以便被需要时访问。图 3.23 展示了该方案的一种

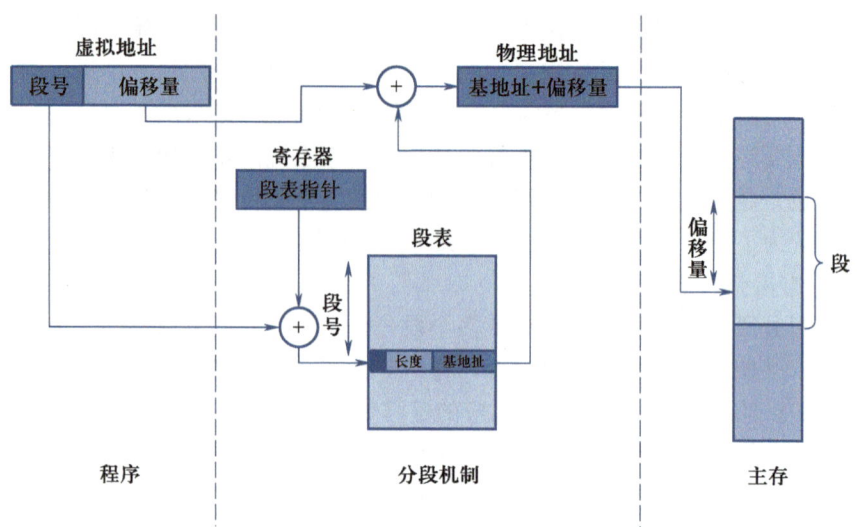

图 3.23　分段系统中的地址转换

硬件实现方式。当某进程处于运行态时，一个寄存器保存该进程段表的起始地址。虚拟地址中的段号用于检索该段表，并查找该段的内存起始地址；然后与虚拟地址中的偏移量相加，产生对应的物理地址。

虚拟段页式
技术

3. 虚拟段页式技术

基于分页和分段虚存方案的优点，出现了段页式虚存方案。用户的地址空间被程序员划分为许多段，而每段则由若干固定大小的页组成，页的大小等于页框大小。如果某段的尺寸小于一页大小，则该段只占据一页。从程序员的角度看，逻辑地址仍由段号和段偏移量组成；而从系统的角度看，段偏移量可视为指定段中的一个页号和页偏移量。

图 3.24 展示了一个支持段页式结构的地址转换过程。每个进程都使用一个段表，且每个进程段都对应一个页表。当某进程被运行时，使用一个寄存器保存该进程段表的起始地址。对每个虚拟地址，首先处理器使用段号部分来检索进程段表，以查找该段对应的页表；其次，利用虚拟地址的页号部分检索页表并查找相应的页框号；最后，结合虚拟地址的偏移量部分，产生对应的物理地址。

3.3.4　虚拟分页的管理策略

处理器必须提供地址转换等基本功能的硬件支持，操作系统才能实现虚拟内存。目前，所有重要的操作系统都提供了虚拟内存。由于内存利用率低及性能开销大，纯分段系统并不实用。对于页式或段页式虚拟内存，操作系统所面临的大多是关于分页方面的内存管理问题。因此，本节集中讨论与分页有关的管理策略。

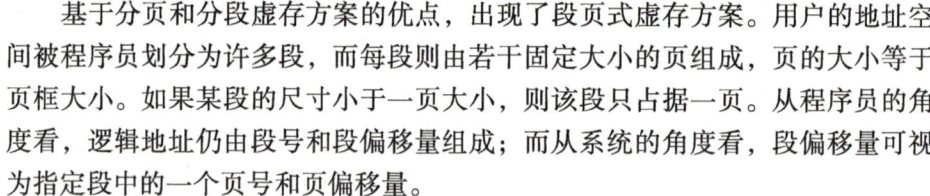

虚拟内存的
管理策略

1. 读取策略

虚拟内存的读取策略决定了某页何时载入内存。常用的方法有两种，分别为请求调入策略和预先调入策略。对于请求调入策略，只有当访问到某页中的

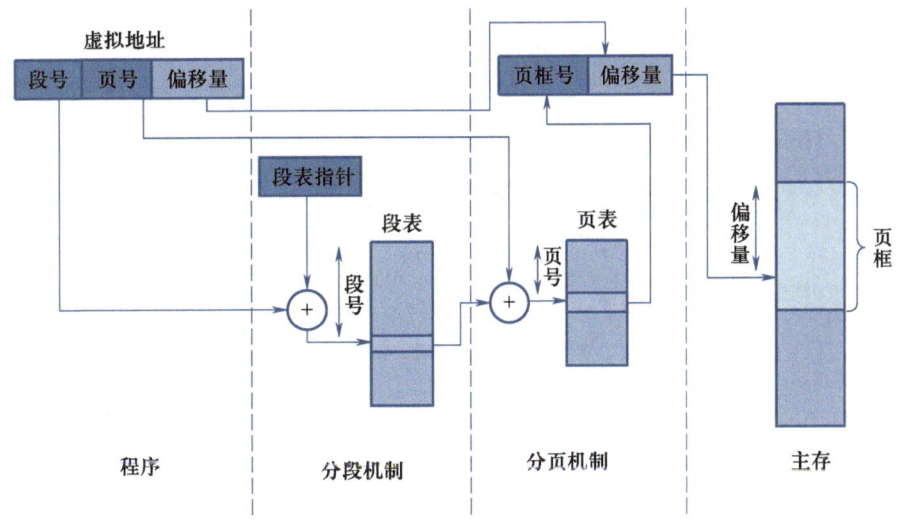

图 3.24　段页式系统中的地址转换

一个单元时才将该页载入内存。预先调入策略则是一次读取进程的多个页。如果一个进程的页连续地存储在外存中，则一次读取多个连续的页比隔一段时间读取一页更有效。但要注意，如果大多数额外读取的页未被引用到，则这个策略是低效的。

置换策略

2. 置换策略

置换策略是指当内存空间已满，而访问的页面未在内存中时，需要按照一定的算法把某一页从内存中换出，以便为需要载入的页腾出内存空间。大多数置换策略都是基于过去的访问行为来预测将来的访问行为。一般来说，置换策略设计越复杂，其实现的软硬件开销就越大。此外，内存中的某些页框可能是被锁定的（如内核占据的页框），当一个页框被锁定时，当前保存在该页框中的页就不能被置换。

常用的置换算法包括最佳置换（optimal，OPT）算法、最近最少使用（least recently used，LRU）算法、先进先出（first in first out，FIFO）算法、时钟（clock）算法等。图 3.25 展示了一个页面置换的例子，假设可为进程分配 3 个页框，进程需要访问 5 个不同的页，执行的页地址流为 2、3、2、1、5、2、4、5、3、2、5、2。下面将针对各个算法进行详细阐述。

（1）最佳置换算法（OPT）

最佳置换算法是一种理想的置换算法。发生缺页时，置换选择将来不再访问或下次访问距当前时间最长的页，这种算法使得缺页中断次数最少。但是，该算法要求操作系统必须事先知道未来将要访问的进程页，故实际中是不可能实现的，但仍可作为衡量算法性能的一种标准。

图 3.25 中，OPT 算法在三个页框都分配满后，执行完整个页面地址流后，总共会产生 6 次缺页中断。将页框填满缺页 3 次，但未发生置换；页框填满之后的 3 次缺页引起了 3 次置换。

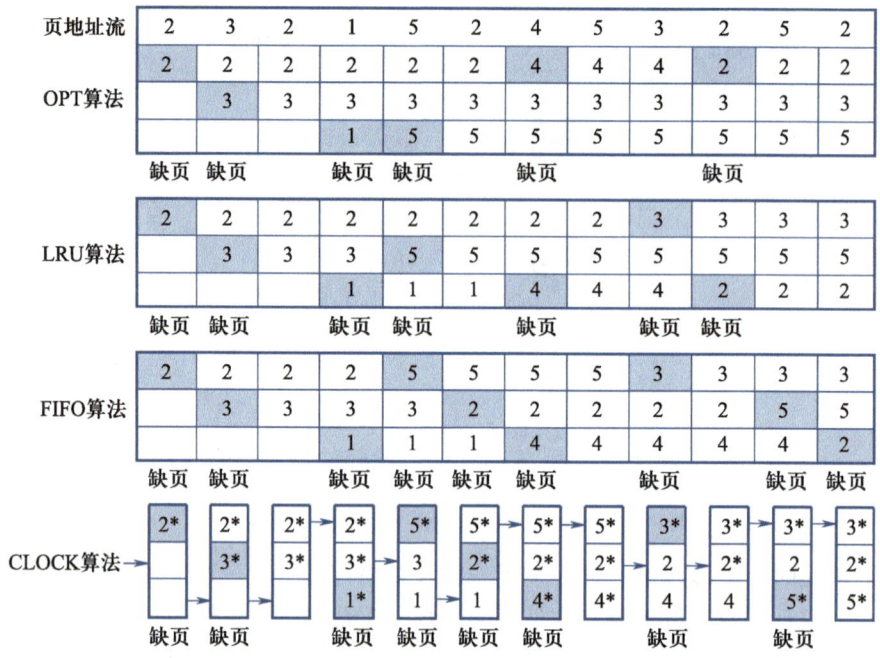

图 3.25　四种页面置换算法

以缺页总次数计算缺页率，即缺页率 = 缺页总次数 / 访问次数。本例中 OPT 算法的缺页率 =6/12=50%。

（2）最近最少使用算法（LRU）

LRU 算法也称为最近最久未使用算法，是在发生缺页时，置换内存中过去时间里最久未被使用的页。由程序的局部性原理可知，这也是最近极大概率不可能被访问到的页。该算法的性能接近于 OPT 算法，但实现难度较大。实现方法之一是给每页增加一个最后一次被访问的时间戳，并在该页每次被访问时更新这个时间戳。即使有支持这种方案的硬件，开销仍然非常大。另一种方法是维护一个关于访问页的栈，但开销同样很大。

图 3.25 展示了关于 LRU 算法的执行，它使用与前面 OPT 算法的例子相同的页地址顺序，算法执行过程会产生 7 次缺页中断。

（3）先进先出算法（FIFO）

FIFO 算法是一种实现最简单的页面置换算法。发生缺页中断时，该算法每次选取最早调入内存的页面作为置换候选页，为需要换入的页腾出空间。对于大多为顺序执行指令的程序，该方法较好。但对于部分程序或数据在整个程序的生命周期被访问的频率都很高的情况，该算法会导致这些页被反复地换入换出。在图 3.25 的例子中，FIFO 算法导致了 9 次缺页中断。

（4）时钟算法（clock）

简单的时钟置换算法在页表中为每个页增加一个称为"使用位"的附加位。当某页第一次被载入内存时，将该页的"使用位"设置为 1；当该页被访问时，其"使用位"也会被置为 1。将候选页集合排成一个循环链表，并有一个指针与该循环链相关联；当新装入一页或者置换一页后，该指针将指向循环链中的下一页。

该算法的具体执行过程如下：需要置换一页时，从指针处开始扫描循环链，查找"使用位"为 0 的第一个页并置换。每当指针遇到一个"使用位"为 1 的页，把该位重置为 0，然后指针下移。如果所有页的"使用位"都是 1，则指针在循环链中完整地循环一周，把所有使用位都设置为 0，并且停留在最初的位置上，置换该页。

图 3.25 中展示了简单时钟算法的行为。星号表示相应的"使用位"为 1，箭头表示指针的当前位置。本例中，简单时钟算法导致了 8 次缺页中断。

为了使简单时钟算法更加有效，可以为每个页再增加一个"修改位"。"修改位"用于判断某页是否被修改过。若某页被修改了，则在它被选中置换时需要写回磁盘。对于有"使用位"（用 u 表示）和"修改位"（用 m 表示）的页，可能处于以下四种情况之一。

① 最近未被访问，也未被修改（$u=0$；$m=0$）；

② 最近未被访问，但被修改（$u=0$；$m=1$）；

③ 最近被访问，但未被修改（$u=1$；$m=0$）；

④ 最近被访问，且被修改（$u=1$；$m=1$）。

上述这四种页面，刚好就是页面被选中置换时的优先顺序。$u=0$ 且 $m=0$ 的页是最佳置换页，而 $u=1$ 且 $m=1$ 的页最不应该被置换。根据上述的四种情况，改进的时钟算法具体执行过程如下。

① 从指针的当前位置开始，扫描页的循环链，置换遇到的第一个 $u=0$ 且 $m=0$ 的页；

② 如果第①步失败，则重新扫描，查找 $u=0$ 且 $m=1$ 的页，置换第一个遇到的这样的页。在扫描过程中，对每个跳过的页，将其"使用位"重置为 0；

如果第②步失败，指针将回到它的最初位置，且所有页的"使用位"都是 0。重复执行第①步、第②步，这样必然可以找到用于置换的页。

3. 驻留集管理策略

基于分页的虚拟内存方案在准备执行时无须把属于进程的所有页都一次性读入内存，由操作系统决定分配给特定进程的页框数量，通常采用两种页分配策略——固定分配策略和可变分配策略。

固定分配策略：操作系统为进程在内存中分配固定数目的页框，该数目是在最初加载时根据进程的类型或者需求确定的。对于固定分配策略，当进程的执行过程中发生缺页中断，该进程所需要的页面将加载进入内存，置换掉分配给该进程的某一页框。

可变分配策略：在某个进程的生命周期中，允许分配给该进程的页框数是动态变化的。若某进程的缺页率较高，则说明该进程中的局部性原理表现较弱，应该给此进程多分配一些页框以降低缺页率；而当缺页率特别低，则说明从局部性的角度看该进程的表现非常好，故可在不会明显增加缺页率的前提下减少分配给它的页框，以方便其他进程执行。

可变分配策略根据置换范围的不同，可以分为局部置换可变分配策略和全局置换可变分配策略两类，发生缺页中断时进行置换。某个进程因缺页进行局部置换时，被置换的页从该进程的驻留页中选择。而全局置换策略则是把内存中所有未被锁定的页框中的页都作为置换的候选页。一般来说，局部策略更易于分析，全局策略则实现简单、开销较小。

置换范围和驻留集大小之间有一定的联系，如表 3.2 所示。固定分配策略意味着使用局部置换策略：为保持驻留集的大小固定，从内存中移出的一页必须由同一进程的另一页面置换。可变分配策略可以采用全局置换策略：内存中某个进程的某一页面置换了另一进程的某一页，将导致前一进程的分配页面增加了一页，而被置换的另一进程的驻留集则减少一页。此外，可变分配和局部置换也是一种有效的组合，下面将分析这三种组合。

表 3.2　驻留集管理

分配策略	局部置换	全局置换
固定分配	• 分配给一个进程的页框数量是固定的； • 从分配给该进程的页框中选择被置换的页	• 无此方案
可变分配	• 分配给一个进程的页框数可以变化，用于保存该进程的工作集； • 从分配给该进程的页框中选择被置换的页	• 从内存中的所有可用页框中选择被置换的页，将导致进程驻留集大小不断变化

（1）固定分配、局部置换策略

这种情况下，分配给进程的页框数是固定的。当发生一次缺页中断时，操作系统必须从该进程的当前驻留页中选择一页用于置换，置换算法可以参考前面讲述过的常用算法。

（2）可变分配、全局置换策略

这种策略易于实现。在给定的任何时间段内，内存中都同时存储多个进程，每个进程都会分配到一定数目的页框，操作系统同时维护空闲页框列表。当发生一次缺页中断时，一个空闲页框被添加到进程的驻留集中，并且该页被读入。因此，发生缺页中断的进程的驻留集会逐渐增大，这将有助于减少系统中的缺页中断总量。

这种方法的难点在于置换页的选择。当没有空闲页框可用时，操作系统必须选择一个当前位于内存中的没有被锁定的页框进行置换。这时选用前面所讲述的任何一种置换算法，选择的置换页可以属于任何驻留进程，而没有任何原则用于确定哪些进程应该从它的驻留集中失去一页。因此，驻留集被减少的那个进程可能并不是最适合被置换的。

（3）可变分配、局部置换策略

此方法试图克服全局范围策略中的问题，虽然有一定的开销代价，但产生的性能更好，也更灵活公平。具体总结如下：

① 当一个新进程被载入内存时，根据应用类型、程序要求或其他原则，给它分配一定数目的页框作为其驻留集。使用预先分页或请求分页填满这些页框。

② 当发生一次缺页中断时，从产生缺页中断的进程的驻留集中选择一页用于置换。

③ 不时地重新评估进程的页框分配情况，增加或减少分配给它的页框，以提高整体性能。

在这个策略中，关于增加或减少驻留集的决定必须经过仔细衡量，并且要基于对活动进程将来可能的请求进行评估。可变分配、局部置换策略的关键要素是如何随着时间推移，根据缺页情况的变化来确定驻留集的大小，比较常见的是**工作集**策略。

工作集是指在某段时间间隔内，进程要访问的进程页的集合。基于局部性原理，可以用最近访问过的页面确定工作集。一般地，工作集 W 可由时间 t 和工作集窗口大小确定。进程中页面的访问次序如下：

$$1、\boxed{4、5、3、4、6}、7、9、1、1、\boxed{4、2、3、3、6}$$
$$\qquad\qquad t_1 \qquad\qquad\qquad\qquad\qquad t_2$$

假设工作集窗口大小为 5，则在 t_1 时刻，进程的工作集为 $\{3，4，5，6\}$，在 t_2 时刻，进程的工作集为 $\{2，3，4，6\}$。

实际应用中，工作集窗口会设置很大，即对局部性好的程序，工作集大小一般会比工作集窗口小很多。工作集反映了进程在近期很有可能被频繁访问的页面集合。若分配给进程的页框数太小，则该进程很可能频繁缺页，即发生抖动现象。为防止此现象出现，一般分配给进程的物理块数（驻留集大小）要大于工作集大小。

工作集模型的工作原理：操作系统跟踪进程的工作集，并为进程分配大于其工作集的物理块。在工作集中的页面需要调入驻留集中，而在工作集外的页面可从驻留集中换出。如果还有空闲的物理块，则载入一个进程至内存。如果所有进程的工作集之和超过了可用物理块总数，那么操作系统会挂起一个进程，将其页面调出并将物理块分配给其他进程，以防止抖动现象的出现。

4. 清除策略

清除策略用于确定何时将已经修改的一页写回外存。一般有两种方式：请求清除和预先清除，这两种方式都有各自适用场景和不足之处。

对于请求清除，需要先将已经被修改的页写回到磁盘，之后再读入新页。

这就意味着发生缺页中断的进程在解除阻塞之前必须等待两次磁盘和内存之间的页传送，可能降低处理器的利用率。

对于预先清除，即使还不需要置换这些页，也成批地把它们写回磁盘，可降低磁盘 I/O 开销。写回磁盘的页可能仍然留在内存中，直到页面置换算法指示它被移出。预先清除允许成批地写回页，但意义不大，因为大部分页常常会在被置换之前又被修改。磁盘的传送能力有限，不应该浪费在实际上不太需要的清除操作上。

一种比较好的方法是结合页缓冲技术，只清除可以用于置换的页，但去除了清除和置换操作之间的成对关系。页缓冲技术采用 FIFO 置换算法，被置换页可以放置在两个表中：修改表和未修改表。当选中一个置换页时，如果它被装入内存之后从未修改过，就放到未修改表的尾部，否则放到修改表的尾部；新装入的页被装入到未修改表的表首页框中；修改表中的页可以周期性地成批写出，并移到未修改表中。未修改表中的页或者因为被访问到而被回收，或者当它的页框分配给另一页时被淘汰。于是当置换了一个常用页时，该页被放在修改表或未修改表尾部，仍可以在内存中保留一段时间（页框内容不清空）。如果马上又用到该页，可以很快将该页从内存中回收，而无须从磁盘读出。

3.4　openEuler 的虚拟内存管理

3.4.1　openEuler 的虚拟内存地址空间

openEuler 虚拟地址空间被分成了用户空间、内核空间和不可访问空间，如图 3.26 所示。其中，用户空间、内核空间分别分布在地址空间的低位和高位，各拥有 512 GB 的存储空间，寻址范围分别为

0x0000_0000_0000_0000 ~ 0x0000_007F_FFFF_FFFF

0xFFFF_FF80_FFFF_FFFF ~ 0xFFFF_FFFF_FFFF_FFFF

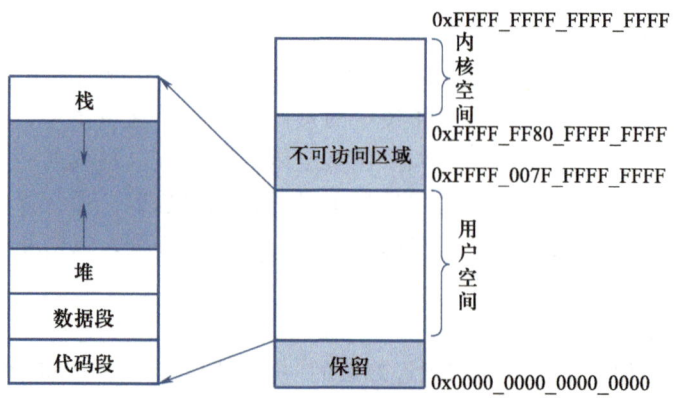

图 3.26　openEuler 操作系统的虚拟内存地址空间布局

用户空间包含了进程的所有内存状态。因编译时代码段和数据段的大小就已被确定，在运行时不会动态扩缩，它们被放置在低地址处。在程序运行时，由于栈和堆的大小会动态变化，它们被安排在高地址处，并约定栈向低地址方向增长，堆向高地址方向增长。

内核空间是操作系统内核运行的空间。为保证内核安全，现代操作系统常把内核空间和用户空间分开，并对用户空间和内核空间的访问作权限的控制。

openEuler 并没有使用 64 位虚拟地址空间的全部（通常使用 48 位或 39 位的虚拟地址空间）。因此，除用户空间与内核空间外，还存在一块未用区域，称为不可访问区域。当进程访问此区域时，硬件将触发一个异常。

3.4.2　openEuler 中的多级页表

ARMv8 架构最大支持 48 位虚拟地址，最大寻址 256 TB 的地址。操作系统通过配置寄存器 TCR_EL1 的字段 T0SZ 和字段 T1SZ 可指定实际使用的用户空间和内核空间的大小。在 39 位虚拟地址下，openEuler 可使用 3 级页表（页大小为 4 KB），或 2 级页表（页大小为 64 KB）管理内存映射关系。下面以 39 位虚拟地址、4 KB 页大小和 3 级页表为例，说明 openEuler 操作系统虚拟地址与物理地址的转换过程。

在 openEuler 中，各级页表的表项大小为 8 B，在 4 KB 页大小情况，每个页框可保存 512（4 KB/8 B=512）项记录。9 位可以覆盖一个页框保存的记录，因此每个页表单元索引或页目录索引占虚拟地址的 9 位，根据之前对多页目录结构的分析，可以得到如图 3.27 所示的虚拟地址结构，openEuler 采用了三级页表结构，其虚拟内存地址被分为 4 部分：L1 索引、L2 索引、L3 索引以及页内偏移量。

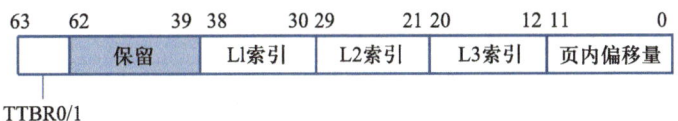

图 3.27　页大小为 4KB，39 位的虚拟地址结构

在 ARMv8 架构中，页表基址寄存器 TTBR0_EL1 和 TTBR1_EL1 分别保存当前用户空间和内核空间的页表基地址。配置用户空间与内核空间位宽为 39 位时，openEuler 的用户空间对应虚拟地址 bits［63：39］为 0，而内核空间的相应位为 1。因此，在 ARMv8 架构中，MMU 使用虚拟地址 bits ［63］决定是利用用户空间还是内核空间的访问，从而再选择相应的基址寄存器。

在地址转换过程中，MMU 将 Lx 索引的值 x 作为 x 级页表内的页内偏移，据此查询对应的 Lx 表项，得到下一级页表的基址。一级页表在 openEuler 中称为页全局目录（page global directory，PGD），其基址存储在 TTBR0/1_EL1

中。PGD 中保存的是表描述形式的页全局目录项（page global directory entry，PGDE），指向第二级的页表。第二级的页表在 openEuler 中称为页中间目录（page middle directory，PMD）。PMD 中表描述符形式的页中间目录项（page middle directory entry，PMDE），指向第三级页表。第三级页表在 openEuler 称为直接页表（page table，PT），PT 中的 PTE 记录了页框号。通过三级页表，查找并计算后，MMU 可以得到虚拟地址对应的物理地址。

3.4.3　openEuler 中页交换的实现

1. 页换出

当物理内存不足时，openEuler 处理页换出的流程如图 3.28 所示，具体步骤如下。

（1）交换分配空间块：调用函数 add_to_swap() 申请一个交换空间块。

（2）更新 PTE：调用函数 try_to_unmap() 找出页表中所有引用了待换出页的 PTE 地址，然后构造一个 swp_pte 格式的 PTE。因为 openEuler 支持多个交换空间，所以使用 bits［7：2］保存交换空间的编号，bits［57：8］保存被分配的交换空间的块偏移地址。最后调用函数 set_pte_at() 向记录该映射关系的 PTE 写入构造好的 swp_pte 项。

（3）将数据写入交换区：调用函数 bdev_write_page() 将页内容写入交换空间。

（4）释放内存页：将换出页后的页框重新加入空闲链表中。

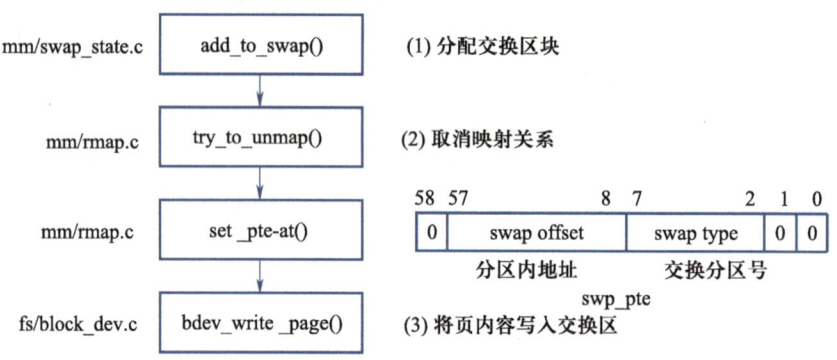

图 3.28　openEuler 的页换出处理流程

以上描述的页换出过程是：当系统中没有可供分配的空闲页框时，操作系统在内存分配函数中同步调用页回收过程，这个过程称为**同步内存回收**。除了同步内存回收过程之外，openEuler 还实现了**异步内存回收**过程：系统在运行时对内存进行周期性检查，当空闲页框数量下降到 page_low（操作系统定义的一个标准）以下时，系统将唤醒 kswap 进程来主动回收页。kswap 进程根据特定的页置换策略选择相应的页换出，页换出的实现与同步回收过程是一致的。

2. 页换入

当进程试图引用一个已被换出的页时，系统将会进行页的换入。但是，请求调页与从交换空间换入页都依赖于无效 PTE 导致的异常。这两种情况发生时，存储映射关系的 PTE 是有区别的。对于请求调页，当发生页错误时存储映射关系的 PTE 项，要么还没有分配内存，要么内容全部为 0（未初始化）；而对于交换空间中页的调入，PTE 记录并不全为 0。如上面所述的页换出过程，openEuler 在初始页错误时，将根据 PTE 记录的内容选择相应的操作。openEuler 对这两种情况的处理如图 3.29 所示。第 5 ~ 14 行代码对 PTE 可能存在的两种情况进行判断，即未分配内存或全为 0，若符合以上两种情况，则将 PTE 指针置为空；第 7 ~ 22 行代码根据 PTE 指针是否为空，分别选择不同的处理函数，包括匿名页错误、文件页错误以及交换空间换入页。

openEuler 对页换入的处理过程如图 3.30 所示，交换处理函数 do_swap_page() 将调用函数 swapin_readahead() 为待加载的块分配一个页，再调用函数 bdev_read_page() 将该块读入内存。之后，函数 do_swap_page() 调用 set_pte_at() 设置 PTE 以恢复映射关系，最后调用函数 swap_free() 释放交换空间中的块。

```
1.  //源文件：mm/memory.c
2.  static vm_fault_t handle_pte_fault( struct vm_fault *vmf) {
3.
4.     ...
5.        if (unlikely(pmd_none(* vmf→pmd))) {
6.             vmf→pte = NULL;
7.        }else{
8.            //由 PMD 获得虚拟地址对应的 PTE 的地址
9.             vmf→pte   =   pte_offset_map(vmf→pmd, vmf→address);
10.           vmf→ori_pte = *vmf→pet; //读出 PTE
11.
12.           if (pte_none(vmf→orig_pte)) {
13.               pte_numap(vmf→pte);
14.               Vmf→pte = NULL;
15.           }
16.       }
17.       if (!vmf→pte) {
18.           if ( vma_is_anonymous(vmf→vma))
19.               return do_anonymous_page(vmf); //处理匿名页
20.           else
21.               return do_fault(vmf); //处理文件页
22.       }
23.       if (!pte_present(vmf→orig_pte))
24.         return do_swap_page(vmf);   //从交换分区换入页
25.         ....
26.  }
```

图 3.29 函数 handle_pte_fault 分支处理

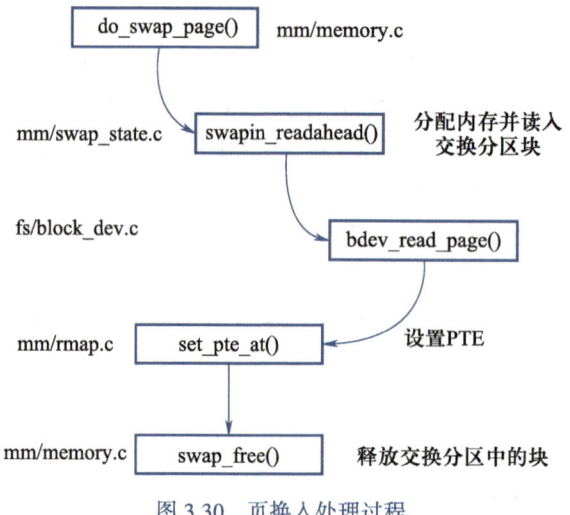

图 3.30　页换入处理过程

本章小结

本章从重定位、保护、共享、逻辑组织、物理组织等内存管理需求入手，首先，详细介绍了内存管理技术，包括固定分区、动态分区、伙伴系统、简单分页机制、简单分段机制等，分析了这些内存管理技术的优缺点，逻辑地址向物理地址转换的详细过程及相应的支撑硬件。其次，详细介绍虚拟内存方案的相关内容。具体包括虚拟内存机制的内存分配、虚拟内存方案得以实现的原因、基于分页 / 分段的虚拟内存方案、置换算法、分配及清除策略等。最后，简单介绍了 openEuler 的内存管理知识。

习题

一、简答题

1. 为什么需要重定位进程？
2. 页和页框之间有什么区别？
3. 请解释什么是抖动？
4. 转换检测缓冲区的目的是什么？
5. 驻留集和工作集有什么区别？

二、应用题

1. 假设使用动态分区，下图是经过数次放置和换出操作后的内存格局。内存地址从左到右增长，灰色区域是分配给进程的内存块，白色区域是可用内存块。空闲块分配总是从左到右（从低地址端到高地址端）。最后放置的进程 A 大小为 2 MB，用 X 标记。此后仅换出了一个进程 B。

4 MB		1MB	X	5 MB		8 MB		2 MB		4 MB		3 MB	

（1）换出的进程 B 大小是多少？

（2）从一个空闲块 K 中，分配 2 MB 给进程 A，那么分配之前，空闲块 K 的大小是多少？

（3）下一个内存需求大小为 3 MB。在使用最佳适配 / 首次适配 / 下次适配 / 最差适配的情况下，分别在图上标记出分配的内存区域。

2. 一个 1 MB 的内存块使用伙伴系统来分配内存。请画出类似图 3.5 的图来表示如下序列的结果：A：请求 70；B：请求 35；C：请求 80；释放 A；D：请求 60；释放 B；释放 D；释放 C。

3. 在一个简单分段系统中，包含如下段表：

段号	起始地址	长度(字节)
0	660	248
1	1752	422
2	222	198
3	996	604

对下面的每个逻辑地址，确定其对应的物理地址或者说明段错误是否会发生。

（1）(0，198) （2）(2，156) （3）(1，530) （4）(3，444) （5）(0，222)

4. 页式存储管理系统中，某进程页表如下。已知页面大小为 1024 字节，问逻辑地址 600，2700，4000 所对应的物理地址各是多少？

页号	页框号
0	7
1	3
2	5

5. 假设为一个进程分配三个页框，考虑如下的页访问序列：7，0，1，2，0，3，0，4，2，3，0，3，2，请画图说明 FIFO、LRU、最佳置换算法这三种算法的页框的分配情况，并对每种置换算法计算缺页中断次数和缺页率。

6. 考虑一个使用单级页表的分页系统。假设所需的页表总在内存中。

（1）如果一次物理内存访问耗时 200 ns，那么一次逻辑地址访问耗时多少？

（2）现在添加一个 MMU（MMU 中有 TLB），对每次命中或缺页 MMU 造成 20 ns 开销。假设 85% 的内存访问都命中 MMU TLB，有效访问时间（EMAT）是多少？

（3）解释 TLB 命中率是如何影响 EMAT 的？

7. 请求分页管理系统中，假设某程序的页表内容如下表所示。

页号	页框（Page Frame）号	有效位（存在位）
0	101H	1
1	—	0
2	254H	1

页面大小为 4 KB，一次内存的访问时间是 100 ns，一次快表（TLB）的访问时间是 10 ns，处理一次缺页的平均时间为 10^8 ns（已含更新 TLB 和页表的时间），进程的驻留集大小固定为 2，采用最近最少使用置换算法（LRU）和局部淘汰策略。假设：① TLB 初始为空；② 地址转换时先访问 TLB，若 TLB 未命中，再访问页表（忽略访问页表后的 TLB 更新时间）；③ 有效位为 0 表示页面不在内存，产生缺页中断，缺页中断处理后，返回到产生缺页中断的指令处重新执行。设有虚地址访问序列 2362H、1565H、25A5H，请问：

（1）依次访问上述三个虚地址，各需多少时间？给出计算过程。

（2）基于上述访问序列，虚地址 1565H 的物理地址是多少？请说明理由。

8. 设某计算机的逻辑地址空间和物理地址空间均为 64 KB，按字节编址。若某进程最多需要 6 页（Page）数据存储空间，页的大小为 1 KB，操作系统采用固定分配局部置换策略为此进程分配 4 个页框（page frame），见下表。在载入时刻 260 前，该进程的访问情况见下表（访问位即使用位）。

页号	页框号	载入时刻	访问位
0	7	130	1
1	4	230	1
2	2	200	1
3	9	160	1

当该进程执行到时刻 260 时，要访问逻辑地址为 17CAH 的数据。回答下列问题：

（1）该逻辑地址对应的页号是多少？

（2）若采用先进先出（FIFO）置换算法，则该逻辑地址对应的物理地址是多少？要求给出计算过程。若采用时钟（clock）置换算法，则该逻辑地址对应的物理地址是多少？要求给出计算过程。设搜索下一页的指针沿顺时针方向移动，且当前指向 2 号页框，如下图所示。

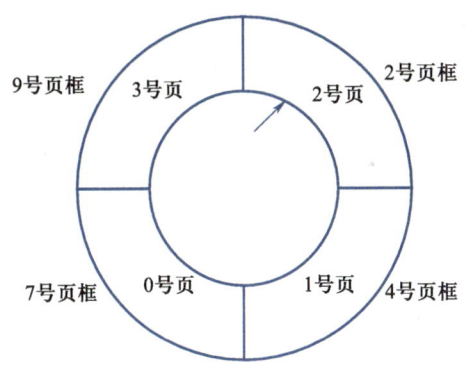

9. 某请求分页系统的页面置换策略如下：从 0 时刻开始扫描，每隔 5 个时间单位扫描一轮驻留集（扫描时间忽略不计）且本轮未被访问过的页框将被系统回收，并放入空闲页框链尾，其中内容在下一次分配之前不清空，当发生缺页时，若该页曾被使用过且还在空闲页链表中，则重新放回进程的驻留集中；否则，从空闲页框链表头部取出一个页框。

忽略其他进程的影响和系统开销、初始时进程驻留集为空，目前系统空闲页的页框号依次为 32，15，21，41。进程 P 依次访问的 <虚拟页号，访问时刻> 为 <1，1>，<3，2>，<0，4>，<0，6>，<1，11>，<0，13>，<2，14>。请回答下列问题：

（1）当虚拟页为 <0，4> 时，对应的页框号是什么？

（2）当虚拟页为 <1，11> 时，对应的页框号是什么？说明理由。

（3）当虚拟页为 <2，14> 时，对应的页框号是什么？说明理由。

（4）这种方法是否适合时间局部性好的程序？说明理由。

10. 某计算机系统按字节编址、采用二级页表的分页存储管理方式、虚拟地址格式如下所示：

页目录号	页表索引	页内偏移量
10 位	10 位	12 位

请回答下列问题：

（1）页和页框的大小各为多少字节？进程的虚拟地址空间大小为多少页？

（2）若页目录项和页表项均占 4 B，则进程的页目录和页表共占多少页？写出计算过程。

（3）若某指令周期内访问的虚拟地址为 01000000H 和 0111204811，则进行地址转换时共访问多少个二级页表？说明理由。

11. 某计算机采用页式虚拟存储管理方式，按字节编址，处理器进行存储访问的过程如下图所示，回答下列问题：

（1）某虚拟地址对应的页目录号为 6，在相应的页表中对应的页号为 6，页内偏移量为 8，该虚拟地址的十六进制表示是什么？

（2）寄存器 PDBR 用于保存当前进程的页目录起始地址，该地址是物理地址还是虚拟地址？进程切换时，PDBR 的内容是否会变化？说明理由。同一进程的线程切换时，PDBR 的内容是否会变化？说明理由。

（3）为了支持改进型 CLOCK 置换算法，需要在页表项中设置哪些字段？

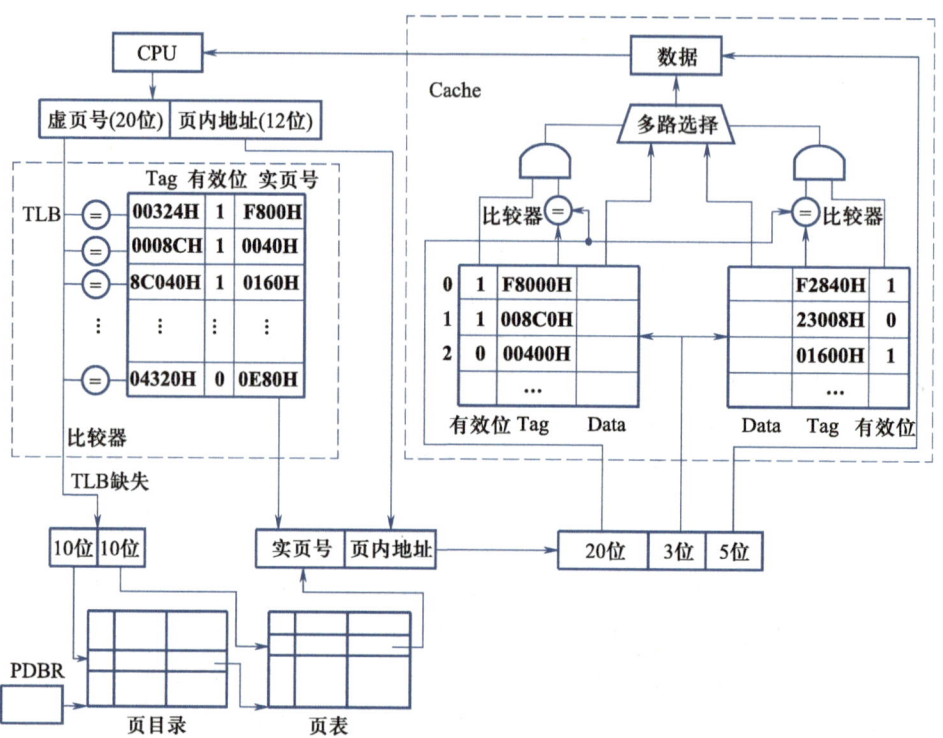

12. 某 32 位系统采用基于二级页表的请求分页存储管理方式，按字节编址，页目录项和页表项长度均为 4 字节，虚拟地址结构如下所示。

页目录号（10 位）	页号（10 位）	页内偏移量（12 位）

某 C 程序中数组 a［1024］［1024］的起始虚拟地址为 1080 0000H，数组元素占 4 字节，该程序运行时，其进程的页目录起始物理地址为 0020 1000H，请回答下列问题。

（1）数组元素［1］［2］的虚拟地址是什么？对应的页目录号和页号分别是什么？对应的页目录项的物理地址是什么？若该目录项中存放的页框号为 00301H，则 a［1］［2］所在页对应的页表项的物理地址是什么？

（2）数组 a 在虚拟地址空间中所占的区域是否必须连续？在物理地址空间中所占的区域是否必须连续？

第 4 章　处理器调度管理

本章要点：

理解三种类型的处理器调度以及它们之间的联系，了解操作系统中处理器调度的主要性能指标，重点掌握单处理器系统中的调度算法，以及多核处理器系统和实时系统中调度算法的特点，了解 openEuler 中处理器调度的实现技术。

本章导图：

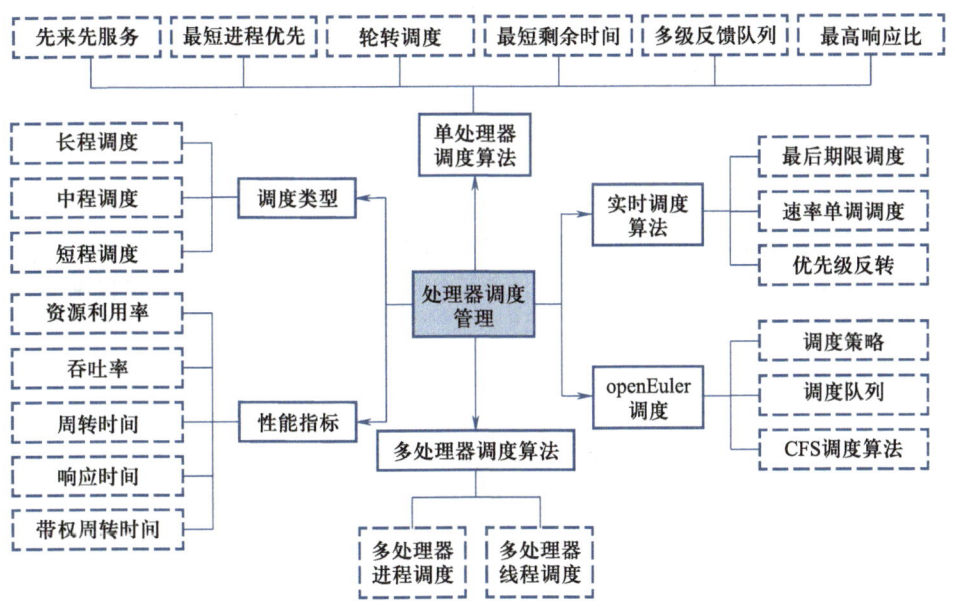

在多道程序设计系统中，内存存储多个并发执行的进程。但 CPU 资源有限，操作系统需要合理安排这些进程的执行顺序，使其轮流占用 CPU 资源。因此，调度的本质是一种资源分配，调度程序根据调度算法对处理器进行分配。目前，已经有多种调度算法被设计出来，衡量调度算法性能优劣有不同的性能指标，适于某一应用场景的调度算法将侧重于某个指标。在多核处理器系统和实时系统下，进行处理器调度时的考虑因素却与单处理器系统和分时系统中的考虑因素有差异。

本章将介绍三种类型的处理器调度以及它们之间的联系、操作系统中处理器调度的主要性能指标和调度算法、多核处理器系统和实时系统中调度算法的特点，以及 openEuler 中处理器调度的实现技术。

4.1　处理器调度

在操作系统的演化过程中，批处理系统是最早的操作系统类型。批处理系统中的计算任务称为作业，一个作业在其生命周期中，将顺序进入以下四种状态：输入状态、后备状态、执行状态和完成状态。

（1）输入状态：作业正在进行预输入，将数据输入磁盘的输入井中，使进程能使用 I/O 重定向技术从输入井中获取数据。结合同样利用 I/O 重定向实现的缓输出技术，输入 / 输出重定向到磁盘输入井 / 输出井后可以加快进程在内存中的运行。

（2）后备状态：作业预输入结束，提交并排入磁盘的后备作业队列等待，但尚未进入内存，不构成进程运行。

（3）执行状态：作业进入内存，成为进程并执行。执行过程中进程可在就绪、运行、阻塞三种状态之间切换。

（4）完成状态：作业已运行结束。但可能在磁盘的输出井中尚有部分缓输出数据，等待慢速外设输出。

4.1.1　调度类型

典型的处理器调度有三种类型或者层次：长程调度、短程调度和中程调度。一个批处理作业从提交到进入内存被执行，直至运行完毕退出系统，需要经历三级处理器调度。而一个分时任务或实时任务，则只需要经历短程调度和中程调度。

单处理器调度的三个层次

1. 长程调度

长程调度又称作业调度、高级调度，其调度对象是作业，主要功能是决定将后备作业队列中的哪几个作业调入内存，为它们创建进程，分配必要资源，并放入就绪进程队列。长程调度负责控制系统的并发度，内存中进程越多，每个进程所获得的处理器执行时间百分比就越小。为了给当前进程集提供高效的服务，系统并发度不宜太高。当一个作业被终止或者处理器空闲时间超过一定阈值时，则启动长程调度程序选择一个或多个作业进入内存。

长程调度程序的执行不频繁，调度原则可包括作业到达顺序、优先级、预计执行时间、组合 CPU 密集型和 I/O 密集型作业、组合不同 I/O 需求的作业等，进而平衡系统资源的使用。

长程调度主要用于多道批处理系统中，而在分时系统和实时系统中，操作系统将立即接受用户创建进程的所有请求，直到系统饱和。系统饱和时将拒绝终端连接或创建命令窗口，用户请求被忽略并要求用户重新尝试，因此不设置长程调度。

2. 中程调度

中程调度又称中级调度、平衡负载调度。根据系统并发度的要求，完成外存和内存中的进程对调，是交换功能的一部分。为了提高内存利用率和系统吞吐率，当内存资源紧张时，中程调度程序选择一些低优先级的就绪进程或阻塞进程换出到外存交换区，使之处于挂起状态，不参与短程调度并让出部分内存给其他进程。当内存资源充足且进程具备运行条件时，再将这些进程重新调入内存。

3. 短程调度

短程调度又称进程调度、低级调度，其调度对象是进程。在支持内核级线程的操作系统中，调度基本单位是内核级线程，而不是进程。但从处理器调度角度而言，进程调度和内核级线程调度差别不大，所以在本章描述中仅以进程调度为例。

短程调度主要功能是调度程序（分派器）根据调度算法选择一个新的就绪进程，使之占用处理器运行。引起短程调度的时机可以是：正在执行的当前进程运行完毕、当前进程调用阻塞原语进入阻塞状态、当前进程因资源不足而被阻塞、当前进程提出 I/O 请求而被阻塞、分时系统中当前进程的时间片已经用完、某就绪进程的优先级已高于当前进程的优先级等。

短程调度是最核心的一种调度，在多道批处理、分时系统和实时系统中都必须配置短程调度。短程调度的执行频率非常高。例如，分时系统中通常 10 ~ 100 ms 便需进行一次短程调度，其调度策略的优劣及自身耗时将直接影响操作系统性能。因此，这部分内核代码不能太复杂，需精心设计且常驻内存。

图 4.1 是结合了不同调度层次的进程状态转换图。图 4.2 给出了进程状态转换过程中所涉及的队列。

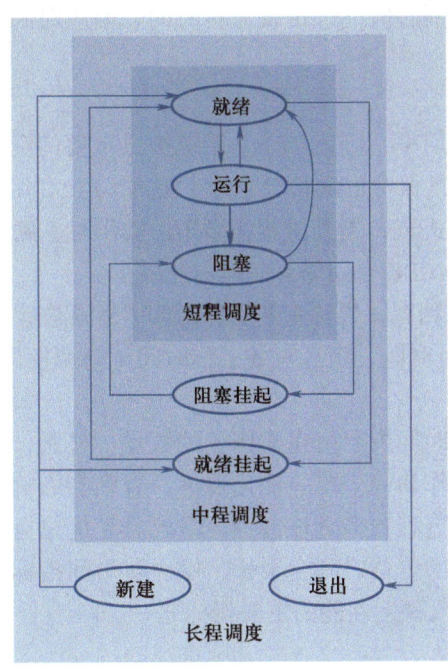

图 4.1　不同调度层次的进程状态转换

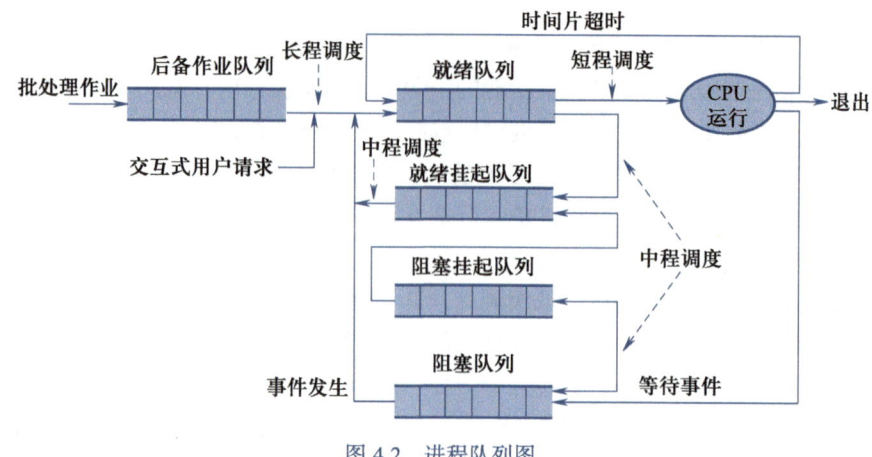

图 4.2　进程队列图

4.1.2　调度算法的性能指标

短程调度算法的性能指标

在设计调度算法时，不同操作系统类型所侧重的性能指标有所不同。在批处理系统中，不需要与用户交互，故对响应时间没有要求，但希望资源利用率越高越好，系统每小时能完成的作业数量越多越好，作业完成的时间越短越好；在分时系统中，用户希望交互行为的响应越快越好，不在意资源利用率；实时系统关心的是保证实时任务满足截止时间的要求，不看重资源利用率和用户交互。

以下是衡量调度算法性能的六个主要指标，其中资源利用率和吞吐率是面向系统的性能指标，周转时间、带权周转时间、响应时间及最后期限是面向用户的性能指标。

1. 资源利用率

为了提高资源利用率，应让 CPU（系统中最重要的资源）和其他各种资源尽可能并行工作，尽量保持忙碌状态。为了提高 CPU 利用率，多道程序设计技术在内存中加载多个进程，当前进程需要 I/O 操作时，则调度另外一个进程去占用 CPU 执行，使得 CPU 空闲等待时间占比减少。

$$资源利用率 = 资源有效工作时间 / 资源总运行时间$$
$$资源总运行时间 = 资源有效工作时间 + 资源空闲等待时间$$

2. 吞吐率

吞吐率是指单位时间内系统完成作业的数量。显然，它取决于作业的平均执行长度，因此不应作为一个单一优化目标，否则会影响到其他性能指标。例如，系统中有多个短进程和多个长进程，系统总是优先运行短进程的确可以提高吞吐率，但长进程的等待时间会很长，使周转时间指标和用户体验下降。吞吐率是批处理系统衡量调度性能的重要指标之一。

3. 周转时间

周转时间是指一个作业从提交到完成之间的时间间隔。实际上这是一个作业的完整生命周期，包括 4 部分时间：作业在外存后备作业队列上等待作业调度的时间、进程在就绪队列上等待进程调度的时间、进程在 CPU 上累计执行时间以及进程在阻塞队列上等待资源或 I/O 操作完成的时间。其中，进程在 CPU 上的执行时间称为**服务时间**，其余 3 项合称为**等待时间**。对于系统而言，多个作业的周转时间平均值，即**平均周转时间**，越短越好。

$$周转时间 = 服务时间 + 等待时间$$

4. 带权周转时间

带权周转时间是作业的周转时间与系统为它提供服务时间的比值，它描述了在作业生命周期中服务时间和等待时间的比例。显然，带权周转时间是一个没有时间单位的数值，且最小值是 1。例如，某个作业 / 进程的带权周转时间是 1，那么意味着在它的生命周期中，没有任何等待，全部都是在 CPU 上执行获取系统服务；另一个作业 / 进程的带权周转时间是 2，那么意味着它等待了 1 份时间，也运行了 1 份时间。如果带权周转时间是 10，那么意味着这个作业 / 进程 90% 的时间是在等待，只有 10% 的时间是在 CPU 运行。因此，平均带权周转时间越小越好，但最低是 1。

$$带权周转时间 = 周转时间 / 服务时间 =（服务时间 + 等待时间）/ 服务时间$$

5. 响应时间

响应时间是指交互式用户从提交服务请求（命令）到请求首次被响应之间的时间间隔，是分时系统衡量调度性能的重要指标之一。分时系统会试图实现较短的响应时间，并在可接受的响应时间范围内，使被服务的交互用户数量尽量多。

6. 最后期限

最后期限是指一个实时任务必须开始处理或处理完毕的最迟时间。对于实时系统而言，调度算法的主要目标是保证尽量多实时任务的截止最后期限要求，甚至为此可以降低其他目标，例如牺牲资源利用率。

除以上定量指标外，进程调度策略的性能指标还包括一些定性的性能指标，如**公平性**（进程被平等对待，没有进程长期得不到调度而处于饥饿状态）、**可预测性**（不同系统负载下，进程执行时间相对稳定）、**资源平衡**（系统所有资源处于忙状态）等。

4.1.3 进程调度策略

根据不同的性能评判目标，提出了很多种进程调度算法，采用的调度策略可以分为两类：**抢占式调度**和**非抢占式调度**。

1. 抢占式调度

当前进程正在处理器上被执行，操作系统中的调度器可以根据实际需求和既定原则，剥夺其处理器所有权并将其转换为就绪态，然后调度另外一个就绪进程到处理器上运行。因此，"抢占"不是随机任意的行为。

常用的抢占原则有两种：一是优先级原则，即允许优先级高的新就绪进程抢占优先级低的当前进程的处理器；二是时间片原则，即各就绪进程按时间片轮转运行时，当前进程时间片超时后将被抢占，将处理器让给下一个就绪进程运行。

2. 非抢占式调度

一旦调度某个进程到处理器上执行，则当前进程将一直运行下去，直至其运行完毕或因发生某事件而被阻塞不能继续运行时，才再次调度并分配处理器。

非抢占式调度策略实现起来较简单，适用于批处理系统。抢占式调度策略虽然实现稍复杂，开销较大，但能为进程提供较好的服务。在现代操作系统中广泛采用抢占式调度，可以防止一个长进程长时间占用处理器，能够实现较快的响应速度，满足分时进程的交互需求。对于实时系统，特别是硬实时系统，抢占式调度是必须的，否则无法保证紧迫性高的实时任务的最后期限要求。

4.2　单处理器调度算法

在描述各种调度算法时，使用表 4.1 中的进程集作为运行实例。有些调度算法既适用于长程调度，也适用于短程调度，所以表 4.1 中的进程既可以视为批处理作业，也可以视为进程。为了简化讨论，忽略调度进程的系统开销，并假设各进程均是计算型任务，不涉及 I/O 操作，服务时间就是进程自身所需要的处理器运行时间（单位时间，如 ms）。

表 4.1　示例进程集

进程	到达时刻	服务时间
A	0	3
B	2	6
C	4	4
D	6	5
E	8	2

4.2.1　先来先服务算法

先来先服务
调度算法

先来先服务（first come first served，FCFS）算法是最简单的非抢占式调度算法，既可用于作业调度，也可用于进程调度。新作业提交时放在后备作业队列尾；新进程到达时放在就绪队列尾。先来先服务算法总是调度最先进入后备作业队列/就绪队列的队首作业/进程，直至运行完或阻塞时，再重新调度。

先来先服务算法实现简单，但效率不高。它只考虑了作业/进程的到达顺序，而没有考虑作业/进程要求服务时间的长短，因此先来先服务算法不利于短进程，而优待了长进程。为了等待先来的长进程执行完毕，短进程的等待时间会很长，周转时间和带权周转时间都会变大。先来先服务算法的另一个偏好是利于 CPU 密集型进程而不利于 I/O 密集型进程。因为它是非抢占式调度，CPU 密集型进程一旦占用处理器可长时间运行直至运行完毕，而 I/O 密集型进程在 I/O 结束后排入就绪队列，等待许久后终于被调度运行。在此期间，I/O 设备未得到充分利用，但很快又再次发生 I/O 阻塞，因此 I/O 密集型进程的周转时间被大幅延长，且降低了系统的吞吐率和资源利用率。

在单处理器系统中，先来先服务算法已经很少作为主调度算法使用，但通常会与其他调度算法结合使用，如与优先级策略结合，为每个优先级设置一条就绪队列，每条队列中的进程具有同样优先权，可采用先来先服务方式调度。

对示例进程集应用先来先服务算法，得到的调度轨迹和性能指标计算如下：

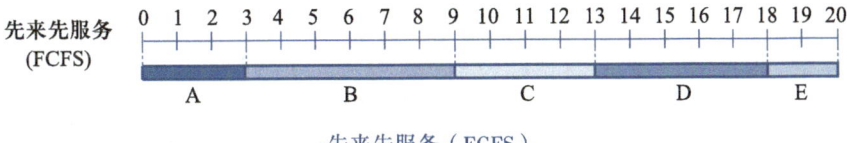

先来先服务（FCFS）

进程	到达时刻	服务时间	开始时间	结束时间	周转时间	带权周转时间
A	0	3	0	3	3	1.00
B	2	6	3	9	7	1.17
C	4	4	9	13	9	2.25
D	6	5	13	18	12	2.40
E	8	2	18	20	12	6.00
平均值					8.60	2.56

4.2.2 最短进程优先算法

最短进程优先调度算法（shortest process next，SPN）是在当前时刻已就绪的进程中，优先调度"预计运行时间"最短的进程，直至其运行完或阻塞时，再重新调度。它是非抢占式调度，预估每个进程或作业的运行时间之后，可用于进程调度，也可用于作业调度，用于作业调度时也称为最短作业优先算法（shortest job first，SJF）。显然，最短进程优先算法不利于长进程和紧迫性任务的处理，可能导致长进程长时间等待甚至饥饿（starvation），紧迫性任务也不能保证被及时处理。

最短进程优先调度算法

对示例进程集应用最短进程优先算法，得到的调度轨迹和性能指标计算如下：

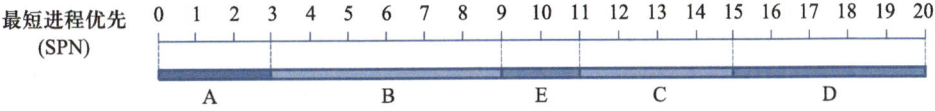

最短进程优先（SPN）

进程	到达时刻	服务时间	开始时间	结束时间	周转时间	带权周转时间
A	0	3	0	3	3	1.00
B	2	6	3	9	7	1.17
C	4	4	11	15	11	2.75
D	6	5	15	20	14	2.80
E	8	2	9	11	3	1.50
平均值					7.60	1.84

可以证明，对于给定的一组进程，SPN 算法的进程平均等待时间最小，但困难在于如何预知进程执行时间的长度。对于一个实际进程的运行过程而言，可以看作是一个"CPU 执行—I/O—CPU 执行—I/O"的不断交替过程。如果要将 SPN 算法实际应用于进程调度，问题可以转化为预测"下一次 CPU 执行用时"，即下一次进程被连续执行的时间长度，则算法将优先调度下一次 CPU 执行用时最短的进程。可以采用简单平均法，即记录每次 CPU 执行用时的长度 t_i，取前 n 次 CPU 用时的平均值作为第 $n+1$ 次 CPU 用时的预测值 T_{n+1}：

$$T_{n+1} = \frac{1}{n} \sum_{i=1}^{n} t_i = \frac{1}{n} t_n + \frac{n-1}{n} T_n$$

一种基于过去值的时间序列预测将来值的常用技术是**指数平均法**，它比简单平均法更加拟合实际观测值。设 t_n 表示第 n 次 CPU 执行用时的实际观测值，T_{n+1} 表示第 $n+1$ 次 CPU 执行用时的预测值，α 是一个常数权重因子（$0 < \alpha < 1$），可取 $\alpha = 0.5$。初始值 T_0 可定义为常量或取系统的总体平均值，则 T_{n+1} 为

$$T_{n+1} = \alpha t_n + (1-\alpha) T_n$$

图 4.3 是一个指数平均法预测 CPU 执行用时的例子，取 $T_0 = 8$。

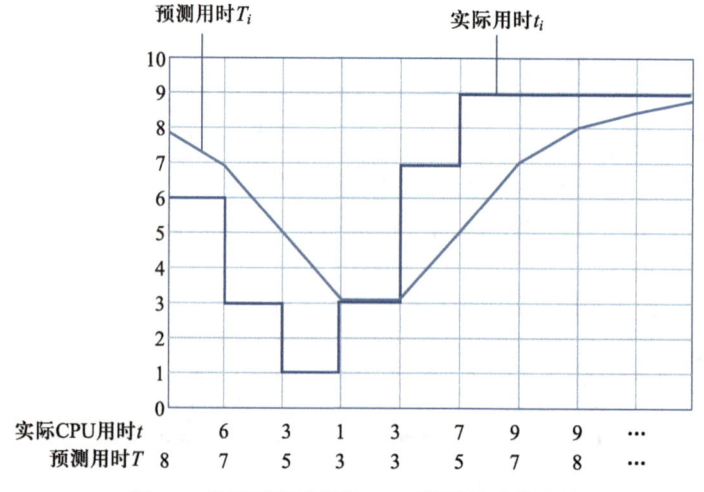

图 4.3　指数平均法预测 CPU 执行用时的过程

4.2.3 最短剩余时间算法

最短剩余时间算法（shortest remaining time，SRT）在 SPN 中加入了抢占机制。一个新进程进入就绪队列时，若新进程的预计运行时间比当前进程的剩余运行时间更短，则抢占当前进程。

从平均周转时间和平均带权周转时间指标看，SRT 的性能要好于 SPN。因为即使一个长进程正在运行，新到达的短进程也可能立即被调度，进而缩短了它的周转时间和带权周转时间。

对示例进程集应用最短剩余时间算法，得到的调度轨迹和性能指标计算如下：

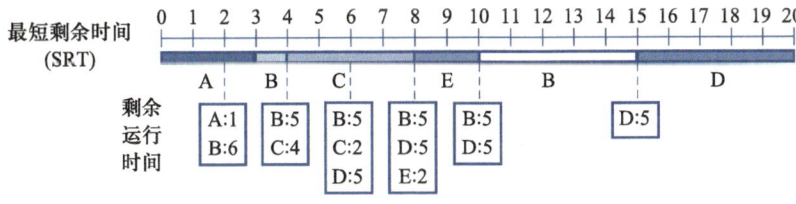

最短剩余时间（SRT）

进程	到达时刻	服务时间	结束时间	周转时间	带权周转时间
A	0	3	3	3	1.00
B	2	6	15	13	2.17
C	4	4	8	4	1.00
D	6	5	20	14	2.80
E	8	2	10	2	1.00
平均值				7.20	1.59

4.2.4 轮转调度算法

轮转调度算法（round robin，RR）也称为时间片轮转调度，采用基于时间片的抢占式调度策略，是分时系统中应用最广泛的一种调度算法。将分时进程按 FIFO 顺序排入就绪队列，并确定一个时间片（time slice）的长度。每个进程可运行一个时间片，时间片结束称为超时，此时将强迫当前进程让出处理器，并被放置到就绪队列末尾，然后调度就绪队列队首进程到处理器上运行一个时间片，如此轮流运行。如果当前进程发生阻塞或结束运行，而时间片尚未结束，则调度程序立即调度下一个就绪进程。

对示例进程集应用轮转调度算法，时间片 q 分别为 1 个和 4 个时间单位时，得到的调度轨迹和性能指标计算如下：

轮转调度算法

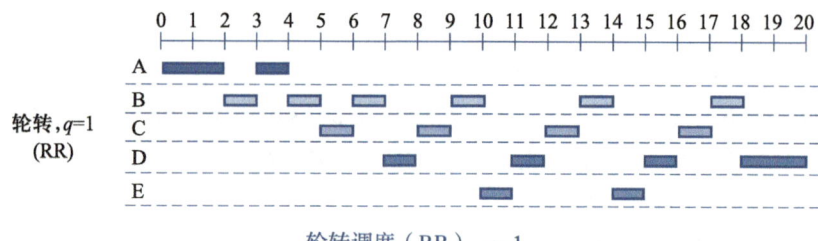

轮转,q=1 (RR)

轮转调度（RR），q=1

进程	到达时刻	服务时间	结束时间	周转时间	带权周转时间
A	0	3	4	4	1.33
B	2	6	18	16	2.67
C	4	4	17	13	3.25
D	6	5	20	14	2.80
E	8	2	15	7	3.50
平均值				10.80	2.71

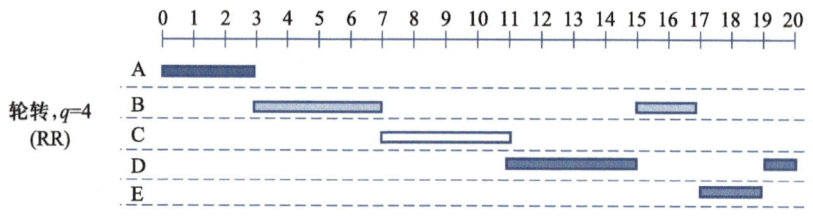

轮转,q=4 (RR)

轮转调度（RR），q=4

进程	到达时刻	服务时间	结束时间	周转时间	带权周转时间
A	0	3	3	3	1.00
B	2	6	17	15	2.50
C	4	4	11	7	1.75
D	6	5	20	14	2.80
E	8	2	19	11	5.50
平均值				10.00	2.71

以此为例观察就绪队列的变化。当 $q=4$ 时，时刻 7 时，进程 B 时间片超时排入就绪队列尾，此时就绪队列内的进程顺序是 C—D—B，运行调度进程 C；时刻 11 时，就绪队列内的进程顺序是 D—B—E。相对地，当 $q=1$ 时，时刻 8 时的就绪队列是 C—B—E—D。可以看到，虽然轮转调度算法的周转时间和带权周转时间很长，但分时进程得到响应的速度会很快。

轮转调度算法的性能很大程度上依赖于时间片的长度。如果时间片很大，那么可能会退化为先来先服务算法；但如果时间片太短，则进程调度和上下文切换频繁，系统开销会比较大。另外，不同的操作系统可以采用固定长度时间片，也可以采用可变长度时间片。可变长度时间片比较灵活，可以根据现在就绪进程数目、进程优先级甚至进程的不同阶段规定不同长度的时间片。例如，允许的系统响应时间是 T，当前就绪进程数目是 N，则时间片长度 Q 可以确定为 T/N。随着 N 的变多或变少，Q 也随之变化，但总能满足响应时间 T 的要求。

一般地，时间片应略大于一次典型的交互所需要的时间，使大多数进程的一次交互能在一个时间片内完成，获得很小的响应时间。图 4.4 显示了时间片长短对响应时间的影响。

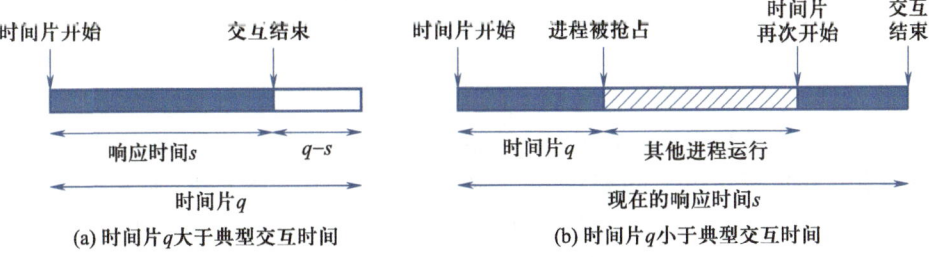

图 4.4 时间片大小对响应时间的影响

轮转调度算法对 CPU 密集型进程和 I/O 密集型进程的处理有失公平。一般地，CPU 密集型进程可以"享用"完一个完整时间片，而如果一个 I/O 密集型进程在时间片尚未超时时就提出 I/O，那么它将被阻塞，而剩余时间片将"作废"。对轮转法的一个改进是设置一个 FCFS 辅助就绪队列，其优先级高于主就绪队列。解除 I/O 阻塞的进程被排入这个辅助就绪队列，可优先被调度，但运行时间不长于基本时间片减去其上次在主就绪队列中被选择运行的总时间（剩余时间片）。这种被称为"虚拟轮转法"的改进方法在公平性方面优于轮转法。

4.2.5 多级反馈队列算法

多级反馈队列算法（multilevel feedback queue scheduling，MFQS）采用的是基于时间片抢占的动态优先级调度。按优先级设置若干就绪队列 $RQ_0 \sim RQ_n$，RQ_0 优先级最高，RQ_1、RQ_2、RQ_3、…、RQ_n 的优先级依次降低，如图 4.5 所示。优先级越高的队列，其时间片越小。例如，第 $i+1$ 个队列的时间片要比第 i 个队列的时间片长 1 倍。除 RQ_n 队列是按轮转法调度外，其他各级队列均按 FCFS 调度。要注意的是，这里的"FCFS 调度"仅指进程在这些就绪队列中按先来后到的顺序排队，但只是运行完一个时间片后就被降级，而不是让进程一直运行到结束。

一个新进程首次进入系统时，会放在优先级最高的 RQ_0 中。当执行进程在

多级反馈队列算法

一个时间片结束时尚未运行完毕时，则调度程序将其转入下一级队列 RQ_1 的末尾。如果它从 RQ_1 队列被调度运行一个时间片后仍未完成，则放入 RQ_2 队列末尾，以此类推，直到降到最后一级队列 RQ_n，之后在队列 RQ_n 中轮转式调度至运行完毕。系统总是首先调度优先级最高的队列中的进程，只有当高优先级队列均无进程就绪时才调度低优先级队列中的进程。

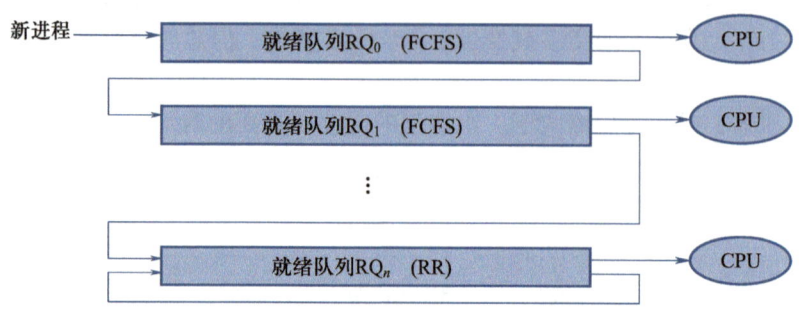

图 4.5　多级反馈队列示意

多级反馈队列算法具有较好的性能，能满足各类任务的需要。对交互式分时进程，系统可在高优先级队列规定的时间片内让其开始处理，使用户及时得到响应；对短批处理作业，通常在前面高级、中级队列中即可处理完毕，周转时间仍然较短；对长批处理作业，即使降到最后一级队列，其时间片也较长，不至于长期得不到执行而饥饿。现代操作系统的多级反馈队列数量非常多，可以设置多达 128 个。

设从就绪队列 RQ_i 中调度的进程可执行的时间片是 $q=2^i$ 个单位时间，对示例进程集应用多级反馈队列算法，得到的调度轨迹和性能指标计算如下：

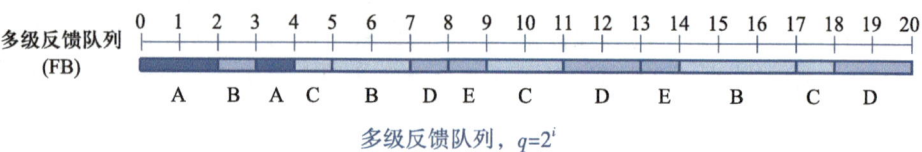

多级反馈队列，$q=2^i$

进程	到达时刻	服务时间	结束时间	周转时间	带权周转时间
A	0	3	4	4	1.33
B	2	6	17	15	2.50
C	4	4	18	14	3.50
D	6	5	20	14	2.80
E	8	2	14	6	3.00
平均值				10.60	2.63

注意：进程进入哪个就绪队列以及调度时从哪个就绪队列中选择进程。例如，时刻 3 时，队列 RQ_0 为空，RQ_1 中进程顺序是 A—B；时刻 9 时，RQ_1 中进

程顺序是 C—D—E；时刻 14 时，队列 RQ₀、RQ₁ 为空，RQ₂ 中进程顺序是 B—C—D。

4.2.6 最高响应比优先算法

最高响应比优先算法（highest response ratio next，HRRN）是非抢占式调度，在当前进程运行或阻塞时发生调度。每次调度前，计算所有就绪进程的响应比，高者优先。

响应比 = 周转时间 / 服务时间 =（等待时间 + 服务时间）/ 服务时间

最高响应比优先算法综合了 FCFS 和 SPN 算法，既考虑了进程的等待时间，又考虑了进程的运行时间，优先调度等待时间久的（来得早的）和运行时间短的进程。实际上，响应比就是一个进程在某一时刻的带权周转时间。

对示例进程集应用最高响应比优先算法，得到的调度轨迹和性能指标计算如下：

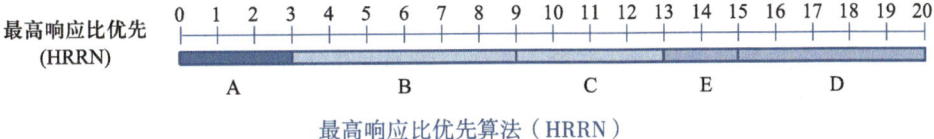

最高响应比优先算法（HRRN）

进程	到达时刻	服务时间	结束时间	周转时间	带权周转时间
A	0	3	3	3	1.00
B	2	6	9	7	1.17
C	4	4	13	9	2.25
D	6	5	20	14	2.80
E	8	2	15	7	3.50
平均值				8.00	2.14

每次调度前，要重新计算所有就绪进程的响应比。例如，时刻 9 时，C、D 和 E 的响应比分别为 C=（5+4）/4=2.25，D=（3+5）/5=1.6，E=（1+2）/2=1.5，因此调度 C 运行；在 C 运行完时（时刻 13），重新计算 D 和 E 的响应比分别为 D=（7+5）/5=2.4，E=（5+2）/2=3.5，优先调度 E 运行。

4.2.7 优先级调度算法

优先级调度算法（highest priority first，HPF）每次将处理器分配给优先级最高的就绪进程，如果多个进程优先级相同，则按先来先服务的次序为这些进程分配处理器。实际上，前面说到的先来先服务、最短进程优先、多级反馈队列、最高响应比优先等都是某一种优先级调度算法。

可以为每个进程赋予一个优先数来表示其优先级，如优先数范围是 0～127 的整数。在 UNIX、FreeBSD、Linux 等系统中，优先数越小，优先级越高；在

Windows 系统中，优先数越大，优先级越高。

确定优先级时，可以为系统进程、重要或紧迫的进程、交互性用户的进程、I/O 密集型进程、进入系统早的进程等设置高优先级。优先级的设置可以是静态的，也可以是动态的。

静态优先级是在进程创建时根据进程类型、资源使用情况或用户要求而确定，在进程运行期间不能再改变。静态优先级的一个问题是低优先级进程可能长期得不到处理器运行而导致饥饿。

动态优先级则是在进程创建时先确定一个优先级初值，之后随着进程运行状况变化，如等待时间或执行时间增长，不断调整优先级。例如，随着进程的等待时间延长，其优先级会逐渐升高，称为老化（aging），最终低优先级的老进程总会获得最高优先级而运行；随着处理器执行时间的不断累积延长，其优先级会逐渐降低，以防止 CPU 密集型进程长期占用处理器。动态优先级方法灵活，但系统要为此付出一定的开销。

优先级调度算法也有抢占式和非抢占式调度两种策略，抢占式优先级调度是当新就绪进程到达时，若它的优先级比当前进程优先级更高时，立即抢占当前进程的处理器执行；非抢占式优先级调度是将新就绪进程按其优先级加入就绪队列合适位置，等当前进程释放处理器之后，才调度最高优先级进程去运行。

在系统中，可以只设置一条就绪队列，将就绪进程按优先级递减排列，每次调度就绪队列的队首进程。但现代操作系统一般设置一组优先级递减的就绪队列（RQ_0，RQ_1，$\cdots$，RQ_n），同一条就绪队列中的所有进程具有相同优先级，如图 4.6 所示。进行调度时，调度程序从优先级最高的队列 RQ_0 开始检查，若该队列中有多个进程，则按 FCFS 方式选择队首进程；若 RQ_0 为空，则再检查 RQ_1，以此类推。

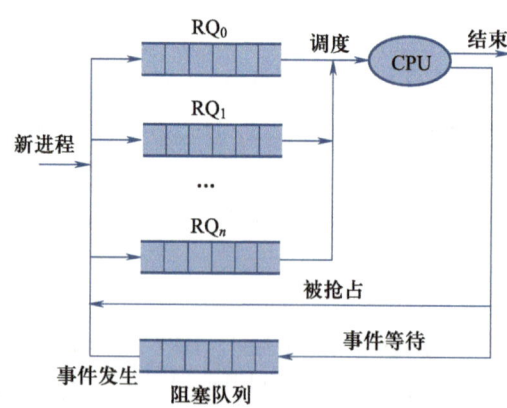

图 4.6　多个优先级就绪队列

4.3 多处理器与多核调度

一些计算机系统包含多个处理器,目前常见的多处理器系统如下:

(1)松耦合多处理器系统:也称分布式多处理机、集群,由一组相对独立的处理器组成,每个处理器拥有独立的内存和I/O通道。由于没有共享内存,如果把一个曾在处理器A上运行的进程迁移至处理器B上运行时,还必须把处理器A中所保存的该进程的上下文信息传送给处理器B,这会明显增加通信和调度开销。

(2)紧耦合多处理器系统:由一组共享内存和外设、且受操作系统完全控制的处理器组成,如多核计算机系统。由于有共享内存,所有处理器都能得到某个进程的上下文信息,因此调度进程的开销与它被调度到哪个处理器上无关。

紧耦合多处理器系统按照处理器执行功能不同,可以分为**主从式结构**和**对称式结构**。

主从式结构中,操作系统的核心功能在一个特定的主处理器上运行,进程调度和资源分配等功能仅由主处理器执行,其他从处理器运行用户程序。这种方式实现简单,几乎不需要改动单处理器多道程序操作系统,而且主处理器拥有对所有资源的控制,因此可以简化进程间同步、互斥等冲突的解决方案。但这种方法有两个缺点:一是整个系统的鲁棒性与主处理器关系过大,一旦主处理器发生故障,将导致整个系统瘫痪;二是容易由于主处理器太忙而形成系统性能瓶颈。

对称式结构中,所有处理器可以执行相同的功能,操作系统和用户程序都可以在任一处理器上执行,每个处理器可以从就绪队列选择一个进程来执行。对称式多处理器结构更为常见,这种方式灵活,但实现比较复杂,操作系统需要同步对各种资源的竞争请求,例如在多个处理器试图访问和更新一个公共就绪队列时,保证两个处理器不会选择同一个就绪进程,进程也不会从队列中丢失。

前面两种结构的折衷可以是专门为内核处理提供一个处理器子集,将操作系统内核功能分别放在不同的处理器上执行。

本节主要介绍紧耦合对称式多处理器系统的进程调度和线程调度。对于进程而言,在多处理器环境下的调度原则和单处理器多道程序系统的调度没有太大区别。但在多处理器环境下,线程数量多且多个线程之间交互频繁,线程的调度策略可能影响整个系统的性能。

4.3.1 多处理器调度的设计

假设在多处理器系统中,所有处理器都是同构的,对内存和I/O设备的访问方式和性能相同,那么所有处理器可以构成一个处理器池,任何一个进程可

多处理器调度的调度问题

161

以分配给任何一个处理器去执行。多处理器调度的设计要点有以下三个。

（1）如何把进程分配到处理器上。如果采用**静态分配**策略，一个进程从创建开始到执行完毕，始终被固定分配到一个处理器上。为每个处理器设置一个专用的就绪队列，该队列中的各进程阻塞后再次就绪时，仍回到该就绪队列。这种策略调度开销小，但容易造成处理器负载不均衡，即一些处理器空闲，而同时另一些处理器忙碌。为防止这种情况，可以采用**动态分配**策略，系统仅设置一个公共就绪队列，所有进程都进入这个队列，并可调度到任一个空闲的处理器上。于是在一个进程的生命周期中，进程可在不同时间运行于不同处理器上。动态分配策略有利于各处理器的负载均衡。

（2）在单个处理器上是否需要采用多道程序设计。在传统的单处理器系统中，由于只有一个处理器，尽可能提高处理器利用率是操作系统的重要任务，所以要求调度功能必须支持多道程序设计。但当处理器数目多且运行多线程进程时，使每个处理器十分繁忙不是那么重要，系统应该关注如何充分利用多处理器结构为应用程序提供良好的运行性能。应用程序可由进程中的一组线程来有效实现，一个进程包含多个线程，这多个线程应该尽可能同时在多个处理器上并行运行，而不是让多个线程在单个处理器上多道并发运行。多个线程并行运行时，该进程整体运行情况良好，且各处理器的负载均衡。

（3）如何调度进程。在单处理器系统的短程调度中，先来先服务调度算法简单，而基于进程属性或执行过程历史的复杂调度算法可以提高性能。但在多处理器系统中，这些复杂调度算法可能是不必要的，相对简单的调度算法（如先来先服务或静态优先级）可能会更有效且开销也较低。线程的调度尤其如此。

4.3.2　多处理器进程调度

在大多数采用动态分配策略的多处理器系统中，就绪进程组成一个队列或多个基于优先级的队列。研究表明，随着处理器数目的增多，复杂进程调度算法的有效性却逐步下降。考虑一个双处理器系统，各处理器的处理速度为单处理器系统中处理器处理速度的一半。有研究者比较了先来先服务调度算法和最短剩余时间调度算法在调度 CPU 密集型进程时吞吐量的比值，用变化系数来度量进程服务时间的差别，变化系数为 0 意味着所有进程的服务时间相等，变化系数值越大表示不同进程所需的处理器服务时间的差别越大。从图 4.7 可以看到，当变化系数为 5 时，在单处理器系统中，采用复杂的 SRT 算法比采用简单的 FCFS 算法能够使吞吐量的比值达到约 1.205，即有 20.5% 的提升。但在双处理器系统中，这个比值只有约 1.065，仅提升了 6.5%。对于其他算法和各种情况重复进行了这一分析过程，包括多道程序设计程度、I/O 密集型和 CPU 密集型进程混合、不同优先级等。得出的一般结论是：双处理器系统中调度算法的选择不如在单处理器系统中重要。如果处理器数量更多，这个结论将更加确定。因此，在多处理器系统中，进程调度算法使用简单的 FCFS 或静态优先级结合 FCFS 就已足够。

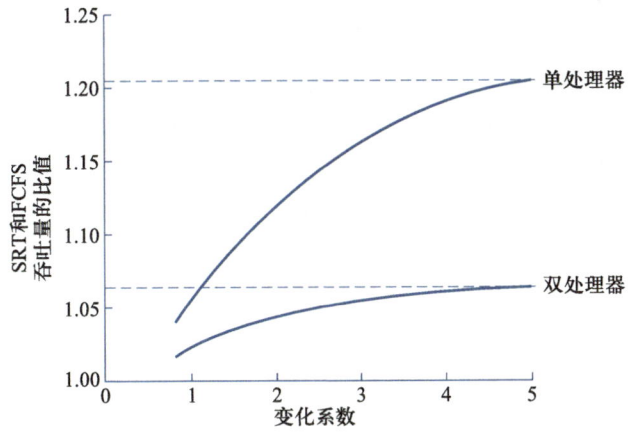

图 4.7　单处理器和双处理器的调度算法性能比较

4.3.3　多处理器线程调度

多处理器调度的主要研究对象是线程调度，处理器调度以线程为调度单位。线程切换和通信的开销远低于进程，同一进程的多个线程共享进程地址空间，能够在多个处理器上并行执行，使应用程序的运行性能显著提升。有代表性的多处理器线程调度方式有以下 4 种。

多处理器的
线程调度

1. 负载共享调度

系统维护一个全局的就绪线程队列，当一个处理器空闲时，就选择一个就绪线程运行。负载共享调度（load sharing）是多处理器系统中最常用的线程调度方式。它可使负载均匀分布在各处理器上，就绪队列的组织和调度算法可沿用单处理器系统中的各种调度算法，但 FCFS（一个进程到达时，其所有线程被连续放在共享队列末尾，顺序被执行）即可取得良好效果。负载共享调度的缺点是多个处理器必须互斥地访问就绪队列，容易造成性能瓶颈；被抢占的线程很少可能会在同一个处理器上恢复执行，则该处理器中保留的高速缓存数据会失效，同时要在新处理器上重新建立这些数据，这使得高速缓存的使用效率会很低；同一进程的多个线程通常需要相互合作，但所有线程很难同时获得处理器运行，这样会使某些线程因其合作线程未运行而被阻塞，因此引起的进程切换会影响性能。

2. 组调度

将一个进程的一组线程调度到一组处理器上同时运行。组调度（gang scheduling）方式的优点是，如果这些线程相互合作或紧密相关，则可以有效减少线程因同步而阻塞导致的等待与切换，合作线程的同时调度可提高对共用资源的使用效率；每次调度可解决一组处理器的分派，减少了调度的开销。

假设系统有 N 个处理器和 M 个应用程序，每个应用程序的线程数小于或等于 N。例如，有 4 个处理器及 2 个应用程序，其中，应用程序 A 有 4 个线程，应用程序 B 有 1 个线程。组调度可采用如图 4.8 所示的两种方式为应用程序分配处理器时间。

（1）面向所有应用程序平均分配处理器时间。上例中为应用程序 A 和 B 各分配 50% 的处理器时间，应用程序 A 运行时 4 个处理器都在忙，而应用程序 B 运行时，则只有 1 个处理器忙，其他 3 个空闲，因此有 3/8（37.5%）的处理器时间被浪费。

（2）面向所有线程平均分配处理器时间，即根据线程数加权调度。上例中为应用程序 A 分配 4/5（80%）的处理器时间，为 B 分配 1/5（20%）的处理器时间，因此仅浪费 15% 的处理器时间，即 B 获得处理器时间的 75%。

	应用程序A	应用程序B
处理器1	线程A1	线程B1
处理器2	线程A2	
处理器3	线程A3	
处理器4	线程A4	

(a) 面向所有应用程序平均分配，浪费37.5%时间

	应用程序A	应用程序B
处理器1	线程A1	线程B1
处理器2	线程A2	
处理器3	线程A3	
处理器4	线程A4	

(b) 面向所有线程平均分配，浪费15%时间

图 4.8　组调度中两种分配处理器时间方式示例

3. 专用处理器分配

专用处理器分配（dedicated processor assignment）为一个应用程序专门指派一组处理器，它的每个线程被分配给一个处理器，并一直占用这个处理器运行，直至整个应用程序结束。显然，这些处理器将不适用多道程序设计，且会造成处理器的严重浪费。例如，一个线程被阻塞后，对应的处理器虽空闲，也不会被分配给其他线程。但如果将这种方式应用于具有数十个乃至上百个处理器的系统中，单个处理器的利用率变得不重要，而每个线程专用一个处理器可以完全避免线程切换，从而大大加速了程序的运行。

无论从理论上还是从实验中都可以证明，任何一个应用程序并不是划分的线程越多、使用的处理器越多，就可以求解得越快。多处理器并行计算环境中，任何一个算法加速比的提高都是有上限的。同时处于运行中的应用程序所含的线程数总和不应超过系统中处理器的总数，否则不能保证每个线程都能分到一个处理器，因此会发生线程切换，导致资源的使用效率降低。

4. 动态调度

某些应用程序可能提供语言或工具，允许进程在执行期间动态地改变其线程的数目，这种情况下可以用到动态调度（dynamic scheduling），即由操作系统和应用进程共同完成调度决策。操作系统负责为进程分配处理器，进程在分配给它的处理器上执行可运行线程的子集，哪些线程应该执行、哪些线程应该挂起由进程自己决定。

在这种方法中，操作系统的调度责任主要局限于处理器分配。当一个作业或进程请求一个或多个处理器时，可按以下原则进行分配。

（1）如果有空闲处理器则分配；否则，对于新到达进程，从当前已经

分配了多个处理器的进程中收回一个处理器，并把它分配给这个新到达的进程。

（2）如果一部分请求不能被满足，则保留申请，直到出现可用的处理器或进程自己取消请求。

（3）当释放了一个或多个处理器后，扫描处理器请求队列，优先为每个当前还没有处理器的进程分配一个处理器，然后再按 FCFS 原则分配剩余的处理器。

动态调度方式开销很大，可能会抵消它的一部分性能优势。

4.4　实时调度算法

4.4.1　实时系统和实时任务

实时系统是那些时间要求非常严格的系统，要求能够及时响应外部事件的请求，在规定的时间内完成对该事件的处理，并控制所有实时任务协调一致地运行。实时系统的正确性不仅取决于计算的逻辑结果，而且取决于产生结果的时间，迟到的响应即使正确，也是无效的。实时系统要求对外部事件及时响应（一般为微秒到毫秒级），同时要求系统高度可靠，因此往往采取多级容错措施，以保障系统及数据的安全性。

何为实时系统

实时系统可以是实时控制系统。例如，在控制生产过程的工业控制系统中，通过传感器实时采集现场数据传给计算机，计算机分析这些数据并调整控制相应的执行机构，使之按预定要求工作，以确保产品的质量和产量。其他如监控系统、安全控制系统、医学成像系统、武器系统、自动驾驶系统、智能设备的嵌入式系统等也属于实时控制系统。实时控制系统的时间限制要求较强，要保证关键任务在规定的时间限制内必须完成。

实时系统还可以是实时信息处理系统。例如，飞机火车订票系统和信息查询系统，接收用户从远程终端发来的服务请求，对信息进行检索和处理，并及时作出正确的响应。多媒体系统也属于实时信息处理系统，能够及时将多媒体文件中的二进制数据转化为视频和音频信号，防止因延误而失真。实时信息处理系统的时间限制要求较弱，可以偶尔容忍超过时间限制。

通用操作系统的进程切换开销太大，只能满足那些时间限制较松应用的实时性能要求。而多数时间限制严格的实时系统除了有专用的硬件系统外，一般还需要专用的实时操作系统，这些系统的典型特征包括规模小、进程切换很快、中断被屏蔽和处理的时间很短、能够管理毫秒或微秒级的多个定时器等。

在实时系统中，每个任务的行为都预先可知，对任务的处理也预先确定。通常会给某个特定任务指定一个最后期限（deadline），也称截止时间。启动最后期限是指该任务在此时刻之前必须开始执行，完成最后期限是指该任务在此时刻之前必须执行完毕。另外，任务的就绪时间（任务到达，准备执行的时间）、处理时间（执行任务直到完成所需的时间）和优先级等额外信息也是可以事先确定的。

可以从以下两个角度划分实时任务的类型。

1. 硬实时任务和软实时任务

硬实时任务（hard real-time task）具有较高优先级，必须能够满足最后期限；否则会给系统带来不可接受的破坏或难以预测的后果。软实时任务（soft real-time task）也有一个与之关联的最后期限，且希望尽量满足这一期限的要求，但并不严格。即使偶尔超过了最后期限，对系统的影响也不会太大，继续调度和完成这个任务仍然是有意义的。

2. 周期性任务和非周期性任务

周期性任务是指"每隔周期 T"或"每隔 T 个时间单位"发生或处理一次，具有周期性和可预测性。非周期性任务无明显的周期性，在不可预测的时间发生，但也受它的最后期限约束。

4.4.2 实时调度的类型

实时系统的核心是短程任务调度程序。在设计调度程序时，公平性和最小平均响应时间不重要，重要的是所有硬实时任务都能在最后期限内完成（或开始），且尽可能多的软实时任务也能在最后期限内完成（或开始）。当实时系统不可能满足所有任务的最后期限时，即使总是不能满足一些不太重要任务的最后期限，系统也将首先满足最重要的、优先级最高的任务的最后期限。

实时调度方式有以下四种类型。

1. 轮转抢占式调度

在采用简单的轮转抢占式调度程序中，实时任务被加入就绪队列队尾，轮转式等待它的下一个时间片，如图 4.9 所示。这种调度方法可获得数秒至数十秒的响应时间，对于要求严格的实时应用程序来说是难以接受的。

实时调度方式

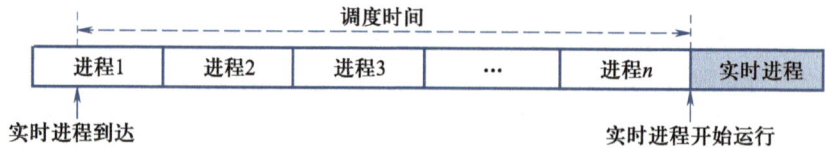

图 4.9 轮转抢占式调度

2. 优先级驱动的非抢占式调度

在实时任务到达时，优先级驱动的非抢占式调度程序会为它赋予较高的优先级，并排在就绪队列队首，只要当前正在执行的进程被阻塞或运行结束，就可以调度这个就绪的实时任务，如图 4.10 所示。这种方法可以使实时任务的响应时间在数十毫秒级至秒级，但仍不适用于要求严格的实时系统，经常会导致任务错过它的最后期限。

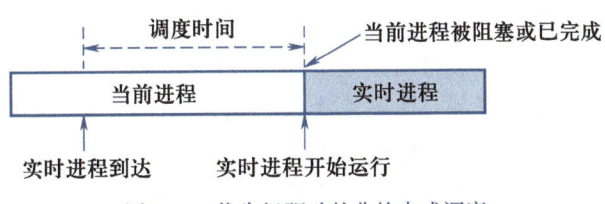

图 4.10   优先级驱动的非抢占式调度

3. 基于抢占点的优先级驱动抢占式调度

基于抢占点的优先级驱动抢占式调度方式将优先级和基于时钟的中断结合起来，每隔一定的时间间隔设置一个可抢占点。当出现一个抢占点时，若有更高优先级的实时进程正在就绪，则抢占当前运行进程的处理器，如图 4.11 所示。这种方式可能导致操作系统内核的部分任务被抢占，但实时进程获得的延迟约为几毫秒，可应用于大多数的实时系统。

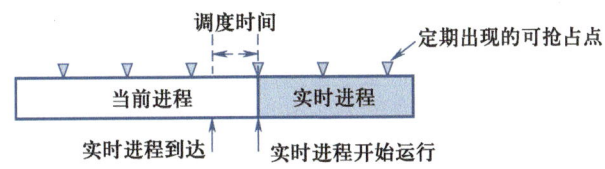

图 4.11   基于抢占点的优先级驱动抢占式调度

4. 立即抢占式调度

立即抢占式调度适用于响应要求更苛刻的实时系统。一旦出现外部中断事件，只要当前进程未处于临界代码保护区，便立即抢占当前进程的处理器，把处理器分配给请求中断的实时任务，如图 4.12 所示。这种方式下，实时进程的请求几乎立即被响应，调度延迟可降低到 $100\,\mu s$ 或更少，可应用于要求苛刻的实时系统。

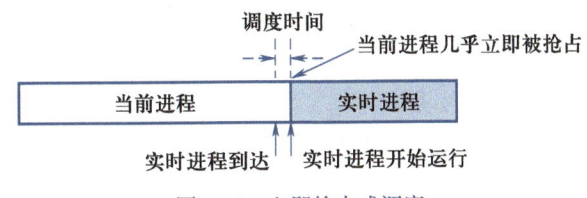

图 4.12   立即抢占式调度

大多数当代实时操作系统的设计目标是尽可能快速地启动实时任务，但通常并不关注绝对速度，而关注在最有价值的时间内完成（或启动）任务，既不需要太早，也不能够太晚。对于具有完成最后期限要求严格的实时系统，抢占策略是合适的。

4.4.3   最后期限调度

最早最后期限调度算法，是指当一个事件发生时，对应的进程就被加入就绪队列，该就绪队列按照最后期限由早到晚排序，首先调度队首进程，即最后

实时调度策略

167

期限最早的那个进程。

下面给出一个具有完成最后期限的周期性任务调度的例子，如表 4.2 所示。考虑有两个周期性实时任务，任务 A 周期时间为 20 ms，处理时间为 10 ms；任务 B 周期时间为 50 ms，处理时间为 25 ms。任务 A、B 的完成期限均为该任务下一次发生的时间，调度时选择完成期限最早的任务。

表 4.2　两个周期性任务的执行过程

进程	发生时刻	执行时间	完成期限
A_1	0	10	20
A_2	20	10	40
A_3	40	10	60
A_4	60	10	80
A_5	80	10	100
…	…	…	…
B_1	0	25	50
B_2	50	25	100
…	…	…	…

根据最早完成期限调度周期性任务 A 和 B 的过程如图 4.13 中第一行所示。其中，在时刻 $t=0$ 时，任务 A_1 和 B_1 同时发生，A_1 的完成期限比 B_1 早，因此首先调度 A_1。A_2 在 $t=20$ 时发生，虽然 B_1 正在运行，但 A_2 完成期限是 40，B_1 完成期限是 50，因此完成期限更早的 A_2 抢占了 B_1。之后 A_3 在 $t=40$ 时发生，但 A_3 的完成期限是 60，此时 B_1 的完成期限 50 更早，因此 B_1 继续运行完毕。可以看到，在两种任务的完成期限到来之前，刚好把所有任务都处理完毕。

通常的优先级调度不适用于实时系统，如图 4.13 中第 2 行和第 3 行所示。若 A 具有更高的优先级，则任务 B 将被抢占，B_1 在完成期限 50 到来之前无法处理完毕，将错过它的完成期限。若 B 具有更高的优先级，则任务 A 将被抢占，A_1 在其完成期限 20 到来之前根本得不到处理，而 A_4 即使在 $t=75$ 时开始处理 5 ms，也无法在其完成期限 80 到来之前处理完毕，它们都将错过完成期限。

如果总是调度目前具有最早最后期限的任务，并让该任务一直运行到完成，那么在处理非周期性任务时，特别是对于有启动最后期限约束的非周期性任务，是很危险的。为了尽量使实时任务不错过其最后期限，除了上述的可抢占式最早最后期限调度以外，还有一种实时调度策略称为"有自愿空闲时间的最早最后期限调度"，它的前提是在任务就绪前事先知道其最后期限。

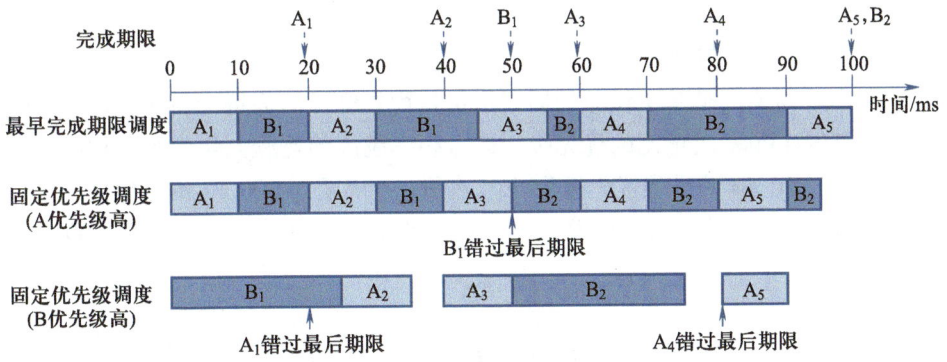

图 4.13　对周期性实时任务的最早完成期限调度和优先级调度

现在考虑一个根据启动最后期限来调度非周期性任务的例子。假定有 5 个非周期性任务 A 到 E，每个任务的执行时间是 20 ms，它们的到达时间和启动最后期限如表 4.3 所示。

表 4.3　非周期性任务 A～E 的执行过程

进程	发生时刻	执行时间	启动期限	空闲时间
A	10	20	110	100
B	20	20	20	0
C	40	20	50	10
D	50	20	90	40
E	60	20	70	10

采用有自愿空闲时间的最早启动期限调度时，总是调度启动期限最早的合格任务，并让该任务运行直至完成（非抢占）。合格任务可以是尚未就绪的任务，因此可能会导致即使现在有就绪任务，但处理器仍保持空闲。例如图 4.14 中，$t=10$ 时，A 是唯一的就绪任务，但启动期限很晚，系统仍然不调度 A，而等待其他具有较早启动期限的任务。因此，A "自愿"将调度机会留给即将到来的紧迫任务 B。$t=60$ 时，就绪任务有 A、D、E，调度启动期限最早的任务 E。

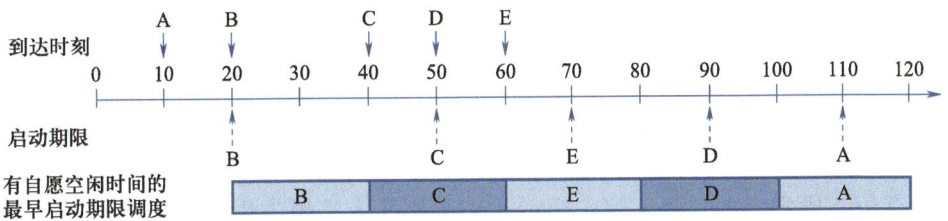

图 4.14　对非周期性实时任务的"有自愿空闲时间的最早启动期限调度"

4.4.4　速率单调调度

速率单调调度是基于任务的周期指定其优先级，即为每个周期性任务分配一个与其发生频率成正比的优先级，运行频率越高的进程其优先级就越高。例如，周期为 20 ms 的进程优先级为 50（高级），周期为 100 ms 的进程优先级为 10（低级）。运行时调度程序总是调度优先级最高的就绪进程，并采取抢占式分配策略。

周期性任务的任务周期 T 是指从该任务的一个实例到达至下一个实例到达之间的时间，任务周期的末端通常也是该任务严格的最后期限（有些任务可能具有更早的最后期限）。执行时间 C 是每个任务所需要的处理时间，执行时序图如图 4.15 所示。在单处理器系统中，执行时间必须不能大于其周期，即 $C \leqslant T$。如果一个周期性任务的任何一个实例都不曾因为资源缺乏而被拒绝服务，它总是能顺利运行到完成，则该任务的处理器利用率为 $U=C/T$。

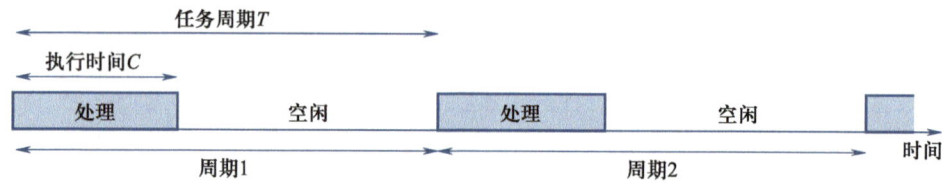

图 4.15　周期性实时任务的时序图

衡量周期性任务调度算法有效性的一个标准是，看它是否能满足所有任务严格的最后期限。假设在单处理机系统中，有 n 个周期性任务，任务 i 的周期为 T_i，处理时间为 C_i，C_i/T_i 是任务 i 的处理器利用率。一个任务可调度的实时系统需要保证式（4.1）成立，才可能满足所有任务的最后期限：

$$\sum_{i=1}^{n} \frac{C_i}{T_i} \leqslant 1 \qquad (4.1)$$

另外，此限制条件并未考虑任务切换等额外开销，因此当使用该限制条件时，还应适当地留有余地。如果采用多处理器系统，假设系统中的处理器个数为 N，则式（4.1）的限制条件可改为

$$\sum_{i=1}^{n} \frac{C_i}{T_i} \leqslant N \qquad (4.2)$$

4.4.5　优先级反转

优先级反转（priority inversion）是在任何基于优先级的可抢占调度方案中都会出现且常见的一种现象，即高优先级进程（或线程）会因低优先级进程（或线程）延迟或阻塞。在任何优先级调度方案中，系统总是首先调度运行具有最高优先级的任务。当一个低优先级的任务已经占用某个资源（如设备或信号量），且一个高优先级的任务也需要使用同一个资源时，高优先级任务

将被设置为阻塞态，不得不等待低优先级任务释放资源，此时就发生了优先级反转。如果低优先级任务很快使用完资源并释放，则高优先级任务将被唤醒，然后获得资源，并在实时限制内执行完毕。这种情况不会产生特别严重的后果。

但有一种极端情况被称为**无界限优先级反转**（unbounded priority inversion），此时优先级反转的持续时间不仅取决于处理共享资源的时间，还取决于其他不相关任务的不可预测行为。这会导致高优先级任务阻塞的时间被延长，并且是不可预知和无法限定的，这可能导致严重后果，不应出现在实时系统中。

最有名的优先级反转例子是 1997 年 7 月的火星探路者任务，"漫游者"火星车登陆火星后收集并向地球传回大量数据，但任务进行几天后，着陆舱软件使整个系统重启，进而导致实时采集的数据丢失。在制造火星探路者的科研人员探究下，发现问题出在无界限优先级反转上。

探路者软件包含以下三个优先级递减的任务：

T_1：周期性检查太空船和软件状况，之后将计时器重新初始化为最大值，开始计时；若计时器计时完毕，则认为整个着陆舱的软件被不知名原因终止，此时将重新启动整个系统。

T_2：处理图片数据。

T_3：随机检测设备状态。

其中，T_1 和 T_3 共享同一临界资源，即系统总线，由一个信号量 s 保护。导致无界限优先级反转的事件顺序如下。

（1）T_3 开始运行，锁住信号量 s 占用资源，进入临界区。

（2）优先级更高的 T_1 抢占 T_3，开始运行，准备进入临界区时因资源不可用而被阻塞。

（3）T_3 继续在临界区中执行。

（4）优先级更高的 T_2 抢占 T_3 运行，一段时间后因某种原因（与 T_1 和 T_3 无关）被阻塞。

（5）T_3 继续执行完，释放资源。

（6）T_1 抢占 T_3，T_1 锁住信号量进入临界区，开始使用资源。

在这一系列事件中，T_1 必须等待 T_2 和 T_3 完成。若在 T_1 执行完前，由于 T_2 任务处理时间过长，导致计时器超时，探路者重启。

为了避免无界限优先级反转，可以采用**优先级继承**和**优先级置顶**两种方法。

优先级继承方案规定当高优先级任务请求资源时，如果已有一个低优先级任务正在使用该资源，则此时高优先级任务被阻塞，并将低优先级任务的优先级临时调高至高优先级任务的优先级，待低优先级任务释放资源时，再降回至原优先级。如在上例中，T_2 到达时将不能抢占 T_3，因那时 T_3 的优先级已经升至与 T_1 一样高，不会延缓 T_3 退出临界区。

优先级置顶方案规定为每个资源也要设置优先级，每个资源的优先级设定为比使用该资源的最高优先级的任务还要高一级。某任务要访问某资源时，调

优先级继承法

优先级置顶法

171

度程序动态地将该任务临时置为该资源的优先级。待释放资源时，该任务再降回至原优先级。如在上例中，任何进程到达都不能抢占 T_3，因为 T_3 开始运行时其优先级已经比 T_1 高一级，使得 T_3 可尽快释放资源。

4.5　openEuler 的调度

在多核处理器系统中，当一个进程在某个处理器上运行一段时间之后，该处理器的硬件缓存中将会保留很多该进程的内存数据。如果该进程再次被重新调度时仍然运行在该处理器上，由于缓存中仍含有该进程的数据，则运行性能会更好，这就是所谓的缓存亲和性。但是，如果该进程被调度到另外一个处理器上，系统需要重新将内存数据加载到该处理器的缓存中，从而导致进程运行速度变慢。因此，在多核处理器系统中应尽可能让同一进程保持在同一个处理器上运行。

如果只设置一个让所有处理器共享的就绪队列，每个处理器运行自己的进程调度程序，从该就绪队列中选择就绪进程去运行，那么可以自动实现负载均衡。但当多个处理器的调度程序希望同时访问就绪队列时，则必须设置锁来保证互斥访问该就绪队列。当系统中处理器数目较多时，锁的争用也会加剧，导致系统消耗越来越多的处理器周期去获取和维护锁，带来性能损失。另外，进程每次被调度时可能会在不同处理器之间转移运行，从而破坏了缓存亲和性。

为了解决单队列策略问题，openEuler 采用了多队列调度策略。为每个处理器维护一个专属的调度队列，只从自己的调度队列中选择进程运行。每个处理器的调度队列是相互独立的，不会被其他处理器共享访问，因此不需要锁和互斥机制。当一个就绪进程被添加到特定处理器调度队列之后，就会固定在这个处理器上运行，能更好地利用缓存数据，保证了缓存亲和性。

显然，多队列调度策略不能保证多处理器的负载均衡。即使调度之初在处理器间平均分配负载，之后总是向低负载处理器添加新就绪进程，也可能会发生某些处理器逐渐运行完所有进程处于空闲状态，而其他处理器仍有任务需要完成的状况。

让就绪进程跨处理器迁移可以解决多处理器负载不均衡问题。在 openEuler 中，每个处理器都有一个迁移线程（migration/CPU-ID），每个迁移线程有一个由函数组成的停机工作队列，这些函数负责将进程从一个处理器迁移到另一个处理器。迁移线程每次从停机工作队列中取出一个函数执行，直到所有函数都执行完毕。迁移线程优先级最高，可以抢占所有其他进程，但是其他进程不可以抢占迁移线程。例如，当 CPU_0 空闲时，CPU_0 向 CPU_1 的停机工作队列中添加一个工作函数，CPU_1 上的迁移线程被唤醒，迁移线程立即从停机工作队列中取出该函数执行，将进程从 CPU_1 迁移到 CPU_0，实现负载均衡。

4.5.1 进程类别与调度策略

除了系统的停机进程和空闲进程外，为了适应不同用户进程的要求，openEuler 设置了以下三种类别的进程，不同类别的进程对应不同的调度策略。

1. 普通进程

openEuler 对普通进程采用的是标准轮流分时调度策略（SCHED_NORMAL），这是 openEuler 的核心进程调度策略，通过完全公平调度（completely fair scheduler, CFS）算法实现。

2. 实时进程

openEuler 实时进程在优先级调度基础上，可采用两种调度策略：先进先出调度策略（SCHED_FIFO）和轮转调度策略（SCHED_RR）。

openEuler 支持进程的优先级调度，进程的优先级范围是 0 ~ 99。openEuler 为每个优先级维护一个进程链表，调度时按优先级高低顺序，首先从优先级最高的链表中选择一个进程让其运行，若优先级最高的链表为空，则调度程序从次高优先级的链表中调度一个进程，以此类推。一般情况下，多数优先级链表为空，为了尽快发现优先级最高的非空链表，openEuler 采用了位图方式。初始时，优先级位图 bitmap 被全部设置为 0。如果某个优先级对应的链表不为空，则 bitmap 对应的位被设置为 1。每次调度时，调度程序先用优先级位图 bitmap 找到第一个非空链表对应的优先级数值，之后再访问该优先级对应的链表，并调度链表的链首进程运行。

在 openEuler 中，轮转调度算法的时间片被默认设置为 100 ms，也可以通过 openEuler 提供的 A-Tune 工具，对时间片长度自动调优，以适应不同的应用场景。

openEuler 要求每个进程都有一个调度策略，如果调度程序选择的进程使用的是 FIFO 调度策略，那么该进程将一直占用处理器，直到它发生阻塞或运行完成或被更高级的进程抢占。如果选择的进程使用的是轮转调度策略，则该进程将运行指定的时间片，除非进程发生阻塞或者提前运行结束。时间片超时后，调度程序把该进程添加到进程优先级对应的链表尾部，然后调度优先级相同的其他进程。

3. 限期进程

openEuler 对于限期进程采用限期调度策略（SCHED_DEADLINE），该策略会选择一个最后期限距当前时刻最近的进程来运行。

4.5.2 调度类与调度队列

openEuler 采用了多种调度策略，因此也使用了多个调度器（调度程序）。为了方便调度器的管理及添加新的调度器，openEuler 将调度器的公共部分（如向调度队列添加一个进程、从调度队列中删除一个进程、选择下一个要运行的进程等）抽象出来，并使用调度类来表示。每个处理器有 5 种调度类用于调度，每个调度类有一个优先级，按优先级从高到低的顺序如下：

（1）停机调度类，其调度的是停机进程（线程），目前只有迁移线程属于停机调度类。

（2）限期调度类，其调度的是限期进程，每次调度时选择截止期限最近的进程。

（3）实时调度类，其调度的是实时进程，实时调度类为每个优先级维护一个进程链表，调度时选择优先级最高的非空链表中的链首进程。

（4）公平调度类，其调度的是普通进程，采用 CFS 算法。

（5）空闲调度类，其调度的是处理器上的空闲线程，即 0 号线程。

当一个处理器需要发生调度时，openEuler 以优先级从高到低的顺序遍历每一个调度类（5 个调度类以链表方式组织）。先从优先级最高的停机调度类中选择一个进程运行，如果停机调度类的调度器中没有进程，再从优先级次高的限期调度类中选择一个进程运行，以此类推。

在 openEuler 中，每个处理器都有一个调度队列，用结构体 rq 表示，如图 4.16 所示，其中包含每个调度类管理的调度队列或调度进程。

```
1   //  源代码：  kernel    /sched/sched.h
2   struct rq{
3          unsigned int           nr_running;        //调度队列的进程总数
4          struct cfs_rq          cfs;               //公平调度类管理的调度队列，普通进程放入该队列
5          struct rt_rq           rt;                //实时调度类管理的调度队列，实时进程放入该队列
6          struct dl_rq           dl;                //限期调度类管理的调度队列，限期进程放入该队列
7          struct task_struct           *idle;       //空闲调度类管理的空闲进程
8          struct task_struct           *stop;       //停机调度类管理的停机进程
9          int cpu        ;                          //调度队列所属的CPU-ID
10     }
```

图 4.16　openEuler 调度队列的定义

4.5.3　CFS 调度算法

为了满足多种任务的需求，openEuler 使用了多种常见的调度算法：先进先出算法、轮转调度算法以及优先级调度算法，联合使用这些算法可实现对实时进程的调度。但是，openEuler 中大部分进程还是普通进程，它们更关注调度的公平性，因此引入了完全公平调度 CFS 调度算法。

CFS 调度算法采用标准轮流分时调度策略。CFS 调度算法使用了时间片和优先级的概念，并且引入了虚拟运行时间，可以根据普通进程的优先级和当前系统负载，为每个进程分配一定比例的处理器执行时间，使在一个调度时延内所有进程都有机会被调度到。

CFS 调度算法为每个进程分配的处理器时间是根据 nice 值来计算的，nice 值表示相对优先级，范围是（-20 ~ +15），nice 值越低表示相对优先级越高，能够分配到更高比例的处理器时间。在计算分配时间比例时，CFS 算法将 nice 值转化为对应的权重值，nice 值越低，权重值越大。设进程 i 的权重为 w_i，进程 i 分配到的 CPU 处理时间比例为 P_i，即

$$P_i = \frac{w_i}{\displaystyle\sum_{j \in \text{cfs}} w_j} \tag{4.3}$$

在确定进程的 CPU 处理时间比例之后，CFS 调度算法根据当前就绪进程的数量和最小粒度时间，来确定进程应该分配到的时间片大小。这需要如下两个步骤。

（1）首先确定调度时延。调度时延是进程连续两次被调度获得处理器的时间间隔。例如，轮转调度算法的时间片是 10 ms，现在有两个就绪进程，那么进程 A 第一次被调度和第二次被调度的时刻间隔了 20 ms，因此调度时延就是 20 ms。只有在调度时延被确定之后，CFS 调度算法才能根据比例计算出在这样的调度时延中，进程可以分配到多少时间配额（时间片）。

图 4.17 中，调度时延 *sysctl_sched_latency* 默认值为 6 ms，最小粒度时间 *sysctl_sched_min_granularity* 默认为 0.75 ms，公平调度队列上就绪进程个数 *sched_nr_latency* 默认值为 8 个。如果实际系统中就绪进程个数小于或等于 8 时，则返回调度时延为默认值 6 ms。但就绪进程个数大于 8 时，为避免频繁上下文切换，openEuler 需要保证每个进程至少运行最小粒度时间才让出 CPU，此时返回调度时延为就绪进程数量与最小粒度时间的乘积。

```
1    // 源代码：kernel/sched/fair.c
2    unsigned int sysctl_sched_latency = 6000000ULL;              // 调度时延，默认为 6ms
3    unsigned int sysctl_sched_min_granularity = 750000ULL;       // 最小粒度时间，默认为0.75ms
4    static unsigned int sched_nr_latency = 8;                    // 就绪进程数，默认为8
5    static u64 __sched_period(unsigned long nr_running){
6        if (unlikely(nr_running>sched_nr_latency))
7            return nr_running * sysctl_sched_min_granularity;
8        else
9            return sysctl_sched_latency;
10   }
```

图 4.17 确定调度时延的关键代码

（2）引入虚拟运行时间。在确定调度时延 sched_period 和进程 i 被分配到的 CPU 使用比例 P_i 之后，进程 i 被调度后的实际运行时间 W_i 为：

$$W_i = sched\_period \times P_i = sched\_period \times \frac{w_i}{\displaystyle\sum_{j \in \text{cfs}} w_j} \tag{4.4}$$

在确定进程分配的实际运行时间后，CFS 引入了虚拟运行时间（virtual runtime）的概念来帮助调度选择下一个进程。进程 i 的虚拟运行时间 V_i 和实际运行时间 W_i 的关系为（其中，w_{nice0} 表示 nice 值为 0 时的权重）：

$$V_i = W_i \times w_{\text{nice0}}/w_i \tag{4.5}$$

CFS 调度算法先将进程按虚拟运行时间从小到大排序，每次调度选择虚拟运行时间最少的进程，以此来实现进程调度的公平性。下面这个例子解释其如何保证公平性，假设有 A、B 两个进程，权重值分别是 x、y，那么这两个进程实际运行时间比是 $x:y$。但经公式计算后，进程 A 和进程 B 的虚拟运行时间是一样的，因此只要保证进程每次的虚拟运行时间相同，则它们的实际运行时间也就符合期望的 CPU 使用比例。假如进程 A 的虚拟运行时间少于进程 B 的虚拟运行时间，那么说明进程 A 的实际运行时间没有达到它所期望的 CPU 使用比例，此时调度进程 A，使进程 A 可以逼近它所期望的 CPU 使用比例，从而实现公平。

本章小结

本章主要介绍了操作系统处理器管理中的重要功能——处理器调度。处理器调度分为三个不同层次，长程调度决定何时允许一个新进程进入内存；中程调度是交换功能的一部分，决定何时把一个程序的部分或全部装入和换出内存；短程调度决定哪个就绪进程下次被处理器执行，是最基本、最频繁的调度。

设计一个调度算法时需要考虑各种性能指标，不同调度算法倾向于某些指标。从用户角度看，响应时间通常是系统最重要的一个特性；从系统角度看，吞吐量或处理器利用率是最重要的。算法的选择取决于预期的性能和实现的复杂度。本章介绍了常用的进程 / 作业调度算法，包括先来先服务、轮转、最短进程优先、最短剩余时间优先、最高响应比优先、多级反馈队列、优先级调度等。

在共享内存的紧耦合多处理器系统中，进程 / 线程的调度不同于单处理器系统中的调度方法。进程在其生命周期中可以始终在同一个处理器上运行，也可以每次运行时被分配到任何一个处理器上。性能研究表明，在多处理器系统中，对于进程来说，不同调度算法间的差别并不是很重要，但对于线程调度，反而调度要复杂一些。

在实时系统中，传统的调度算法原则不再适用。为了保证有效和正确地与外部环境交互，实时进程或任务必须满足一个或多个最后期限。为了保证这样关键的时间因素，很大程度上依赖抢占和针对最后期限进行调度。

随着多核处理器的发展，为了避免多个处理器共用一个调度队列带来的资源竞争，openEuler 采用了多队列调度策略，为每个处理器维护一个调度队列。CFS 调度算法与多队列调度策略的融合成为 openEuler 中处理器调度的核心。

习题

一、简答题

1. 简要描述三种类型的处理器调度。

2. 抢占式调度和非抢占式调度有何区别。

3. 简述引起进程调度的原因。

4. 在时间片轮转调度算法中，可根据哪些因素确定时间片的长度？

5. 在多级反馈调度算法中，为什么对不同就绪队列中的进程规定使用不同长度的时间片？

6. 比较多处理器操作系统中的静态分配方式和动态分配方式。

7. 什么是组调度方式？按进程平均分配处理器时间和按线程平均分配处理器时间，这两种方法哪个更有效？

8. 硬实时任务和软实时任务有何区别？

9. 周期性实时任务和非周期性实时任务有何区别？

二、应用题

1. 从 A 到 E 的 5 个进程同时到达计算中心，它们的估计运行时间（单位为 min）分别为 15、9、3、6 和 12，优先级分别为 6、3、7、9 和 4（值越小，表示的优先级越高），所有进程都完全是处理器密集型的。对下面的每种调度算法，确定所有作业的平均周转时间和平均带权周转时间（忽略进程切换的开销）。

（1）时间片为 1 min 的轮转法。

（2）优先级调度。

（3）FCFS（按 A 到 E 的顺序）。

（4）最短进程优先。

（5）最高响应比优先。

2. 假定一个处理器正在执行三个进程，第 1 个进程以计算为主，第 2 个进程以 I/O 操作为主，第 3 个进程计算与 I/O 操作占比均匀，应该如何赋予它们占用处理器的优先级，使得系统效率较高？

3. 一个交互式系统使用如下轮转调度和交换策略保证简单请求的响应时间，在完成一个所有就绪进程的时间片轮转周期后，系统在下一周期为每个就绪进程分配的时间片，等于最大响应时间除以请求服务的进程数，这一策略是否合理？

4. 设在某系统中，每个进程在 I/O 阻塞前的平均运行时间为 T，完成一次进程切换所耗时间为 S，若采用时间片长度为 Q 的时间片轮转调度算法，试计算下列各种情况下的 CPU 利用率。

（1）$Q=\infty$　（2）$Q>T$　（3）$S<Q<T$　（4）$Q=S$　（5）Q 接近于 0

5. 若有一组作业 J_1，J_2，…，J_n，其运行时间分别为 S_1，S_2，…，S_n，这些作业同时到达系统，并在单处理器上按照单道方式执行。试证明采用最短作业优先调度算法能获得最小的平均作业周转时间。

6. 有 4 个进程 P_1、P_2、P_3、P_4，它们到达就绪队列的时刻、运行时间及优先数如下表所示。采用抢占式优先级调度算法、时间片轮转调度算法（时间片长度取 2 s），分别给出各进程的调度顺序以及进程的平均周转时间。优先数表示进程优先级，此题中优先数越大则优先级越高。

进程	到达就绪队列的时间 /s	运行时间 /s	优先数
P_1	0	9	1
P_2	1	4	3
P_3	2	8	2
P_4	3	10	4

7. 在一个三道批处理系统中（N 道批处理是指至多允许 N 个作业进入内存，内存中至多允许 N 个进程存在，不能进入内存的作业将在后备作业队列中等待），作业调度采用最短作业优先调度算法，进程调度采用以优先级为基础的抢占式调度算法。在下表所示的序列中，所有进程都完全是处理器密集型的，优先数表示进程优先级，此题中优先数越小则优先级越高。试填充表中空白部分。

作业	到达时刻	预计运行时间 / min	优先数	进入内存时刻	运行结束时间	作业周转时间 / min
A	10：00	40	5			
B	10：20	30	3			
C	10：30	60	4			
D	10：50	20	6			
E	11：00	20	4			
F	11：10	10	4			
平均作业周转时间 =						

8. 考虑一组周期任务，执行简表如下，给出 100 个单位时间内，基于最早完成期限调度算法的调度图。

进程	到达时间	运行时间	完成最后期限
A（1）	0	10	20
A（2）	20	10	40
A（3）	40	10	60
A（4）	60	10	80
A（5）	80	10	100
B（1）	0	10	50
B（2）	50	10	100
C（1）	0	15	50
C（2）	50	15	100

9. 考虑 5 个非周期任务，执行简表如下，给出调度这 5 个任务，基于有自愿空闲时间的最早最后期限调度算法的调度图。

进程	到达时间	运行时间	启动最后期限
A	10	20	100
B	20	20	30
C	40	20	60
D	50	20	80
E	60	20	70

10. 设一个单处理器系统中，有 4 个实时周期性事件，周期分别为 80 ms、150 ms、200 ms、100 ms，处理时间分别是 20 ms、30 ms、40 ms 和 x ms，则当实时任务可成功调度时，x 值最大可以是多少？

11. 某进程调度程序采用基于优先数（priority）的调度策略，即选择优先数最小的进程运行，进程创建时由用户指定一个 nice 值作为静态优先数。为了动态调整优先数，引入运行时间 cpuTime 和等待时间 waitTime，初值均为 0。进程处于执行态时，cpuTime 定时加 1，且 waitTime 置 0；进程处于就绪态时，cpuTime 置 0，waitTime 定时加 1。请回答下列问题：

（1）若调度程序只将 nice 值作为进程的优先数，即 priority=nice，则可能会出现饥饿现象。为什么？

（2）使用 nice、cpuTime 和 waitTime 设计一种动态优先数计算方法，以避免产生饥饿现象，并说明 waitTime 的作用。

第 5 章　设备管理与磁盘调度

本章要点：

了解设备管理有关的硬件与软件基本原理以及缓冲池技术，重点掌握磁盘调度算法，理解独立磁盘冗余阵列的原理与类型。

本章导图：

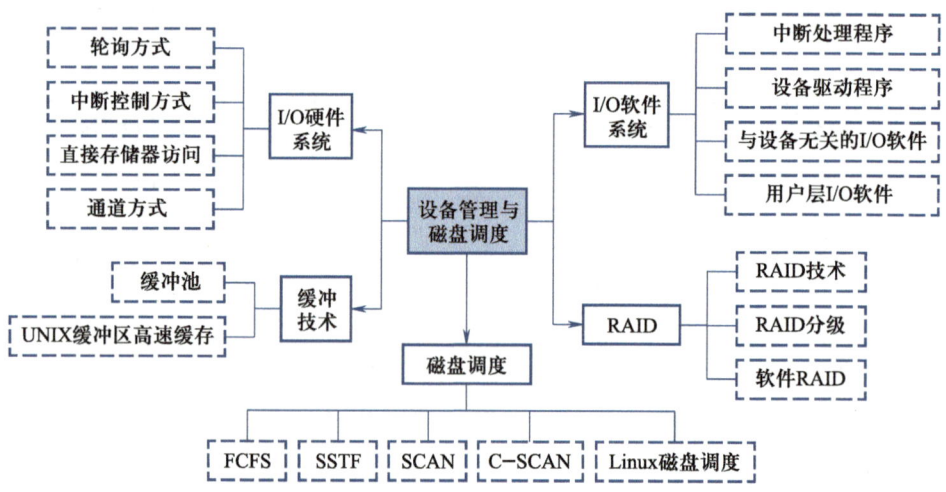

设备管理是操作系统的重要组成部分。现代计算机系统中配置了大量外部设备，由于设备类型繁多，差异极大，设备管理成了操作系统中最繁杂且与硬件紧密相关的部分。为了方便用户使用各种外部设备，设备管理要达到提供统一界面、便于使用、并行工作、提高设备使用效率等目标。本章介绍和设备管理有关的硬件与软件基本原理以及缓冲池技术。对系统性能影响最大的硬件设备是磁盘，磁盘调度算法是设备管理中的重要内容。本章还介绍了独立磁盘冗余阵列的原理与类型。

5.1 I/O 系统

I/O 设备即输入／输出设备，又称为外部设备、外围设备、外设等，用于计算机系统与外部世界进行信息交换与信息存储。在现代计算机系统中，I/O 设备品种繁多，结构性能差异巨大，既有机械式的，也有电子式的；既有数字信号的，也有模拟信号的；既有慢速的串口设备，也有高速的千兆网络设备。它们与主机的连接方式和信息交换方式各不相同。

通常将 I/O 设备及其接口电路、控制部件、通道和管理软件称为 I/O 系统。为了提高处理器和 I/O 设备的利用率，以及方便用户使用和共享 I/O 设备，I/O 系统具有下述四个基本功能。

（1）向用户屏蔽 I/O 设备的物理细节，实现设备无关性。

设备的命令和参数烦琐复杂，让程序员或用户编写直接面向这些 I/O 设备的程序是极其困难的，因此 I/O 系统需要对 I/O 设备加以适当的抽象，通过 I/O 系统调用向应用程序隐藏不同 I/O 设备的细节和差异。对于操作系统而言，当要安装新的 I/O 设备时，可以方便地添加新的设备驱动程序，从而做到即插即用。设备驱动程序向操作系统隐藏了设备的细节和差异。

用户可以使用抽象的读写命令（系统调用，如 open、close、read、write 等）和抽象的逻辑设备名（如打印机 /dev/printer）来表明对何种设备做何种操作，而不必指明具体是哪一台设备，这使得应用程序与具体使用的物理设备无关。这种应用程序独立于具体使用的物理设备、与具体设备无关的性质，也称为设备独立性，它可以提高应用程序的可移植性，灵活分配设备，并能方便地实现 I/O 重定向。

（2）提高处理器和 I/O 设备的利用率，对 I/O 设备进行控制。

I/O 设备的性能经常成为系统性能的瓶颈，I/O 系统需要解决设备与设备之间、设备与 CPU 之间处理速度不匹配的问题，使得 CPU 和设备能够充分并行工作，提高 CPU 和设备的利用率，以此提高计算机系统的整体性能。

对 I/O 设备应采用哪种 I/O 控制方式，与设备的传输速率、传输数据单位等因素有关。例如，对于打印机、键盘等慢速的字符设备，可采用中断控制的 I/O 方式；而对于磁盘、光盘等快速的块设备应采用 DMA 方式；I/O 通道方式使得 I/O 操作的组织和数据传输都能独立运行而无须 CPU 的干预。显然，I/O 系统也应屏蔽掉这些差异，向上层软件和用户提供统一的操作接口和交互界面。

（3）确保对设备的正确共享。

根据设备的共享属性，可以把设备分为独占设备和共享设备两类。独占设备是指多个进程应互斥地访问此类设备，一旦把设备分配给某个进程后，便由该进程独占，直到用完释放，如打印机、刻录机等。共享设备是指允许多个进程同时访问的设备，典型的共享设备是磁盘。当多个进程对磁盘提出读写请求时，各个进程的读写请求被统筹调度，交叉处理而不会影响读写的正确性。

（4）能够处理错误和故障。

大多数设备包含了较多的机械和电气部分，运行时容易出现错误和故障。发生错误时，应该尽可能在接近硬件的层面处理。例如，可通过重试操作来纠正错误，只有在多次重试之后仍然发生错误，才认为出现故障，需要向上层报告，请求上层软件或用户解决。

5.2　I/O 硬件原理

I/O 设备一般是由执行 I/O 操作的机械部分和执行 I/O 控制的电子部件组成的。通常将执行 I/O 操作的机械部分称为是一般的 I/O 设备，而执行 I/O 控制的电子部件被称为设备控制器、适配器（adapter）或 I/O 接口。微机和小型计算机中的设备控制器常被做成插在主机扩展槽中的印刷电路板（控制卡、接口卡）或集成在主板上的控制器芯片，有的大型、中型计算机系统中还配置了 I/O 通道或 I/O 处理机。

5.2.1　设备、设备控制器与通道

I/O 设备有多种分类方式。按照输入输出特性，I/O 设备可分为输入型外部设备、输出型外部设备和存储型外部设备三类；按照输入输出信息交换的单位，I/O 设备可分为字符设备和块设备。字符设备与计算机之间以字节为单位发送或接收一个字节流。块是指存储介质上由连续信息组成的一个区域，块设备每次与内存交换数据以块为单位。存储型外部设备（如磁盘、光盘）一般为块设备。

存储型外部设备又可以分为顺序存取存储设备和直接存取存储设备。顺序存取存储设备严格依赖信息的物理位置进行定位和读写，如磁带。直接存取存储设备的特点是存取任何一个物理块所需的时间几乎不依赖此信息的位置，如磁盘、固态硬盘等。

不同设备的物理特性存在很大差异，主要表现在：传输单位（慢速设备以字符为单位，快速设备以块为单位）、数据传输率（从键盘的 10^2 b/s 到千兆网卡的 10^9 b/s 不等）、数据表示方式（不同设备采用不同字符编码和校验码）和错误处理（每类设备的错误性质、形式、报错方法、应对措施等都不一样）。这些差异使得无论从操作系统还是用户的角度，都难以获得规范一致的 I/O 解决方案。

为简化 CPU 与外部设备连接和控制的复杂性，从硬件层面上，计算机系统采用标准总线接口与设备控制器通信，I/O 设备与设备控制器相连。由设备控制器操控具体的 I/O 设备，完成设备与计算机之间的数据交换。微型机和小型机可采用如图 5.1 所示的单总线模型或层次总线结构，将不同速度的设备，如 CPU、存储器、设备控制器和 I/O 设备，连接在不同层次的总线上。而大型主机往往采用多总线和专用 I/O 计算机（I/O 通道），它能够减轻主 CPU 的部分工作负载。

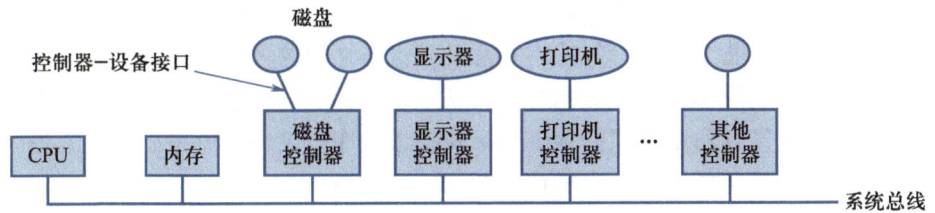

图 5.1 单总线模型

设备控制器的结构如图 5.2 所示，其中包含若干用于存放控制命令和参数的寄存器，包括数据缓冲寄存器（缓冲）、状态寄存器和控制寄存器等。计算机系统在发出输入输出命令之后，由地址译码和 I/O 控制逻辑电路控制 I/O 设备执行所要求的操作。

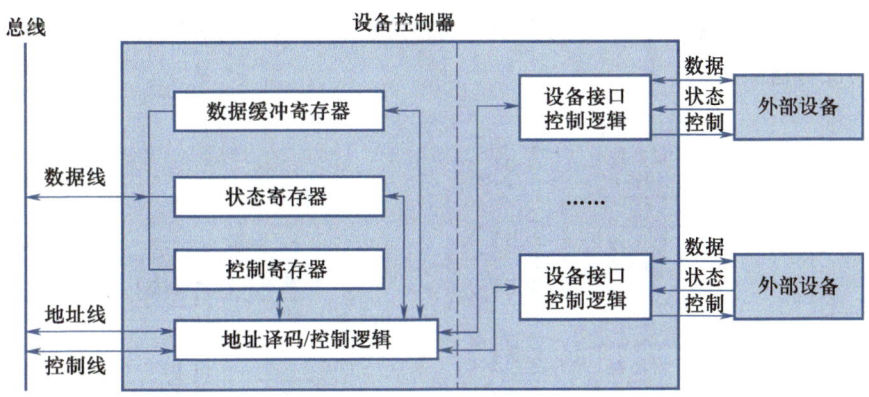

图 5.2 设备控制器的结构

由于 I/O 设备的数据传输速率通常较低，而主机（CPU 和内存）的速率很高，因此在设备控制器中必须设置一个缓冲区，以平衡二者的速度差异。在输出时，用此缓冲区暂存从主机高速传来的数据，然后再以 I/O 设备的传输速率将缓冲区中的数据传送给 I/O 设备。在输入时，缓冲区用于暂存从 I/O 设备传来的数据，在接收到一批数据后，再将缓冲区中的数据高速地传送给主机。例如，要从磁盘读入一块数据到内存时，磁盘被格式化为每个扇区 512 B，但从磁盘读出来的是位（比特）流，磁盘控制器的任务是把串行的位流装配成字节，存入控制器内部的缓冲区，形成字节块，在校验和确认无误之后，将这块数据传送到内存。

在 CPU 和 I/O 设备之间增加设备控制器后，能大大减少 CPU 对 I/O 设备的干预，但设备需要通过中断来告知主机它的状态。当系统中有很多设备时，CPU 会经常收到各种 I/O 中断而不得不去处理它们。为了进一步减少 I/O 操作中的中断次数和 CPU 占用时间，在 CPU 和设备控制器之间设置专门的 I/O 处理器——通道控制器，把对外部设备的管理、操作控制以及数据传输交由通道负责，使 CPU 进一步摆脱繁杂的 I/O 操作。

通道有自己独立的指令系统（虽然指令类型单一），可以代替 CPU 独立地执行一系列 I/O 操作指令，实现 CPU 和外部设备之间的数据传输。CPU 向通道发送一条指令，通道接收到该指令后，从主机内存中（通道没有自己的独立内存）取出本次要执行的通道程序，然后执行该程序。仅当通道完成了通道程序中规定的多条通道指令后，才向 CPU 发送一个中断信号。

由于通道价格昂贵，系统中所设置的通道数量较少，往往使它成为 I/O 的瓶颈。例如，图 5.3（a）单通路 I/O 系统中，若要启动设备 3，则要同时占用通道 1 和设备控制器 2；若二者之一已被其他设备占用，则无法启动设备 3。类似地，若要启动设备 4 和设备 6，由于它们都要用到通道 2，因此也不可能同时启动。为了解决这个瓶颈问题，可以不增加通道但增加设备到主机间的通路。例如，图 5.3（b）多通路 I/O 系统中，设备连接到多个设备控制器上，而一个设备控制器又连接到多个通道上。这样不仅可以提高通道的利用率，还可以提高系统的可靠性，不会因为个别通道或设备控制器的故障而使设备和主机之间没有通路。

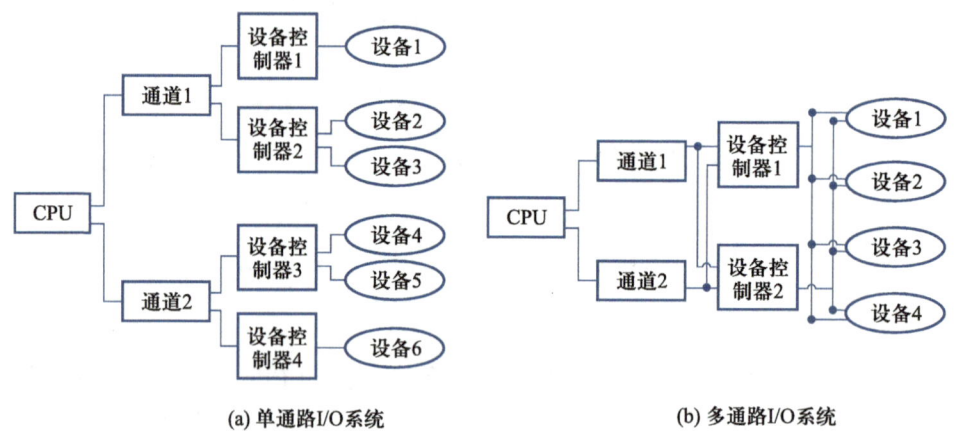

(a) 单通路I/O系统　　　　(b) 多通路I/O系统

图 5.3　单通路和多通路的通道连接方式

5.2.2　I/O 控制方式

CPU 与外部设备之间的信息交换随外部设备性质的不同而采用不同的控制方式。随着计算机技术的发展，控制方式也经历了由简单到复杂、由低效率到高效率、由 CPU 集中控制到各部件分散控制的发展过程。从早期的轮询方式，到后来的中断控制方式、适用于块设备的 DMA 方式以及无须 CPU 干预的通道方式。可以看到，主机对 I/O 控制的干预在逐渐减少、与外部设备并行工作的程度逐渐升高，主机从繁杂的 I/O 控制事务中解脱出来，更多地去完成数据处理任务。通过对不同 I/O 控制方式特点的分析可知，轮询方式和中断控制方式主要由软件实现，适用于数据传输速率较低的外部设备；而 DMA 方式和通道方式主要由硬件实现，适用于数据传输速率较高的外部设备。

1. 轮询方式

轮询方式（polling）也称为程序控制方式（programmed I/O），整个输入输出过程完全依靠 CPU 执行一段输入输出程序实现。当 CPU 要与设备进行数据交换时，首先设置设备控制器的命令寄存器，启动设备；在设备准备数据的过程中，CPU 循环测试设备控制器的状态寄存器，查询设备是否已就绪（准备好数据），直到状态寄存器表明数据已送入设备控制器的数据寄存器中；之后 CPU 将数据寄存器中的数据取出，送入 CPU 寄存器，再由 CPU 寄存器送入内存的指定单元，这样完成一个字节 / 字的 I/O 操作，如图 5.4 所示。

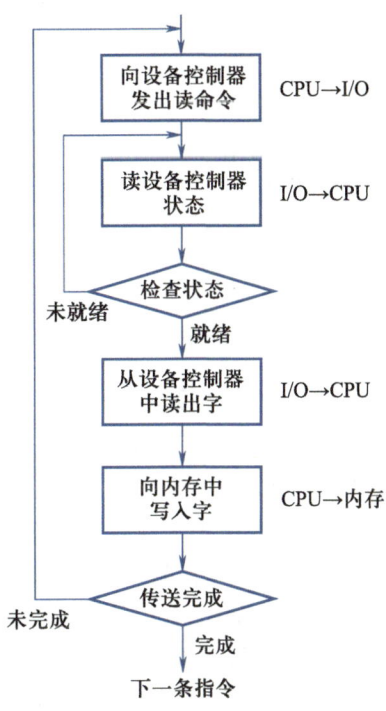

图 5.4　轮询方式——从设备读数据到内存的 I/O 过程

在轮询方式中，CPU 将绝大部分时间用于循环测试 I/O 设备的状态，忙等 I/O 结束。I/O 设备将数据准备就绪后，数据交换需要 CPU 寄存器进行中转，CPU 需全程参与数据传输工作，这样 CPU 和设备只能串行工作，资源利用率低。轮询方式多见于无中断机制的早期单任务操作系统中，现代的多任务操作系统在启动引导成功之前也采用这种方式与外部设备（如键盘、磁盘、显示器等）交互。

2. 中断控制方式

在中断控制方式（interrupt-driven I/O）中，CPU 启动外部设备后不再查询外部设备状态，而是将当前进程放入阻塞队列并转去执行其他进程；当外部设备准备好数据或发生错误后，主动向 CPU 发出中断请求；CPU 会在适当的时机响应中断请求，暂停正在执行的程序并调用相应的中断处理程序，完成 CPU 与

外部设备之间的一次数据交换；中断处理程序执行完后，CPU 又返回被中断的
程序继续执行，如图 5.5 所示。

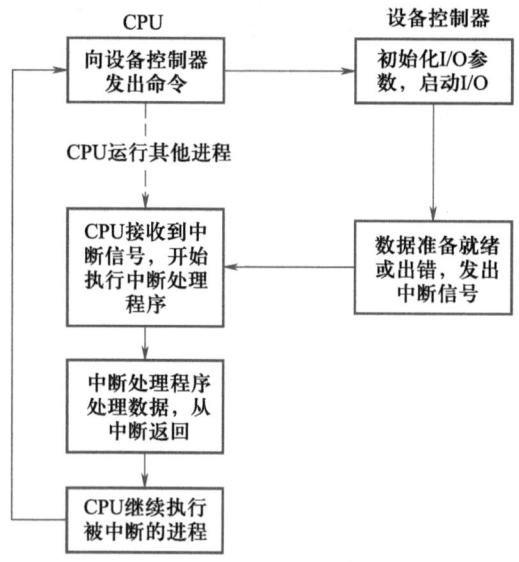

图 5.5　中断控制方式的 I/O 过程

这种 I/O 控制方式中，CPU 与外部设备可并行工作，仅当输入完一个数据
时，才需要 CPU 花费极短的时间去进行一次中断处理，这样可提高整个系统
的资源利用率和吞吐率。但中断服务需要上下文切换、执行中断处理程序等开
销，如果设备控制器的数据缓冲区较小，当缓冲区装满后便会发生一次中断，
则发生中断的次数会较多；如果系统中配置多种通过中断方式实现 I/O 的设备，
那么也会使中断次数急剧增加，这样 CPU 负担很重。

尽管中断控制方式比简单的轮询方式更有效，但处理器仍然需要主动干预
在内存和设备控制器之间的数据传送，并且任何数据传送都必须完全通过处理
器，数据交换仍然需要 CPU 寄存器进行中转。采用中断技术后，这部分开销成
为 I/O 传输技术发展的主要瓶颈，由此出现了直接存储器访问方式。

3. 直接存储器访问方式

直接存储器访问方式（direct memory access，DMA）在 I/O 时，由连接在系
统总线上的 DMA 控制器临时代替 CPU 控制总线，数据传送不再经过 CPU 寄存
器中转，而是直接通过系统总线在 DMA 控制器的缓冲区和内存之间进行双向
数据传送，其基本结构如图 5.6 所示。它使得 CPU 与外部设备能并行工作，还
有效消除了数据实际传输过程中 CPU 寄存器的中转开销，大大提高了传输速率
和 CPU 利用率。DMA 方式主要用于高速设备的块数据传输，常见的磁盘、显
卡、网卡、声卡等均支持 DMA 方式。

为了实现在 DMA 控制器和内存之间直接交换块数据，必须在控制器内部
设置如下四种寄存器：

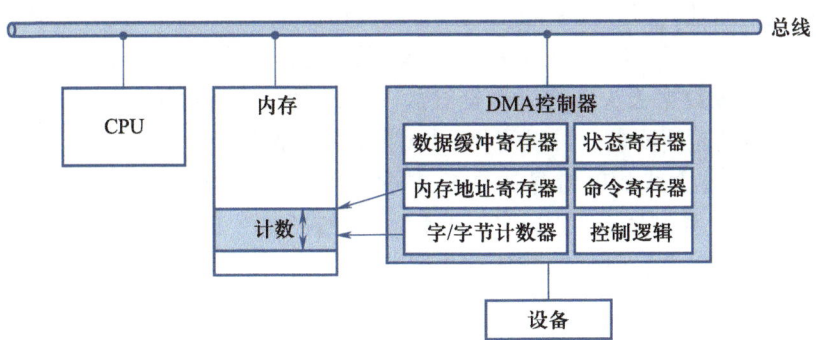

图 5.6 DMA 控制器基本结构

（1）内存地址寄存器。用于存放交换数据的内存源地址或目标地址。在 DMA 预处理阶段，起始地址由 CPU 设置，每次 DMA 传送后自动递增，指向下一个内存单元。

（2）命令寄存器。用于接收从 CPU 发来的 I/O 命令或有关控制信息。

（3）数据缓冲寄存器。用于暂存从设备到内存或从内存到设备的数据。

（4）字 / 字节计数器。用于记录本次 CPU 要读或写的字 / 字节数，即数据块的长度。传送开始后，每传送一个字或字节，计数器就自动减 1，当计数器减至 0 时数据传送完毕，发出 DMA 中断请求信号。

当 CPU 想通过 DMA 方式读或写一块数据时，工作流程如下：

（1）CPU 向 DMA 控制器发出 I/O 数据块的指令，初始化各寄存器的值，包括读操作或写操作、相关的 I/O 设备地址、内存的源地址或目标地址、读或写的字 / 字节数等。

（2）CPU 将发出数据传送请求的进程送入阻塞队列，调度其他进程运行。

（3）由 DMA 控制器不断抢占总线、挪用 CPU 工作周期，完成设备的一个连续数据块与一个连续内存区之间的直接传送。输入时，先将设备中数据送入缓冲就绪，再通过总线将缓冲中的数据写入内存单元；输出时，先通过总线将内存数据送到缓冲，再输出到设备。每传送一个字 / 字节，对 DMA 内存地址寄存器和字 / 字节计数器分别进行步增和步减操作，直到字 / 字节计数器递减至 0。一个数据块 I/O 完成后，DMA 控制器向 CPU 发中断。

（4）CPU 响应中断请求，调用相应的中断处理程序。所要求的多个数据块都传送完毕后，发出数据传送请求的进程被唤醒。

从工作流程可以看到，DMA 方式的技术特征是直接传输数据块，数据传输的基本单位是数据块，且是在设备和内存之间直接传输；仅在传送开始和结束时才需 CPU 干预，而整块数据的传送是在 DMA 控制器的控制下完成的；DMA 在所要求传送的一个数据块全部传送完毕后，才发出一次中断，大大减少了 CPU 进行中断处理的次数。

DMA 控制器中设置内部缓冲的意义在于，一旦设备开始工作，数据会持续传输，需要被暂存或及时送走。例如，磁盘开始传输后，位流是以恒定速度从磁盘连续不断地读出，如果想把这些不断读出的位流直接写入内存，就需要立即为每个字 / 字节请求系统总线。当总线很忙时，一些传送有可能由于超载而被终止，导致数据丢失。如果数据被放入内部缓冲，则对从 DMA 到内存的传送没有严格的时间要求，可以简化 DMA 控制器的设计。

实现 DMA 方式的关键是让 DMA 控制器能够不断抢占总线、挪用 CPU 工作周期。DMA 控制器和 CPU 可能同时竞争系统总线，此时 DMA 控制器将优先使用总线访问内存，CPU 要等待其释放总线后才能访问内存（此时，CPU 可以访问高速缓存 Cache），这称为"周期窃取（cycle stealing）"。注意，这并不是一个中断，CPU 没有保存上下文环境去做其他事情，而是仅暂停一个总线周期（在总线上传输一个字 / 字节的时间）。其影响是在 DMA 传送过程中，当 CPU 需要但不被允许访问总线时，CPU 的执行速度会变慢一点点。尽管如此，对数据块传送而言，DMA 方式比中断控制方式和轮询方式更高效。

【例】设一个 DMA 控制器从外部设备给内存传送字符（字节），传送速度为 9 600 b/s。CPU 以每秒 100 万次的速度取指令。由于 DMA 活动，CPU 的速度将减慢多少？

解：CPU 每秒访问总线 10^6 次，即每 1 μs 访问一次内存。DMA 每秒传送 9 600/8=1 200 字节，约每 1/1 200 秒 =833 μs 时需占用一次总线传送一字节，即窃取第 833 个总线周期，如图 5.7 所示。所以，CPU 减慢约 1/833=0.12%。

图 5.7 约每 1/1 200 秒占用一次总线

4. 通道方式

一次 DMA 操作只能传送一个数据块，如果用户希望一次读写多个离散的数据块，并把它们传送到不同的内存区域（或者相反方向 I/O），则需要 CPU 发出多条启动 DMA 的 I/O 指令及进行多次 I/O 中断处理才能完成。为进一步减少 CPU 被 I/O 操作中断的次数，出现了通道 I/O 方式（channel I/O），由通道分担 CPU 的 I/O 管理，能有效提高系统效率。

通道具有独立的通道指令系统，可以通过执行通道程序来完成 CPU 指定的 I/O 任务。一个通道程序通常包含多条通道指令，每条通道指令完成一个数据块的 I/O。通道指令一般包含操作码（如读、写等）、被交换数据在内存中的地址、数据块长度（字 / 字节计数）以及被控制的 I/O 设备的地址信息、特征信息（如是磁带还是磁盘设备）等。

CPU 收到 I/O 任务后，通过设备驱动程序编制好通道程序，并将通道程序放在内存中；设置各种通道参数，启动通道；通道获取通道程序，逐条执行其中的通道指令，执行 I/O 操作，在此期间 CPU 可以去执行其他进程；通道程序完成了多个数据块的传送之后，通道发出一次中断，CPU 响应并处理中断。

表 5.1 给出一个由 5 条通道指令构成的简单通道程序的例子，该程序的功能是将内存中不同地址的数据写到磁盘上构成多条记录。其中，"操作码"是指令执行的操作（如读、写、控制等）；"内存地址"表示字节送入内存（读）和从内存取出数据（写）时的内存起始地址；"计数"表示本条指令要读写的字节数；"通道程序结束位 P"等于 1 表示这是最后一条通道指令，通道程序结束；"记录结束标志 R"等于 0 表示本通道指令与下一条指令所处理的数据同属于一条记录，R=1 表示这是处理某记录的最后一条指令。例如，前三条指令分别将 810 单元开始的 80 字节、1 024 单元开始的 100 字节和 5 800 单元开始的 60 字节写成一条记录；后两条指令共写包含 400 字节的一条记录；之后通道程序结束。

表 5.1　简单的通道程序例

操作码	P	R	字符计数	内存首址
Write	0	0	80	810
Write	0	0	100	1 024
Write	0	1	60	5 800
Write	0	0	200	1 850
Write	1	1	200	720

通道方式进一步发展就是外围处理机（peripheral processing unit，PPU）方式，通常用于高效率的大中型计算机系统中。PPU 基本上独立于 CPU，其结构更接近于一般处理机（甚至就是一般的通用微型、小型计算机），它有自己的指令系统，能完成算术与逻辑运算、存储器的读写、码制变换、格式处理及数据块纠错等操作。

5.3　I/O 软件原理

在设计 I/O 软件机制时，有两个最重要的目标：高效率和通用性。

I/O 操作通常是计算机系统的瓶颈。解决高效率问题的方法是采用多道程序设计，让设备之间、CPU 与设备之间并行工作。特别需要提高 I/O 效率的设备是磁盘，因为它使用频繁，I/O 数据量巨大，对系统的整体运行性能影响很大。

另一重要目标是通用性，希望用一种统一的方式处理所有设备，由于设备特性的多样性，在实际中很难真正实现通用性。目前是用层次化、模块化的方式设计 I/O 功能，实现设备无关性。低层软件用来隐藏设备硬件的具体细节，高层软件为用户提供统一的界面，使用户进程可以通过诸如读、写、打开、关闭、加锁、解锁等一些通用函数来操作 I/O 设备。

为了实现这两个目标，I/O 软件可分为如下四个层次，如图 5.8 所示。每层利用其下层提供的服务完成某些 I/O 功能，但会屏蔽这些功能的实现细节，同时为高一层提供服务，某层的变化不需要改动其他层。

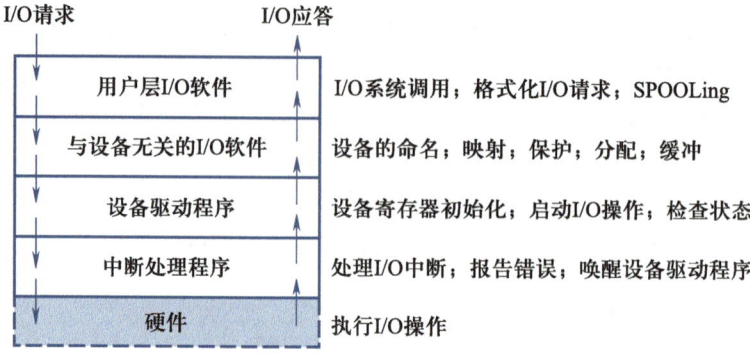

图 5.8　I/O 软件的层次与功能

以一个从磁盘读文件到内存的 I/O 操作为例，这些层次所需执行的步骤如下。

（1）用户进程以"已打开文件的文件描述符"为参数执行 read() 系统调用。

（2）与设备无关的 I/O 软件收到系统调用后，检查参数是否正确；若正确，则检查内存缓冲池中有无要读取的数据；若有，则从缓冲区中直接读至用户区，完成 I/O 请求；若无，则需执行物理 I/O 操作，将设备的逻辑名转换成物理名，检查对设备操作的许可权，阻塞用户进程等待 I/O 操作完成。

（3）磁盘的设备驱动程序收到 I/O 请求后，设置设备控制器的寄存器，分配准备接收读出数据的设备控制器缓冲区，向设备控制器发送启动命令建立 DMA 传输；设备控制器操作设备，执行数据传输；传输完成后，产生 I/O 结束的相关中断。

（4）CPU 响应中断，转向磁盘中断处理程序，检查中断原因和设备执行状态；若设备出错，则令设备驱动程序检查是否能重新执行及再次启动 I/O 传输，否则报告错误；若设备 I/O 正确完成，则将数据传输到指定的用户进程空间，唤醒被阻塞的进程转为就绪态。

（5）当用户进程被再次调度执行时，从 I/O 系统调用的断点处恢复执行。

5.3.1　中断处理程序

中断处理程序位于操作系统底层，是与硬件设备密切相关的软件。当进程请求一个 I/O 操作时，通常被阻塞，直到设备传输数据完毕并产生 I/O 中断。CPU 响应中断请求，开始执行中断处理程序。

典型情况下，中断处理程序首先在栈中保存所有的寄存器内容，然后检查设备状态寄存器内容，判断产生中断的原因，根据 I/O 操作的完成情况进行相应处理。若数据传输时出错，则应尝试重新执行或向上层软件报告设备出错信息；若正常结束，则唤醒设备驱动程序做后续处理，即唤醒等待数据传输的进程，将其转为就绪态。

在中断处理完成后，恢复被中断进程的 CPU 现场环境，并返回断点继续执行。

5.3.2 设备驱动程序

设备驱动程序与硬件直接相关，是操作系统底层中唯一知道各种输入输出设备的控制器细节及其用途的部分。通常一个设备驱动程序只处理一种设备或一类非常类似的设备。由于设备之间的差异很大，每类设备的驱动程序都不同，故必须由设备制造厂商提供设备驱动程序，而不是由操作系统提供。

设备驱动程序的任务是从上层（与设备无关的 I/O 软件）接收 I/O 请求，把用户提交的逻辑 I/O 请求转化为针对 I/O 设备的具体命令和参数，启动和执行物理 I/O 操作，同时监督设备是否正确运行，管理数据缓冲区，进行必要的纠错处理等。如果 I/O 请求到来时设备驱动程序空闲，则立即执行这个请求。但如果它正在处理其他请求，会将新到来的请求放入 I/O 请求队列中。当前请求完成后，再依次从 I/O 请求队列中取出 I/O 请求进行处理。

以磁盘驱动程序为例，应具体了解磁盘的扇区、磁道、柱面、磁头臂的运动、马达驱动器、磁头定位等机制。磁盘驱动程序会先将逻辑 I/O 请求中抽象的逻辑块号转换为磁盘的柱面号、盘面号和扇区号，检查磁盘驱动器是否运转，检测磁头臂是否定位在正确的柱面，需要哪些控制器命令及其执行次序，然后向磁盘控制器的寄存器写入这些命令和相应的参数。对于具有通道的 I/O 系统，设备驱动程序还负责形成通道指令和通道程序。

除了某些 I/O 操作可以立即完成（如终端屏幕的滚动显示、向缓冲输出等）的情况以外，多数情况下，设备驱动程序必须等待设备控制器为它完成任务，这样设备驱动程序才会阻塞自己，直到中断信号将它解除阻塞为止。之后再检查是否有错，若一切正常，设备驱动程序将数据传送到与设备无关的 I/O 软件，完成一次 I/O 操作。

5.3.3 与设备无关的 I/O 软件

与设备无关的 I/O 软件实现的是一般设备都需要的、通用的 I/O 功能，并且向用户层软件提供一个统一的接口。与设备无关的 I/O 软件主要有如下六个功能。

1. 对设备进行标识

把设备的符号名映射到相应的设备驱动程序上，或者说将抽象的逻辑设备名转换为具体的物理设备名，并进一步找到相应物理设备的设备驱动程序入口。如在 UNIX 系统中，将设备抽象为文件，类似于 /dev/hda、/dev/hdb 这样的设备名唯一确定了一个特殊文件（设备）的索引节点，这个索引节点包含了主设备号（hd）和次设备号（a、b），主设备号用于找到相应的设备驱动程序，次设备号作为设备驱动程序的参数，用于确定要访问的具体设备单元。

2. 对设备进行保护

防止无授权的应用程序或用户的非法使用。如 UNIX 系统对 I/O 设备的特殊文件可以设置 rwx 存取权限。

3. 独占设备的分配和释放

有些设备在任一时刻只能被单个进程使用，因此要求能够跟踪和检查该设备的状态，根据忙闲状况决定接受或拒绝此请求。一个简单的方法是用系统调用 open() 函数打开相应的设备文件来进行申请，如果设备不可用，则 open() 函数调用失败；然后用系统调用 close() 函数关闭独占文件的同时将释放该设备。

4. 提供与设备无关的逻辑块

各种存储器的空间大小、传输速率、盘块尺寸都不相同，这些差异应该向高层软件屏蔽，提供大小统一的逻辑块（簇）。这样高层软件只与逻辑设备打交道，并使用等长的逻辑数据块，而不考虑物理设备的实际空间和物理数据块大小的差别。

5. 管理缓冲

块设备和字符设备都需要缓冲技术，可以在内存建立缓冲区，为设备分配和释放缓冲。块设备每次读写以块为单位，应用程序可以按任意单位读写数据，所以通常先将数据保存在缓冲区，当缓冲区满时再将数据传送给用户或写至磁盘。字符设备也必须使用缓冲，否则系统总是等待字符设备输入，效率太低。

6. 存储设备的块分配

在创建一个文件并向其填入数据时，必须要为该文件分配新的磁盘块，因此需要为每个磁盘设置一张记录空闲盘块的表或位图。查找和分配一个空闲块的算法是与设备无关的，所以放在与设备无关的 I/O 软件中处理。

现代操作系统的 I/O 系统中，I/O 软件基本上都实现了与设备无关性。使 I/O 软件独立于具体物理设备的最大好处是提高了 I/O 系统的可适应性和可扩展性，使它们能应用于多种类型的设备，而且在每次增加新设备或替换老设备时，都不需要对操作系统的 I/O 软件进行修改，这样就方便了设备的更新与扩展。

5.3.4　用户层 I/O 软件

以上的大部分 I/O 软件都放在操作系统内部，但仍有一小部分放在用户层，这部分用户层 I/O 软件提供与用户交互的接口，其中包括与用户程序链接在一起的库函数，以及完全运行于内核之外的假脱机系统。

1. 系统调用与库函数

为了保护设备的安全性和使各进程有序使用 I/O 设备，不允许运行在用户态的应用进程直接调用运行在内核态的操作系统过程，但应用进程又必须使用操作系统提供的服务，于是操作系统在用户层中引入了系统调用，应用进程通过系统调用间接地调用操作系统内核中的 I/O 过程，对设备进行操作。

在 C 语言及 UNIX 系统中，提供了与系统调用相对应的库函数，库函数将系统调用封装起来，应用进程通过调用库函数使用相应的系统调用。库函数可以对 I/O 数据进行格式化处理，如库函数 printf() 可以构造一个格式化的 ASCII 字符串，然后调用 WRITE 系统调用输出这个串。对文件操作来说，可以通过库函数 fread()、fwrite() 实现记录式文件操作，fprintf() 实现文本格式化输出等。

例如，C 语言源程序中有一条对文件的写操作语句，将调用库函数 fwrite（*p, size, n, *fp），在编译链接时库函数与程序其他代码链接在一起，形成二进制的可执行代码。在实际运行时，库函数给所封装的系统调用提供参数，执行系统调用时陷入操作系统内核，再由内核的 I/O 过程执行真正的 I/O 操作。

2. 假脱机系统（虚拟设备）

现代计算机系统中配置许多外部设备，大多数设备属于独占式设备，即只能由一个进程以独占方式使用，如打印机、磁带、键盘、显示器等。如果采用静态分配，在进程运行前分配设备，运行完毕时回收设备，则设备利用率会很低；若采用动态分配，进程在执行过程中需要使用时申请分配，使用完毕时释放，虽然可以提高设备利用率，但可能会导致死锁问题。现代操作系统通过使用假脱机技术（也称为 SPOOLing 技术）实现虚拟设备的方法，来解决独占式设备的分配问题。

早期在批处理系统中曾采用脱机外部设备进行 I/O 操作。主计算机速度快，专注于计算，且只和相对快速的磁带机进行 I/O 操作。而慢速的读卡机、打印机等设备的 I/O 操作借助独立于主计算机的额外输入计算机和输出计算机（也称为外围机、卫星机）实现。输入计算机从读卡机上读取信息并转存到输入磁带上，输入磁带上可以放多个批处理作业；然后将输入磁带人工移动到主计算机上，让多个作业以多道并发方式运行，运行的结果数据写入输出磁带；作业全部运行完毕后，将输出磁带转移到输出计算机上，读出结果数据并打印输出。这些外围机负责的 I/O 操作不在主计算机的直接控制下进行，所以称为脱机 I/O 操作。

现代操作系统提供假脱机技术模拟上述的脱机输入／输出过程，如图 5.9 所示，其技术要点如下。

（1）在磁盘上开辟两个存储区域——输入井和输出井。

输入井模拟脱机输入时的输入磁带，用于收容 I/O 设备输入的数据；输出井模拟脱机输出时的输出磁带，用于收容用户进程运行时产生的输出数据。输入井和输出井中的数据一般以文件形式组织，每个进程的输入／输出数据放入一个文件，所有进程的输入／输出文件可链接为一个输入／输出队列。

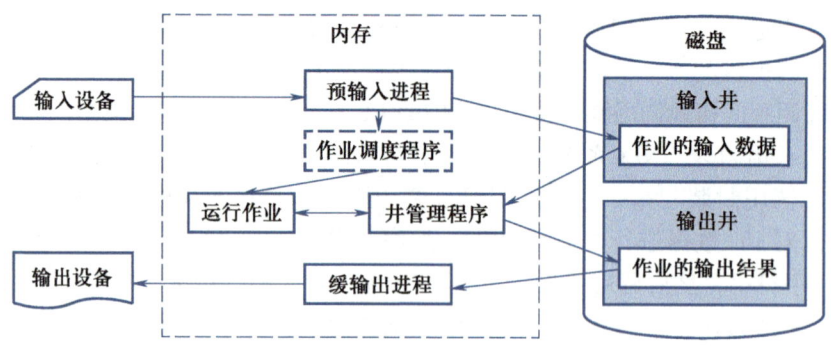

图 5.9　假脱机系统的组成

（2）设置两个管理进程——预输入进程和缓输出进程。

预输入进程用于模拟脱机输入时的输入计算机，将数据从输入设备传送到输入井（预先暂存），当进程运行需输入数据时，直接从输入井读入内存。缓输出进程用于模拟脱机输出时的输出计算机，把输出数据从内存传送到输出井（暂缓输出），待输出设备空闲时，再把输出井中的数据依次输出至输出设备。

（3）设置井管理程序，用于控制作业与磁盘井之间的信息交换。

当作业执行过程中，启动输入或输出操作请求时，由操作系统调用井管理程序，从输入井读取数据，或将数据输出到输出井。

假脱机技术的优点如下。

（1）实现了数据的预输入和缓输出，将对低速 I/O 设备执行的 I/O 操作转变为对磁盘井的存取操作，提高了 I/O 速度，缓和了 CPU 与低速 I/O 设备之间速度不匹配的矛盾。

（2）将独占设备改造为若干台共享的虚拟设备。SPOOLing 系统实际上并没有为任何进程分配物理设备，只是在磁盘井中分配了一块空间。多个进程以为自己在独占使用一个设备，其实是在同时使用一台虚拟的逻辑设备，这样可提高设备利用率，还可以避免由于进程争用设备而导致死锁。

以一个典型的独占设备——行式打印机为例，SPOOLing 系统（见图 5.10）会为打印机创建一个特殊的系统进程，称为守护或精灵（daemon）进程，以及一个特殊的磁盘目录（输出井），称为 spooling 目录，如 C：\Windows\System32\spool\PRINTERS。打印机守护进程是系统中唯一一个拥有打印机设备使用权限的进程，打印机不会被分配给任何一个普通的用户进程。多个用户进程提交各自要打印的文件时，守护进程被唤醒，将文件放在 spooling 目录下排队，然后按 FCFS 原则，依次逐个地送到打印机上完成文件的打印工作。现在，打印机是共享的。对每个用户而言，系统并非即时打印，只是让用户感觉系统已接收其打印请求，真正的打印操作是在打印机空闲且该打印任务在等待队列中已排到队首时进行的。当 spooling 目录中的全部文件打印完毕后，打印机守护进程无事可做，便又去睡眠，等待用户进程再次发来打印请求。

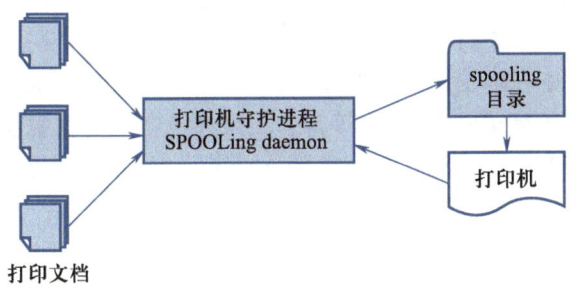

图 5.10 打印机 SPOOLing 系统

SPOOLing 技术不只适用于打印机，还可在其他情况下使用。例如，通过网络接口传输文件，常常使用一个网络通信守护进程，用户先将要发送的文件放在一个网络 spooling 目录下，之后由网络通信守护进程将其取出并发送。

5.4 缓冲技术

虽然通过中断、DMA 等技术，可以使系统中各 I/O 设备之间、I/O 设备与 CPU 之间实现并行工作，但是 I/O 设备和 CPU 的处理速度不匹配的矛盾始终存在，这可能导致中断次数增多，高速的 CPU 被慢速的 I/O 设备拖累，制约了计算机系统性能的进一步提高。

缓冲的概念

例如，当一个用户进程需要把大批数据输出到打印机上打印时，由于 CPU 输出数据的速度远远高于打印机的打印速度，因此 CPU 只好高频地向打印机输出，每次只输出少许数据且停下来等待打印机打印完毕；反之当计算进程进行计算时，打印机又因无数据输出而空闲。为解决这个问题可以设置缓冲区，这样 CPU 可把数据先输出到缓冲区，然后继续运行后面的计算工作，而打印机则可以从缓冲区中取出数据慢慢打印，打印完毕之后向 CPU 发出中断，请 CPU 发送下一批数据到缓冲区。

根据 I/O 控制方式的不同，缓冲（buffer）的实现方法有两种。一种是采用专用硬件缓冲区，即设备控制器中的数据缓冲区。由于硬件成本高，故硬件缓冲区容量较小，且硬件缓冲区之间互不相关，如打印机和磁盘有各自的硬件缓冲区。另一种是被广泛应用的内存缓冲池，在内存中划出一个具有 n 个缓冲区的公用缓冲池，用来存放输入 / 输出的数据，内存缓冲池中的缓冲区可供所有进程申请并使用。

5.4.1 缓冲的作用

现代操作系统中，几乎所有的 I/O 设备在与 CPU 交换数据时，都使用了缓冲。缓冲的作用可以归结为以下三点。

缓冲的作用

（1）缓和 CPU 与 I/O 设备间速度不匹配的矛盾，提高 CPU 和 I/O 设备间的并行性。

　　凡是在数据的到达速率与离去速率不同的地方，都可设置缓冲区，以缓和它们之间速度不匹配的矛盾。CPU 的运算速度远高于 I/O 设备的传输速度，如果没有缓冲区，则在输出或输入数据时，会由于 I/O 设备（如打印机、键盘等）的速度跟不上，而使 CPU 停下来等待。如果在设备控制器中设置一个缓冲区，可以用来快速暂存进程的输出数据或输入数据，则设备以自己的速度慢慢输出或输入，同时 CPU 继续执行其他计算任务。可以看到，引入缓冲可缓和 CPU 与 I/O 设备间速度不匹配的矛盾，并显著提高 CPU 和 I/O 设备间的并行工作程度，提高系统的吞吐率和设备利用率。

　　（2）协调逻辑记录和物理记录大小不一致的问题。

　　凡是在生产者和消费者之间交换的数据粒度（数据单元大小）不匹配的情况下，都可以设置缓冲区。用户和应用程序把文件视为具有某种结构（如字节流式文件或记录式文件），但磁盘 I/O 是以磁盘块为单位来完成的，因此文件中的字节流或记录必须组织成一组磁盘块的序列，再与磁盘进行 I/O 操作，这就是文件管理中的记录组块技术。当进程执行写操作要输出数据时，逻辑记录长度不定，需先向系统申请一个用于输出的内存缓冲区，然后将数据不断送至缓冲区，逻辑记录就被组装在缓冲区中；缓冲区装满后，系统可将缓冲区的内容写到设备上。当进程执行读操作要输入数据时，先向系统申请一个用于输入的内存缓冲区，系统将设备上的物理记录读至缓冲区，然后根据要求再将当前进程所需要的逻辑记录从缓冲区中选出并传送给进程。

　　在网络通信中，也常用缓冲来处理消息的分段和重组。在发送端，一个大消息可分成若干小网络包，这些包通过网络传输，接收端将它们按顺序放在缓冲区中，还原生成完整的源数据镜像。

　　（3）减少 I/O 中断次数，放宽对 CPU 中断响应时间的要求。

　　缓冲区的长度和数量会影响 I/O 中断次数，以及 CPU 收到中断信号后至必须处理中断前的响应时间。假设一个进程仅有两个缓冲区，将缓冲区 1 填满需向 CPU 发出一次中断，之后数据可传送至缓冲区 2；若在将缓冲区 2 填满之前，CPU 响应中断把缓冲区 1 的数据取走，则不会导致数据丢失。显然，长度为 1 KB 的缓冲区和 4 KB 的缓冲区相比，后者的中断次数是前者的 1/4；即进程可容留数据的缓冲区多，留给 CPU 响应中断的时间也长。

　　另外一个例子如下，设在一个数据传输速率为 9 600 b/s 的远程通信系统中，如图 5.11（a）所示，若从远程终端发来的数据仅用 1 位的缓冲来接收，则每收到一位数据就要中断 CPU 一次，其中断 CPU 的频率为 9 600 Hz，即约每 100 μs 就要中断 CPU 一次，且 CPU 必须在 100 μs 内响应，否则新数据将把缓冲中的数据冲掉；如果设置一个 8 位的缓冲寄存器，如图 5.11（b）所示，则可使 CPU 被中断的频率降低为 9 600 Hz 的 1/8，但 CPU 仍必须在 100 μs 内响应中断，赶在第 9 位数据到来前取走缓冲寄存器数据；如果再多设置一个 8 位的缓冲寄存器，如图 5.11（c）所示，则 CPU 被中断的频率仍为 9 600 Hz 的 1/8，但 CPU 对中断的响应时间可以放宽到 800 μs（如果考虑到第 17 位数据到来前的时间，CPU 对中断的响应时间可以达到 900 μs），只要在收到中断信号后的此时间段内响应中断，取走缓冲寄存器中的数据，就不会丢失数据。

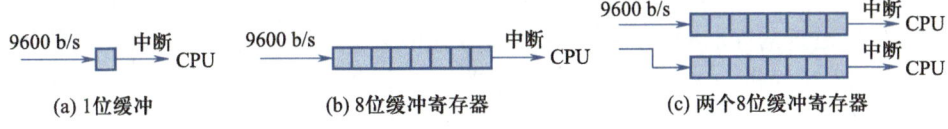

图 5.11 缓冲寄存器减少中断频率示例

5.4.2 缓冲池

缓冲的实现

为了提高缓冲区的利用率，目前普遍采用内存公用缓冲池（buffer pool），在池中设置了多个可供进程共享的缓冲区，每个缓冲区既可用于输入，又可用于输出数据。内存公用缓冲池由操作系统划分、分配、回收及其他管理。缓冲池由多个缓冲区组成，每个缓冲区包括用来标识和管理该缓冲的缓冲首部和用于存放数据的缓冲体两部分。对缓冲池的管理是通过对每个缓冲区的缓冲首部进行操作实现的。缓冲首部可以包括缓冲区号、设备号、设备上的数据块号（块设备时）、互斥标识位以及缓冲队列连接指针等属性。缓冲队列以及每个缓冲区都属于临界资源，对它们的访问需要满足相应的同步、互斥条件。

以磁盘为例说明内存缓冲池的作用与管理。对于磁盘等块设备，通常需要按照应用程序的要求随机访问数据块，同一数据块可能会被多次访问。为了减少磁盘的平均存取时间和访问磁盘的次数，可以利用局部性原理，在内存中为磁盘块分配缓冲区，它包含磁盘中某些块的副本。当出现一个要访问某一特定磁盘块的 I/O 请求时，首先检查该磁盘块是否已在内存缓冲池的某个缓冲区中。如果在，则该请求可以通过这个缓冲区来满足；如果不在，则把被请求的磁盘块从磁盘读到一个内存缓冲区中。由于访问的局部性，当一块数据被取入缓冲区以满足一个 I/O 请求时，很有可能将来会再次访问到这一块数据。类似地，向磁盘写入的数据也可暂存在缓冲区中，以供在回写磁盘之前再次使用。

当一个 I/O 请求从内存缓冲区中得到满足时，缓冲区中的数据必须传送给发送请求的进程，这可以通过在内存中把这一块数据从缓冲区复制到该进程的存储空间，或者只是传送指向该缓冲区的指针，后一种方法允许其他进程通过读者-写者模型对该缓冲区进行共享访问。

另一个要解决的设计问题是置换策略。当缓冲池中已没有空闲缓冲区时，要将一个新磁盘块读入缓冲池，就必须置换出一个缓冲区。同虚拟内存的页面置换算法类似，可以采用最近最少使用（least recently used，LRU）算法置换未被访问时间最久的缓冲区，或采用最不常使用置换算法（least frequency used，LFU）置换被访问次数最少的缓冲区等。无论采用哪种特殊的置换策略，都可以在需要用到缓冲区时才发生置换，或者预先置换多个缓冲区。如果被选择置换的缓冲区被修改过，那么它在被置换出去之前必须写回磁盘。

5.4.3　UNIX SVR4 的缓冲区高速缓存

UNIX 维护一个称为缓冲区高速缓存（buffer cache）的内存缓冲池，来试图减少对磁盘的存取频率，缓冲区高速缓存中含有最近被使用过的磁盘块的数据。UNIX 还提供一组缓冲区高速缓存操作，实现读写磁盘文件数据，这些操作通常有写缓冲、延迟写缓冲、读缓冲、预读缓冲等。

在系统初启期间，内核按照存储器的大小及系统性能的约束条件来创建缓冲区高速缓存（即内存缓冲池），划分若干缓冲区。一个缓冲区由两部分组成：标识该缓冲区的缓冲首部以及包含磁盘块数据的缓冲体。内核通过考察缓冲首部中的标识符字段来识别缓冲区内容，缓冲体是磁盘块在内存中的副本。为保证数据一致性，在同一时刻绝不能把一个磁盘块映射到多个缓冲区中，否则内核无法知道哪个缓冲区包含当前数据，并且可能会把不正确的数据写回磁盘。

缓冲首部可以包含以下字段：

（1）一个设备号字段和一个磁盘数据块号字段：这两个字段指明了缓冲区数据对应的文件系统和磁盘块号，唯一标识了该缓冲区。

（2）缓冲区状态：可以是上锁、数据有效、延迟写、正在读写、有进程等待该缓冲开锁等，用来实现对缓冲区的同步、互斥访问。

（3）数据所属文件的文件描述符和数据在文件中的位移。

（4）活动计数：表示有多少读写操作在访问此块。

（5）散列队列和空闲链表的两组前向指针和后向指针：用来维护缓冲池的整体结构。

当请求从指定文件读写数据时，给定设备号和磁盘块号，必须快速查询所需数据块是否已在内存缓冲池中。为此，设计散列队列来组织缓冲池的缓冲区。有多条散列队列，每条散列队列中的（设备号，块号）具有相同散列值，每个缓冲区的首部有散列指针指向该散列队列中的下一个缓冲区。这样，散列队列的数量越多，平均搜索长度就越短。例如图 5.12 中，有 4 条散列队列，则平均搜索时间为顺序搜索整个缓冲池所需时间的 1/4。为简化计算，图 5.12 的示例数据中没有设备号，仅以磁盘块号为例，"磁盘块号 %4" 的值作为散列值，对应到某条散列队列。

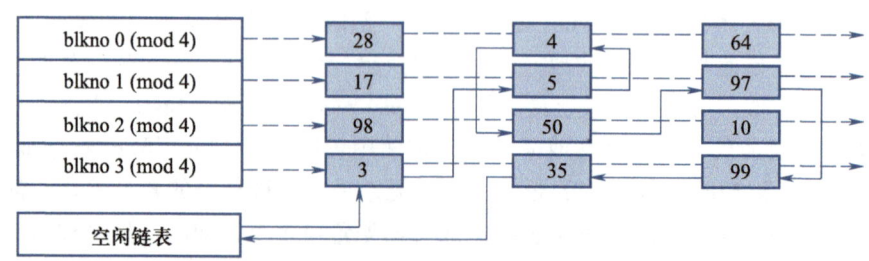

图 5.12　UNIX 缓冲区高速缓存组织结构示例

所有缓冲区被组织在两种双向链接循环队列中。

（1）散列队列。每个到（设备号，块号）的访问被映射到某条散列队列，搜索该散列队列，如果与（设备号，块号）相应的块已在散列队列中，则可知是在哪个缓冲区并获得其内容。图 5.12 中，散列队列的指针链接用虚线表示。

（2）空闲链表。已被进程释放的缓冲区按照 LRU 原则送入空闲链表。空闲链表链首的缓冲区是很久都没有被访问的缓冲区，因此，空闲链表实际上保存了缓冲区最近将再次被分配的次序。图 5.12 中，空闲链表的指针链接用实线表示。

当进程请求从指定文件读写数据时，根据给定的（设备号，块号），确定某散列队列，从散列队列中快速查询该块是否已在其中。若在缓冲池中，则立即获得其内容；若不在缓冲池中，则从磁盘上读该磁盘块数据，并分配空闲链表链首的缓冲区保存其数据，然后根据其（设备号，块号）链入相应散列队列。

当进程关闭文件时，与该文件相关的缓冲区被释放，成为空闲缓冲区。可采用某种策略（如 LRU）把这些空闲缓冲区链入空闲链表中。于是，最不可能被再次访问的缓冲区将位于空闲链表链首，在下次有进程申请空闲缓冲区时被最先分配。

空闲链表中的数据被延迟写磁盘，当需再次分配该空闲缓冲区时才写回磁盘，或定期调用系统调用 sync 将空闲缓冲区成批写回磁盘。通过采用"延迟写"和"成批写"来减少磁盘 I/O 开销。

5.4.4 减少磁盘 I/O 开销的措施

UNIX 系统提供两种读盘方式和三种写盘方式。"正常读"是指把磁盘块数据读入内存缓冲区；"提前读"是指在读磁盘当前块时，把下一磁盘块也读入内存缓冲区；"正常写"是指把内存缓冲区中的数据写至磁盘块，且写进程应阻塞等待写操作完成；"异步写"是指写进程无须等待写操作结束，就可返回进程运行；"延迟写"是指仅在缓冲区首部设置"延迟写"标志，然后释放此缓冲区，并将其链入空闲缓冲区链表的尾部，当其他进程申请分配此缓冲区时，才把缓冲区数据真正写回磁盘。其中，"提前读"和"延迟写"是两种借助于设置在内存中的磁盘缓冲区（池），有效减少磁盘 I/O 开销的措施。在 UNIX、OS/2、Windows、Linux 等操作系统中被广泛采用。

1. 提前读

对于采用顺序方式访问的文件数据，在读当前盘块时已知下次要读取的盘块地址，因此可在启动磁盘读当前盘块的同时，提前把下一盘块的数据也"顺便"读入内存的磁盘缓冲区。这样，当下次要读该盘块时，数据已经被提前送入缓冲区，可直接访问。这种提前读方式的磁盘 I/O 开销比独立的两次启动磁盘和寻道所花的开销要少，从而缩短了读数据的时间。

2. 延迟写

在执行写操作时，内存的磁盘缓冲区中的数据本应立即写回磁盘，但考虑到此缓冲区中的数据可能在不久之后会再次被进程访问，因此并不立即将缓冲区数据写到磁盘，而只是把它挂在空闲缓冲区队列的末尾（正如 UNIX 的缓冲区高速缓存的行为）；随着空闲缓冲区不断被分配，存有输出数据的缓冲区逐渐向队列首部移动，直至移动到空闲缓冲区队列之首；当有进程申请缓冲区且将要分配此缓冲区时，才把其中的数据写到磁盘上，然后把该缓冲区作为空闲缓冲区分配出去。在此之前，只要该缓冲区还在队列中，任何对此缓冲区数据的访问均可直接通过内存缓冲池完成，不必再去访问磁盘，这样做可以减少磁盘 I/O 的次数，相当于减少了磁盘 I/O 开销，提高了磁盘 I/O 速度。

然而，延迟写缓冲也可能有负面效果。在延迟写的期间内，如果系统发生崩溃，那么尚未写入磁盘的数据将会丢失。因此，延迟写缓冲需要考虑性能和可靠性之间的平衡。如果主要目标是提升性能，那么可以将写缓冲操作延迟一定的时间，大部分现代文件系统会允许写操作延迟 5 ~ 30 s；如果主要目标是可靠性，那么缓冲区数据应尽快写入磁盘。例如，在数据库或事务处理系统中，通常数据在更新后需要立即写入磁盘，以避免潜在的数据丢失，这时可以用系统调用 fsync() 函数绕过缓冲机制，将数据从缓冲区立即写到磁盘。

5.5　磁盘调度

磁盘结构和
磁盘调度

近几年在个人计算机上，大容量的非易失式存储器除了传统的机械磁盘（hard disk driver, HDD）以外，还有日渐普及的固态硬盘（solid state disk, SSD）。固态硬盘是用固态电子存储芯片阵列制成的存储器，其存储介质可以是基于 flash 芯片、DRAM 及 XPoint 颗粒，以 flash 芯片最为常见。

与传统的机械磁盘相比，固态硬盘有很多优点，它由半导体存储器构成，没有移动部件，随机访问时间比机械磁盘要快很多，没有任何机械噪声和震动，功耗低，抗震性好，安全性高。但闪存芯片的擦写寿命有限（一般是几百次到几千次，可采用磨损均衡技术提高 SSD 的整体寿命）、存储容量小（如一台 PC 内，SSD 仅有 256 GB，同时磁盘有 1 TB）且价格贵，所以目前个人计算机仍以机械磁盘为主要的外部存储器。下面也仅讨论传统的机械磁盘。

5.5.1　磁盘结构与性能参数

磁盘是最重要的辅助存储设备之一。它是一种磁表面存储器，通过磁性材料的两种磁化方向（S → N 或 N → S）来记录信息。目前，磁盘采用温彻斯特技术，一个磁盘包括一组安装在主轴电机上的圆形金属或玻璃盘片，盘片表面涂有一层薄薄的磁性材料。盘面上下两面各有一个磁头，磁头以微小的间距悬浮于盘面，所有磁头安装在一个磁头臂上。磁头臂在步进电机的驱动下沿磁盘半径方向做弧线偏摆运动，盘片在主轴电机的作用下进行高速旋转，这样可使磁头移动到磁盘的任何一个记录位置，进行数据读写操作。磁盘转速就是主轴电机的速度，单位为转/分钟（r/m），常见转速有 5 400 r/min、7 200 r/min、10 000 r/min 甚至 15 000 r/min 等。

如图 5.13 所示，磁盘的多个物理盘片的上、下两个盘面都可存储数据。在磁盘低级格式化时，对每个盘面划分出若干同心圆，称为**磁道**，每条磁道又分为若干**扇区**。所有盘面的磁头装在同一个磁头臂上做同步运动，即每一瞬间各盘面上磁头均处于各盘面同一序号的磁道上方，这些序号相同的磁道组成了一个柱面。目前的磁盘盘面可包括几十万～几百万条磁道，磁道的编址是从外向内依次进行的，最外圈的磁道称为 0 磁道，向里圈磁道序号不断增大。

在大容量磁盘中，每磁道扇区数可不相同。从外圈向内圈可分为若干环状区域，同一环状区域内的所有磁道具有相同的扇区数，但区域间则不等。外圈区域每磁道扇区数量多，内圈区域每磁道扇区数量少，使整个盘面的位密度（磁道单位长度上记录的比特数，单位是位/英寸）尽量均匀，可充分利用磁盘的存储能力，提高存储容量。

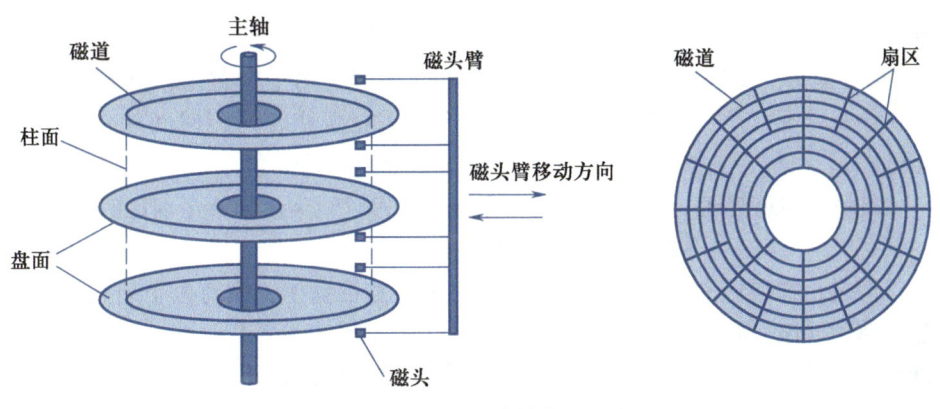

图 5.13　磁盘结构

对于磁盘来说，扇区是最小寻址单位和存取单位（但分配磁盘空间时以盘块或簇为单位，1 个簇是 2^n 个相邻的扇区），为了访问磁盘上的一个扇区，必须给出三个地址参数：柱面号、磁头号（盘面号）、扇区号。

对于操作系统而言，磁盘可以看作是一个一维的逻辑块的数组，该逻辑块数组按顺序映射到磁盘的扇区，扇区 0 是最外圈柱面的第 0 个磁道第 0 个扇区，然后先按磁道内扇区顺序，再按柱面内磁道顺序，再按从外到内的柱面顺序来排序。用户提交 I/O 请求之后，磁盘驱动程序将 I/O 请求中的逻辑块号转换为磁盘的扇区物理地址。

当要访问某个扇区时，磁盘以恒定速度旋转，磁头在磁头臂的带动下，首先须从当前所处的磁道运动到指定的目标磁道，再等待被访问的扇区旋转到磁头下方，然后开始读写数据。因此，可把磁盘访问时间 T_a 分为三部分，$T_a = T_s + T_r + T_t$，每一部分时间如下：

（1）寻道时间 T_s。把磁头移动到目标磁道上所需的时间，包括启动磁臂的时间 k 与磁头横跨 n 条磁道所花费的时间之和。目前，一个典型磁盘的平均寻道时间为 4 ~ 10 ms。

（2）旋转延迟时间 T_r。将磁盘的待访问扇区旋转到磁头下方所需的时间。$T_r=\dfrac{1}{2r}$，其中 r 是磁盘转速（r/m）。例如，磁盘旋转速度为 15 000 r/m，则每转耗时 4 ms，平均旋转延迟时间 T_r=2 ms。

（3）传输时间 T_t。往磁盘传送数据或从磁盘传送数据的时间。$T_t=\dfrac{b}{rN}$，其中，b 表示要传送的字节数，N 表示一个磁道中的字节数。例如，磁盘旋转速度 r 为 15 000 r/m，若每磁道 500 扇区，则每扇区的传输时间需 0.008 ms。

文件的磁盘访问时间除了和磁盘硬件性质（如转速、格式化后每磁道扇区数）有关以外，还和文件数据在磁盘上如何分布存储有关。考虑一个典型磁盘，设平均寻道时间为 4 ms，转速为 7 500 r/m，每转耗时 8 ms，则平均旋转延迟时间亦为 4 ms，每磁道有 500 个扇区。现有一个包含 2 500 个扇区、大小约为 1.22 MB 的文件，如果该文件的扇区在磁盘上是顺序组织连续存放，假设该文件占据了 5 个相邻磁道的所有扇区（5 磁道×500 扇区 / 磁道 = 2 500 扇区），要读取该文件，则首先定位寻道到第 1 个磁道，然后开始读取 5 条相邻磁道，每条磁道的 500 个扇区只需花费旋转延迟时间和传输时间即可。

顺序访问总时间 = 寻道时间 +5 ×（旋转延迟时间 + 读 500 个扇区时间）

$$=4+5 \times（4+8）=64 \text{ ms}$$

但是，如果该文件的扇区是随机离散分布在磁盘上，则对每个扇区访问时都要单独寻道、旋转延迟和传输，花费的总时间为：

随机访问总时间 =2 500 扇区 ×（寻道时间 + 旋转延迟时间 + 读 1 个扇区时间）

$$=2 500 \times（4+4+0.016）=20 040 \text{ ms}$$

显然，数据在磁盘上的存储方式和从磁盘读扇区的顺序对 I/O 性能影响很大。因此，希望数据在磁盘上尽量连续存放。但为了提高磁盘空间利用率，防止产生磁盘碎片，也允许随机存放。为平衡二者矛盾，磁盘空间的分配单位是簇，一个簇内的 2^n 扇区是连续的，但一个文件的多个簇可以是离散分布的。另外，为了减少磁头臂的移动次数和距离，一个文件的数据通常不是记录在同一个盘面的不同磁道上，而是记录在同一柱面的不同磁道上。

5.5.2　磁盘调度算法

当提出磁盘 I/O 请求时，如果所需的磁盘驱动器和控制器空闲，则该请求会马上处理；否则新的 I/O 请求会加到该磁盘驱动器的待处理请求队列上，队列中可能有来自多个进程的许多 I/O 请求（写和读）。一般在处理一个磁盘 I/O 请求时，寻道时间占较大部分，所以减少平均寻道时间可以显著改善系统性能。磁盘调度算法的目标是调整多个磁盘访问请求的服务顺序，按照一个较优顺序响应并处理磁盘的多个 I/O 请求，以尽量减少磁头横跨磁道的移动距离，降低磁盘的平均寻道时间。常用的磁盘调度算法有 FCFS 算法、SSTF 算法、SCAN 算法、C-SCAN 算法等。

在磁盘调度算法的例子中，假设磁盘有 200 个磁道，磁道号为 0～199，有 8 个对不同磁道的 I/O 请求被先后提出，进入请求队列的磁道访问顺序分别为 98、183、37、122、14、124、65、67，磁头当前位于 53 号磁道。

1. 先来先服务调度算法

先来先服务（first come first serve，FCFS）调度算法按顺序处理队列中的请求。FCFS 的优点是公平、简单，每个进程的请求都能按照被接收的顺序处理，不会出现某一请求长期得不到满足而饥饿的情况。如果请求磁盘 I/O 的进程数目较少，且大多数请求都是访问簇聚的文件扇区，则有望达到较好的性能。但如果有大量进程提出随机请求，那么 FCFS 算法的平均寻道距离将会很大。

先来先服务
调度算法

本例中，磁头位置的移动顺序是 53、98、183、37、122、14、124、65、67，如图 5.14 所示。磁头总共移动了 640 条磁道，处理了 8 个请求，所以平均寻道长度为 80 条磁道。

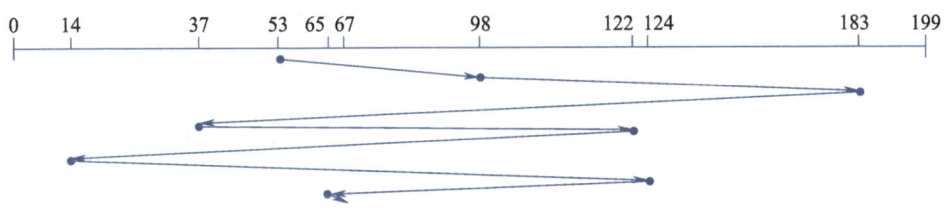

图 5.14　FCFS 磁盘调度

2. 最短寻道时间优先调度算法

最短寻道时间优先（shortest seek time first，SSTF）调度算法优先选择距当前磁头位置最近的访问请求进行服务。本例中，与磁头起始位置 53 最近的请求位于磁道 65；先处理完磁道 65 的请求之后，再选择距离磁道 65 最近的请求，移动到磁道 67；磁道 37 距离磁道 67 比磁道 98 更近，所以下次将处理磁道 37 的请求；以此类推，直到处理完所有请求。磁头位置的移动顺序是 53、65、67、37、14、98、122、124、183，如图 5.15 所示。磁头总共移动了 236 条磁道，处理了 8 个请求，平均寻道长度为 29.5 条磁道。

最短寻道时
间优先调度
算法

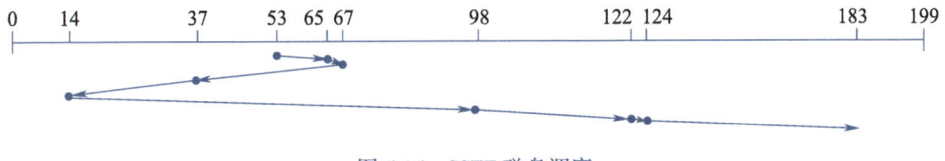

图 5.15　SSTF 磁盘调度

虽然 SSTF 算法的性能很高，但可能会导致一些请求得不到服务而饥饿。在实际系统中，新请求可能会随时到达，当磁头附近不断提出新请求并优先被处理时，那么距离磁头当前位置较远的请求可能要等很久时间才能被处理。

3. 扫描磁盘调度算法

扫描磁盘调度算法也称为 SCAN 调度算法。因其运行方式与大楼中的电梯类似，故也称电梯算法。采用 SCAN 调度算法时，磁头沿一个方向移动，选择位于磁头移动方向前方、且距磁头位置最近的访问请求进行服务；当前方没有访问请求时，立即改变磁头移动方向，再沿相反方向扫描，扫描途中继续处理请求。

本例中，设磁头移动方向是从内圈向外圈（即磁道号由大到小），则磁头从 53 移动到磁道 37，处理完磁道 37 的请求之后，再移动到磁道 14；磁道 14 处理完后，前方已无请求，则磁头转向，从外圈向内圈，移动到磁道 65，以此类推，直到处理完所有请求。磁头位置的移动顺序是 53、37、14、65、67、98、122、124、183，如图 5.16 所示。磁头总共移动了 208 条磁道，处理了 8 个请求，平均寻道长度为 26 条磁道。如果当初磁头移动方向是从外圈向内圈（即磁道号由小到大），则磁头将总共移动 299 条磁道，平均寻道长度为 37.375 条磁道。

显然，SCAN 算法偏爱那些请求接近磁盘边界的请求，磁头的折返会在短时间内两次扫描处理磁盘边界区域的请求，导致靠近磁头一端的未处理请求很少，而远离磁头的另一端集中了许多未处理请求，而这些请求的等待时间会较长。另外，SCAN 算法对最近横跨过的区域不公平。如果一个请求刚好在磁头到达之前加入队列，那么它将很快得到处理；如果一个请求刚好在磁头横跨过去之后加入队列，那么它必须等待磁头到达磁盘的另一端，调转方向并不断处理沿途的请求之后，才能得到处理，它的等待时间被延长。

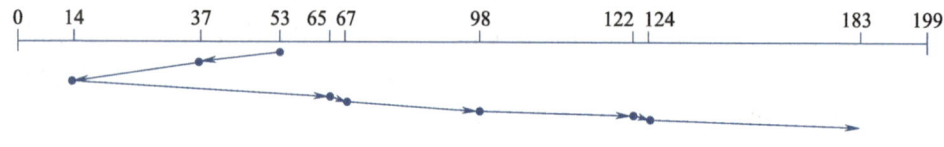

图 5.16　SCAN 磁盘调度

有一点要说明的是，上述 SCAN 算法，即"当前方没有访问请求时，立即改变磁头移动方向"的做法，也称为 LOOK 调度算法，因为它在朝一个给定方向继续移动前，会查看前方是否还有未完成的请求，磁头移动只需要到达最远端的一个请求，不需要到达磁盘边界。然而，早期的 SCAN 算法是磁头总是严格到达磁盘边界（最里圈或最外圈的磁道）之后，再改变磁头移动方向。显然，这时"从最远端请求到边界、再回到最远端请求"的这段磁头移动及折返是多余的，不必花费这段时间。所以，LOOK 调度算法是实际使用的调度方式。若无特别说明，通常默认 SCAN 算法为 LOOK 调度方式。

4. 循环扫描磁盘调度算法

循环扫描磁盘调度算法也称为 C-SCAN 算法，是 SCAN 调度算法的变种，

可为磁盘外圈、中部、内圈的访问请求提供更均匀的等待时间，适合磁盘负荷较大的系统。采用 C–SCAN 调度算法时，磁头沿一个方向移动，选择位于磁头移动方向前方、且距磁头位置最近的访问请求进行服务；当前方没有访问请求时，立即改变磁头移动方向，马上返回磁盘另一端，返回途中不处理请求，待到达磁盘另一端后再次开始扫描处理请求。

本例中，设磁头移动方向是从外圈向内圈（即磁道号由小到大），则磁头从 53 移动到磁道 65、67、98、122、124、183，逐个处理完请求之后，前方已无请求，则磁头转向，直接移动到外圈的磁道 14，处理完磁道 14 的请求之后，再移动到磁道 37 处理请求。磁头位置的移动顺序是 53、65、67、98、122、124、183、14、37，如图 5.17 所示。磁头总共移动了 322 条磁道，处理了 8 个请求，平均寻道长度为 40.25 条磁道。

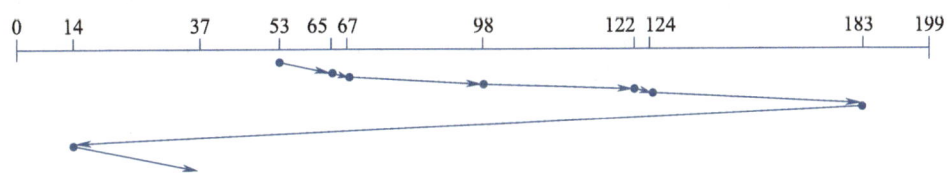

图 5.17   C–SCAN 磁盘调度

类似地，若无特别说明，通常默认 C–SCAN 算法为 C–LOOK 调度方式。

5. *N*–step–SCAN 和 FSCAN 调度算法

对于 SSTF、SCAN 和 C–SCAN 算法，都可能出现磁头臂停留在某处不动的情况。例如，有一个或几个进程频繁访问某一磁道，则这个（些）进程反复提出对该磁道的 I/O 请求，从而垄断了整个磁盘设备，在高密度磁盘上这种现象更突出。为避免这种"磁臂黏着"（arm stickiness）现象，可将磁盘请求队列分成几段，一次只处理一段。*N*–step–SCAN 和 FSCAN 调度算法就是采取了这样的做法。

N–step–SCAN 调度算法称为 *N* 步扫描算法，把磁盘请求队列分成若干长度为 *N* 的子队列，每个子队列中不超过 *N* 个请求。子队列将被逐个处理，每次用 SCAN 算法处理一个子队列。当正在处理某个队列时，新请求必须添加到其他队列中，可避免出现磁臂黏着现象。对于较大的 N 值，*N*–step–SCAN 的性能接近于 SCAN；当 *N*=1 时，实际上就是 FCFS。

FSCAN 是简化的 *N*–step–SCAN。FSCAN 使用了两个子队列，一个是由当前所有请求组成的队列，按 SCAN 算法进行处理，而另一个队列在扫描开始时为空。在扫描过程中，所有新的磁盘 I/O 请求都会放入另一个队列中。在处理完所有老请求之后，才用 SCAN 算法处理另一个队列中的新请求。

5.5.3   Linux 的磁盘调度

在 Linux 2.4 中，默认的磁盘调度算法是 Linux 电梯调度算法（Linux elevator

scheduler），为磁盘读写请求保持一个队列，且在该队列上执行排序和合并功能。一般来说，电梯调度程序通过块号对请求队列进行排序，这样当磁盘请求被处理时，磁头向一个方向移动，以满足其在该方向上遇到的每个请求。当要将一个新请求添加到队列中时，依次考虑：如果新请求与队列中某个已存在请求要访问同一扇区或者直接相邻的扇区，那么现有请求和新请求可以合并成一个请求；如果队列中的一个请求已经存在很长时间（甚至饥饿）了，新请求将被插入队列的尾部；如果存在合适的位置，新请求将按顺序插入队列排序，否则新请求将被插入队列尾部。

电梯调度算法有两个问题，一个问题是由于队列是随新请求不断到达而动态更新的，一个距离磁头较远的请求可能会延迟相当长的时间。例如，有磁盘块请求序列为 20、30、700、25，电梯调度会重新排序，顺序为 20、25、30、700，如果不断有低块号的新请求陆续到达，那么对 700 块的请求将一直被延迟。另一个问题是，读请求是同步的，进程在得到所请求的数据之前必须阻塞等待；而写请求是异步的，进程发出了写请求后，其不必阻塞等待写请求被实际执行，内核只是将数据复制到合适的缓冲区，在时间允许的时候再写到磁盘。这样一个写请求的流（如向磁盘上写一个大文件）可以阻塞一个读请求很长时间，导致发出该读请求的进程也被阻塞很长时间。

为了克服这些问题，在 Linux 2.6 中，额外增加了以下两种算法。

1. 最后期限调度算法

最后期限调度算法也称时限调度算法，设置 3 个队列：电梯排序队列、读 FIFO 队列、写 FIFO 队列，Linux2.6 最后期限算法如图 5.18 所示。新的读（写）请求提出时，被放入电梯队列排序，同时按 FIFO 顺序放入读 FIFO 队列（如果该请求是读请求）或者写 FIFO 队列（如果该请求是写请求）。当处理完一个请求后，从电梯排序队列移除，同时也从相应的 FIFO 队列中移除。

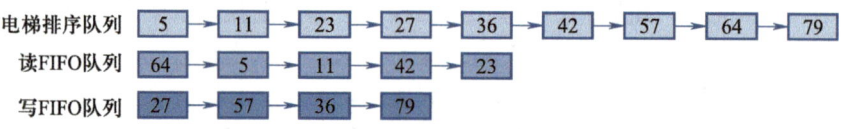

图 5.18　Linux 2.6 最后期限磁盘调度示例

每个请求都有一个开始处理的最后期限，读请求的默认时限是 0.5 s，写请求的默认时限是 5 s。平常情况时，调度程序从电梯排序队列中取队首请求去处理，但当 FIFO 队列的队首请求已超过其时限时，则调度程序将从该 FIFO 队列中取出到期的队首请求及接下来的几个请求（可能也即将到期），先去处理。同样，当任一个请求被处理后，其也从电梯排序队列中移出。这样可以防止超过读、写时限导致的"饥饿"现象。

2. 预期调度算法

通常，应用程序会在一个读请求得到满足且数据可用后，才会发出下一个读请求。在接收上一次读请求的数据和发出下一次读请求之间有很短的延迟，在这个延迟期间，磁盘调度程序可以去处理其他请求。由于局部性原理，相同进程的连续读请求会发生在相邻的磁盘块上。如果调度程序在满足一个读请求后，能延迟一小段时间，等待是否有新的临近的读请求发生，这可提高整个系统的性能。这就是预期调度算法的原理。

预期调度算法是对最后期限调度的一种补充，当一个读请求被处理完后，预期调度程序会延迟若干毫秒（如 6 ms，具体的延迟时间取决于配置文件）再进行下次调度。在这一小段延迟中，发出上一条读请求的应用程序，有机会发出另一条欲访问相同或邻近磁盘区域的读请求。如果是这样，新的请求会立刻得到处理；如果没有新的请求发生，则调度程序继续使用最后期限调度算法。这可以显著缩短有大量磁盘请求时的 I/O 时间。

Robert Love 报告了 Linux 上调度算法的两个测试。第 1 个测试是读取一个200 MB 的文件，同时后台进行一个长的写文件流；第 2 个测试是在后台读一个大文件，同时读取内核源代码树目录中的每个文件，不同磁盘调度算法所需时间的测试结果如表 5.2 所示。可以看出性能的提升取决于工作负载的性质，但在这两个测试中，预期调度程序提供了显著的性能提升。

表 5.2　Linux 不同磁盘调度算法性能测试结果

I/O 调度程序和内核	测试 1	测试 2
Linux2.4 上的电梯调度程序	45 s	30 m28 s
Linux2.6 上的最后期限调度程序	40 s	3 m30 s
Linux2.6 上的预期调度程序	4.6 s	15 s

3. NOOP 调度程序和完全公平排队调度

NOOP 调度程序是 Linux I/O 调度程序中最简单的一个调度程序，它将 I/O请求插入 FIFO 队列并使用合并。

在 Linux 2.6.33 中，由于采用了完全公平排队（CFQ）调度程序，所以从内核中删除了预期调度程序。完全公平排队调度程序是 Linux 中默认的 I/O 调度程序，可以保证在所有进程之间公平分配磁盘 I/O 带宽。它维护每个进程的I/O 队列，每个进程被分配进入一个队列，每个队列都分配一个时间片，系统将 I/O 请求提交到这些队列中，应以循环方式进行处理。

调度程序服务某个队列时，若该队列中没有请求，则调度程序会等待一段预先确定的时间间隔，检查是否有新的请求到来。仍然没有新的请求时，调度程序就继续处理下一个队列。在该时间间隔内有更多请求的情况下，这一处理优化提高了性能。

I/O 调度程序可以在 GRUB 或运行时设置为引导参数。例如，将 noop、

deadline 或 cfq 回送到 /sys/class/block/sda/queue/scheduler 中。

5.6 独立磁盘冗余阵列 RAID

独立磁盘冗余阵列 RAID 的思想

1988 年，美国加州大学伯克利分校的 David A. Patterson 研究小组提出 RAID 的概念，称为"廉价磁盘冗余阵列"。由于当时单个磁盘很贵、容量不会很大且易出故障，于是提出用多个小容量磁盘组成一个容量很大的磁盘阵列。当一个系统拥有了大量磁盘，它就有机会改善数据读写速度以及数据存储的可靠性。因为多个磁盘操作可以并行进行，以及可以在多个磁盘上存储冗余的校验信息。RAID 提出后，得到业界的普遍认可，现被广泛应用在大中型计算机和计算机网络系统中。

在过去，RAID 是由许多小容量的便宜磁盘组成的，可作为单个大容量昂贵磁盘的有效替代品。而现在，使用 RAID 主要是因为其高可靠性和高数据传输率，而不是经济原因。因此，目前 RAID 中的 I 表示"独立"（Independent）而不是"廉价"（Inexpensive），称 RAID 为独立磁盘冗余阵列（redundant array of independent disks）。

5.6.1 RAID 的技术基础

典型的 RAID 是用硬件实现的。RAID 采用一个硬件的磁盘阵列控制器（磁盘阵列卡或磁盘阵列柜），来统一管理和控制一组（几台到几十台）容量较小的、独立的、可并行工作的磁盘驱动器，构成磁盘阵列，进而组成一个大容量、高性能、高容错的存储系统。通过把数据分布到多个磁盘、采用并行存取以加快数据传输来获得高性能。由磁盘阵列控制器接口创建、检查和重新生成冗余的校验信息，在不同的磁盘上维护冗余数据来增加容错性。操作系统把 RAID 视为一个单个的逻辑驱动器。

RAID 有三种基本技术，详细介绍如下。

1. 磁盘数据条带化

RAID 的三种基本技术

将 N 个（一组）磁盘看作是一个存储部件。将每个数据盘块划分为几个子块，将每个子块的数据分别存储到不同磁盘的相同位置上。不同磁盘上相同位置的数据块构成一个条带（stripe），一个条带可以是一个物理块、扇区或别的某种单位，条带中的每个数据块称为条带单元，如图 5.19 所示。例如，如果条带单元为位（位级分散），将在多个磁盘上分散每个字节的各个位，如果有 8 个磁盘，可将每个字节的位 i 写到磁盘 i 上；如果仅有 4 个磁盘，则每个字节的位 i 和位 $4+i$ 存在磁盘 i 上。再例如，如果条带单元为扇区（块级分散），磁盘阵列包含 8 个数据磁盘，一个磁盘块（簇）有 8 个扇区，则一个簇的 8 个扇区分散到 8 个数据磁盘上。通常，条带单元为块，如扇区。

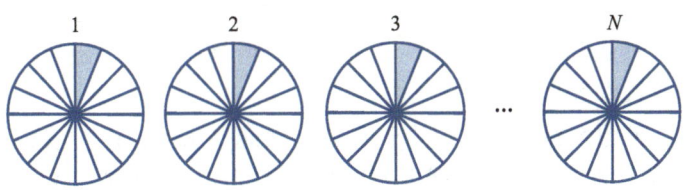

图 5.19　RAID 的磁盘数据条带化示意

2. 并行交叉存取

在进行数据访问时，N 个磁盘的磁头和磁臂可以同时启动、寻道、旋转延迟和读写，各磁盘同时从第 $1 \sim N$ 个磁盘存取数据，并行地读写各个子块，可以使 I/O 速度和数据传输率提高约 $N-1$ 倍。

3. 块交叉校验

如图 5.20 所示，在磁盘条带化的基础上，每组磁盘中设置一个校验盘，该盘上任一位的内容为组中其余所有数据盘同一位的校验。在写组中任一数据盘的任一块时，都要计算新的校验并写入校验盘相同块。当一个数据盘出故障时，可以根据其余数据盘和校验盘的内容，计算并恢复故障盘内容，这样就提高了磁盘系统的可靠性。可以采用不同的校验方法，如奇偶校验或者海明校验，因此校验盘可以按需要设置一个或若干个。由于校验盘上存储的不是数据，因此称为冗余磁盘。

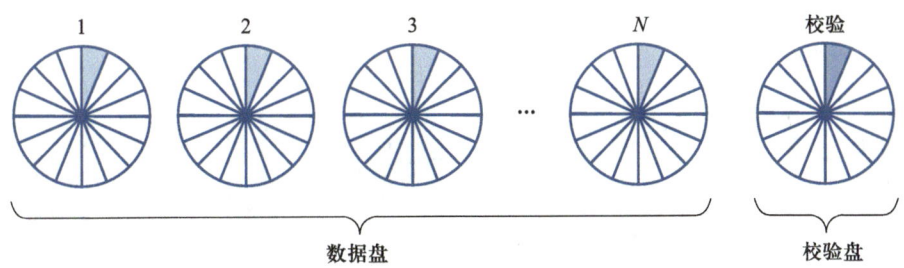

图 5.20　RAID 的块交叉校验示意

5.6.2　RAID 的分级

根据不同的数据组织与管理形式，有 RAID0 ~ RAID6 七种级别，其主要差别在于冗余信息数量（增加磁盘的数量）和容错性级别（可纠正错位的数目）以及冗余信息是集中在一个磁盘上还是分散在多个磁盘上。有 4 个 RAID 级别是常用的：RAID0、RAID1、RAID5 和 RAID6。图 5.21~ 图 5.27 说明了实际需要 4 个磁盘的用户数据容量时，分别使用 7 种 RAID 方案时用户数据和冗余数据的布局，表明了不同级别的存储需求。

RAID 的分级

1. RAID0

将连续的数据条带（每个条带可以是一个或多个扇区）以轮转方式写到所有数据磁盘上，对数据采用并行交叉存取方式，缩短了 I/O 请求的处理时间。

磁盘利用率高，所有磁盘存储空间都用于保存有效的用户数据。缺点是无冗余校验功能，致使磁盘系统的可靠性较差，只要阵列中有一个磁盘损坏，便可造成不可弥补的数据丢失。

RAID0（见图 5.21）主要应用于对访问性能要求高，但对数据的可靠性要求不高的场合。例如，超级计算机关注的是性能和容量，加快速度和降低成本比提高可靠性更重要。

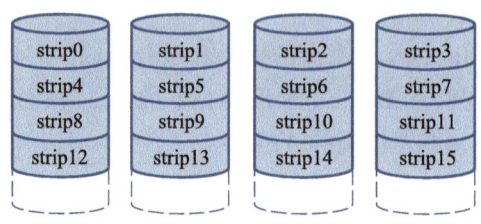

图 5.21　RAID0（无冗余）

2. RAID1

如图 5.22 所示，RAID1 采用磁盘镜像冗余的方法，将每份条带数据同时存储到两个不同的磁盘中。两个磁盘的数据完全相同，互为镜像，这样当一个磁盘发生故障时，数据仍可从另一个磁盘立即获取，从失效中恢复简单，可靠性高。对数据采用并行交叉存取方式，读请求可由两磁盘中的任意一个提供，写请求须并行写入两个磁盘中相应的数据块。RAID1 的缺点是磁盘容量的利用率只有 50%，成本高。

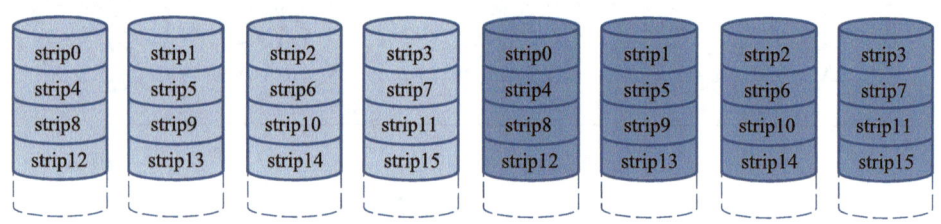

图 5.22　RAID1（镜像）

由于 RAID1 的读性能优于写性能，因此 RAID1 主要应用于对数据的可用性要求高，且读操作所占比例较高的场合。

3. RAID2

RAID2 的条带非常小，一个条带通常只有一个字节或一个字，条带单元大小仅为 1 个比特位。采用基于海明校验的按位并行交叉存取技术，即按照海明校验技术对各数据盘上的相应数据位进行计算，并将计算出的校验位存储在多个校验盘的对应位上。校验盘的数量与采用的海明校验技术有关，如果使用的是能纠正一位错误并能检测出两位错误的海明校验码，则校验盘的数量 r 与数据盘的数量 k 应该满足 $2^r - 1 \geq k + r$，如图 5.23 所示。例如，当数据盘 $k=4$ 时，校验盘的数量 $r=3$。RAID2 具有检错和纠错功能，可靠性高，但控制起来复杂。

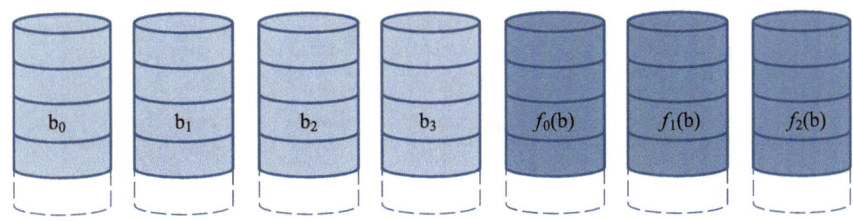

图 5.23　RAID2（位海明校验）

每个读、写 I/O 请求都会访问到所有磁盘。在写入时，需要计算每个条带数据位的校验位，并把新数据和校验位一起写入磁盘阵列；在读取时，要同时读取所有磁盘，将数据位和校验位送至控制器进行即时校验。

由于使用多个冗余盘，其成本较高，且目前磁盘自身的可靠性很高，故 RAID2 往往矫枉过正，因此 RAID2 很少被使用。

4. RAID3

RAID3 的条带方式和 RAID2 一样，是 RAID2 的简化版本，其差别是 RAID3 仅使用一块冗余的校验盘，采用奇偶校验技术。RAID3 采用按位并行交叉存取，对所有数据磁盘中同一位置的位的集合计算一个简单的奇偶校验位，写入校验盘，如图 5.24 所示。当某一驱动器失效时，该驱动器中每个条带的数据内容都可以由阵列中其余磁盘相应的条带内容重新生成。

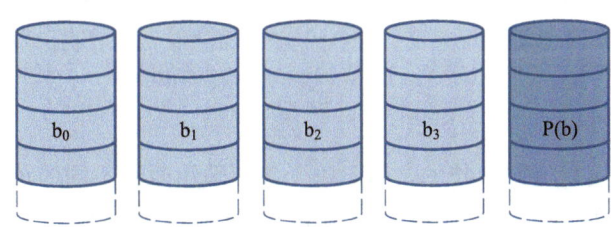

图 5.24　RAID3（位交叉奇偶校验）

由于数据分成了很小的条带，且可以从所有数据磁盘中并行传送数据，因此 RAID3 能达到非常高的数据传送率。但一次只能执行一个 I/O 请求，所以当应用到有大量的随机读写请求需要处理的事务处理系统时，性能并不乐观。

5. RAID4

RAID4 也采用奇偶校验方式和单个校验盘，但条带单元更大，通常为一个扇区，这样在处理随机访问时，各磁盘驱动器不再需要同步旋转，而是独立工作，访问各自的子块（如扇区），因此 RAID4 也称为独立存取阵列。数据条带交叉存放，访问请求可并行地获得满足，适合要求较高 I/O 请求速度的应用场合。磁盘利用率高，只使用一只冗余校验盘，存放其他数据盘相应条带（块）的奇偶校验条带，如图 5.25 所示。

RAID4 中，奇偶校验盘成为写访问的瓶颈，写任何一个数据块都需要更新校验盘数据，所以校验盘写入次数远多于数据盘，磨损更快，故障率更高。

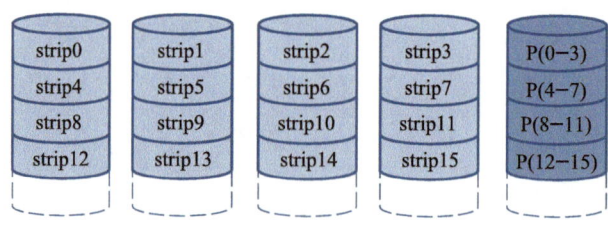

图 5.25　RAID4（块奇偶校验）

6. RAID5

RAID5 与 RAID4 的组织方式类似，条带是一个块，也是独立存取阵列，但奇偶校验条带循环分布在所有磁盘上，这样可以避免 RAID4 中一个奇偶校验磁盘潜在的 I/O 瓶颈问题，也避免了对单个奇偶校验盘的过度使用，进一步提高了磁盘阵列系统的可靠性，如图 5.26 所示。RAID5 是应用较为广泛的阵列级别。

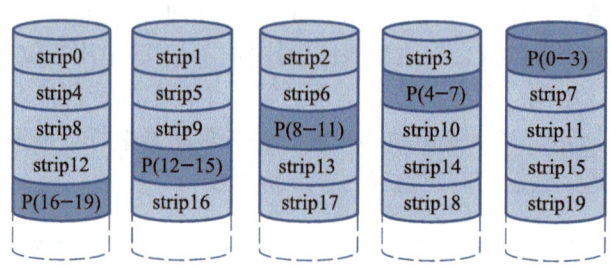

图 5.26　RAID5（块分布奇偶校验）

7. RAID6

RAID6 采用双重冗余技术，即对每个条带采用两种不同的校验计算，并保存在不同磁盘的不同块中。图 5.27 说明了这种方案，P 和 Q 是两种不同的数据校验算法，其中一种是异或计算，另一种是独立数据校验算法，这样即使有两个数据磁盘同时发生错误，也可以重新生成数据，磁盘阵列系统的可靠性更高。用户数据需要 N 个磁盘的 RAID6 阵列由 $N+2$ 个磁盘组成。

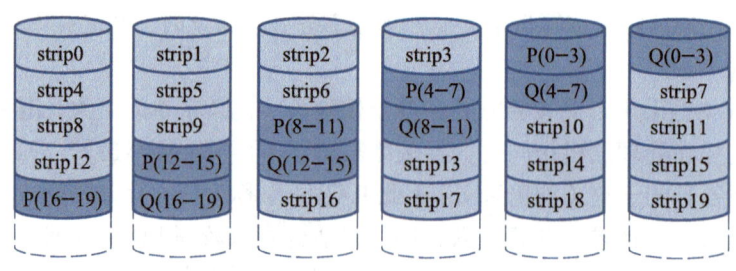

图 5.27　RAID6（P+Q 双重冗余）

RAID6 优点是提供了极高的数据可用性，只有当三个磁盘同时失效时，数据才会丢失。但也导致了严重的写性能损失，因为每次写操作都要更新两个校验块。相对于 RAID5，RAID6 控制器会有 30% 以上的整体写性能损失，但 RAID5 和 RAID6 的读性能相当。

5.6.3　用软件实现 RAID

硬 RAID 具备专门的 RAID 卡和专门的处理芯片来处理 RAID 任务，性能好，但需要硬件支持，成本较高。目前，多种操作系统支持用软件实现 RAID，所有任务的处理都由操作系统和处理器来完成。软 RAID 的性能和效率比硬 RAID 低，但不需要额外的硬件设备。常见的软 RAID 类型有 RAID0、RAID1 和 RAID1+0 等，如图 5.28 所示。

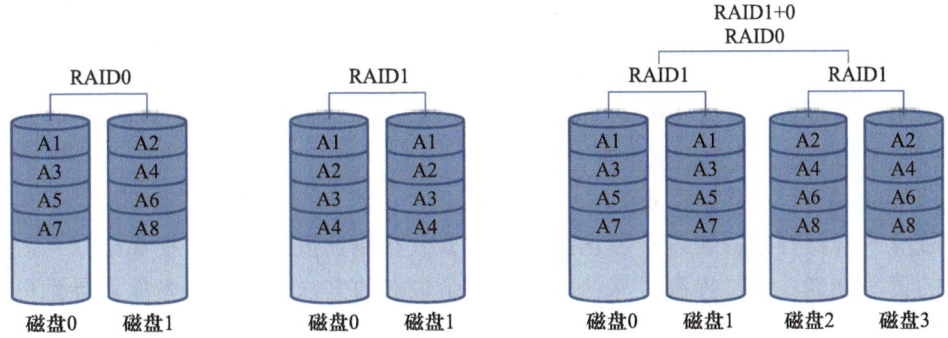

图 5.28　常见的软 RAID 类型

与相同级别的硬 RAID 类似，软 RAID0 将两个以上的磁盘并联起来，成为一个大容量的磁盘。但安全性最差，任何一个磁盘发生故障，则整个 RAID 阵列无法使用；软 RAID1 将两组以上的 N 个磁盘相互作镜像，安全性好，但磁盘空间的利用率小于或等于 50%；软 RAID1+0（也写作 RAID10）将 RAID1 和 RAID0 组合起来，安全性与 RAID1 类似，磁盘利用率为 50%。

和硬 RAID 相比，软 RAID 的不足主要有四方面。

1. 不支持原子写

当系统突然断电、强制关机、磁盘硬件问题导致读取数据异常等情况发生时，条带数据可能只有部分更新完成。当系统重启之后，条带中的数据是不完整和不一致的，校验数据和条带有效数据不能匹配，这称为 RAID Write Hole 问题。文件系统可以采用日志来保证一次数据更新操作（事务）的原子性，但软 RAID 不支持原子写，甚至不能直接对软 RAID 下的磁盘进行写操作，而无原子写会带来 RAID Write Hole 问题。因此，当上述意外情况发生时，会导致文件系统损坏或异常、文件或数据丢失、设备异常不可用等，且这种由无原子写导致的数据破坏问题无法解决。

2. 不能用作启动分区

软 RAID 中包含多块磁盘，如果 BIOS 无法保证每次系统启动时上报的磁盘顺序是固定的，则会出现磁盘乱序，导致软 RAID 启动失败。另外，如果系统盘采用的是软 RAID，则"指定系统盘"可能会导致系统无法启动。解决方法可以是：由 BIOS 保证启动顺序，例如在服务器中 BIOS 扫盘可以实现正确引导到启动盘；通过 by-id 的磁盘 id 来组建软 RAID，并固定，这样重启时可以找到正确的启动盘。

3. 数据同步 / 数据恢复需要有处理器处理，系统性能差，且存在风险

数据同步操作可被终止，此时磁盘处于同步的中间状态，可能出现数据不一致。另外，由于无原子写而出现 RAID Write Hole 问题时，可能以错误的数据恢复，从而导致 RAID 中的数据都发生错误。

4. 踢盘后软 RAID 处于降级状态，可靠性低

当数据 I/O 失败、磁盘出现局部坏块或检测到某个盘数据差异很大（磁盘异常）时，认为出现了磁盘故障。即使某些故障是可以恢复的，但软 RAID 将"踢盘"，将故障盘从磁盘阵列中剔除。但踢盘后磁盘阵列处于降级状态，RAID1 降级后可靠性无保障。解决方法可以是定期检测和尝试修复故障磁盘，以及用热备份盘实现数据重建。

Linux 和 openEuler 系统支持实现软 RAID，将多个磁盘虚拟成为一个逻辑磁盘系统。将数据通过条带化技术均匀分散存储到多个磁盘来提高磁盘系统的读写性能。为了提高可靠性，采用冗余数据的方法来防止磁盘故障导致的数据丢失，同时可以在磁盘被替换后恢复数据。Linux 和 openEuler 系统提供软 RAID 管理工具 mdadm（multiple devices admin），用户通过 mdadm 命令的 create、assemble、manage、grow、build、misc、monitor 等模式实现创建、管理和监控软 RAID。

Windows 同样支持实现软 RAID，将不连续的磁盘空间通过容错软件磁盘驱动程序 FTDISK，组合成一个或多个逻辑分区。在 Windows 服务器上实现的软 RAID 是操作系统功能的一部分，可以和任意多个磁盘集一同使用。软 RAID 机制可以实现 RAID1 和 RAID5。在 RAID1 下实现磁盘镜像，作为主要分区和镜像分区的两个逻辑磁盘，可在同一个磁盘控制器上，也可在不同的磁盘控制器上（这也称为磁盘双工）。

本章小结

计算机系统中的外部设备种类繁多，物理特性和实现各不相同，因此设备管理是操作系统中最为庞杂和琐碎的部分。设备管理主要任务是尽量提高设备与设备之间、设备与 CPU 之间的并行性，提高系统效率和资源利用率，同时向用户屏蔽设备硬件实现细节，提供方便易用的接口。

对设备的 I/O 控制方式主要有 4 种：轮询方式、中断控制方式、DMA 方式和通道方式。早期使用轮询方式，它使 CPU 忙等 I/O 操作结束，浪费 CPU 时间，设备与 CPU 也只能串行工作；中断控制方式可以实现 CPU 和 I/O 设备并行工作，但中断源设备发出的中断次数太多会使 CPU 用于处理中断的时间很

多；DMA 方式使设备与内存直接交换数据，仅当一块数据传输结束才发出中断信号，请求 CPU 干预，减轻了 CPU 负担；通道方式是一个相对独立的 I/O 控制系统，当 CPU 发出 I/O 命令后，设备驱动程序生成通道程序，通道完成全部的通道指令后向 CPU 发出一次中断。

I/O 软件分为 4 层：中断处理程序、设备驱动程序、独立于设备的 I/O 软件和用户层 I/O 软件。中断处理程序位于紧靠硬件的底层，主要工作是分析中断类型以作出相应处理；设备驱动程序包括与设备相关的所有代码，主要工作是把用户所提交的逻辑 I/O 请求转化为物理 I/O 操作的启动与执行，对其上层软件屏蔽所有的硬件设备细节；独立于设备的 I/O 软件实现了适用于所有设备的通用 I/O 操作，并为用户层软件提供一致的接口；用户层 I/O 软件包括在用户空间运行的系统调用和库函数，以及实现虚拟设备的假脱机 SPOOLing 技术。SPOOLing 技术把一个物理设备虚拟成多个逻辑设备，解决了独占设备的竞争问题，可提高设备利用率。

缓冲主要为了缓和 CPU 与 I/O 设备间速度不匹配的矛盾，提高 CPU 和 I/O 设备间的并行性。缓冲可以改善磁盘 I/O 速度、降低磁盘 I/O 开销。目前，使用最广泛的是在内存中的公用缓冲池。

磁盘的 I/O 性能对系统性能产生重要影响。为了提高磁盘 I/O 的性能，使用最广泛的两种方法是磁盘调度和磁盘缓冲区。磁盘调度的对象是对同一个磁盘访问的 I/O 请求队列，目的是按某种方式满足这些请求，并使得磁盘的机械寻道时间最小，从而提高性能。磁盘缓冲区通常位于内存中，由于程序局部性原理，使用磁盘缓冲区可以减少内存和磁盘之间的 I/O 传送。

独立磁盘冗余阵列 RAID 采用一组容量较小的、独立的、可并行工作的磁盘驱动器组成阵列，用多种方式组织和分布存储数据，并加入冗余的校验信息。处理 I/O 请求时能够并行地从多个磁盘驱动器中同时存取数据，改善了 I/O 性能和系统的可靠性。

习题

一、简答题

1. 说明中断驱动 I/O 方式与 DMA 方式有什么不同？控制方式及其主要优缺点。

2. 简述直接存储器访问方式（DMA）传输信息的工作原理。

3. I/O 软件分为用户层 I/O 软件、与设备无关的 I/O 软件、设备驱动程序和中断处理程序。请说明下列工作分别是在哪一层完成的？

（1）向设备寄存器写命令。

（2）检查用户是否有权使用设备。

（3）打印一个 ASCII 字符串。

（4）处理磁盘发出的中断信号。

（5）内存缓冲池管理。

（6）磁盘读操作计算盘面、磁道和扇区。

4. 什么是通道？通道经常采用下图所示的交叉连接方式，为什么？

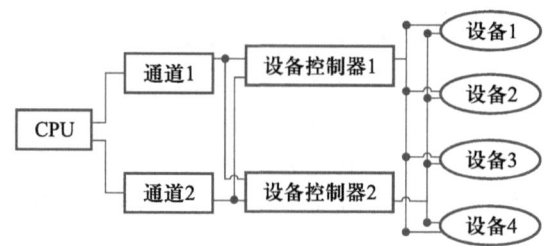

5. 缓冲技术有什么作用？

6. 什么是虚拟设备？怎样实现虚拟设备？

7. 以打印机为例，说明如何利用假脱机技术实现多个进程对打印机的共享？

8. 磁盘调度算法中 SSTF、SCAN、C-SCAN 有何区别？

9. RAID 的技术要点是什么？

10. RAID4、RAID5、RAID6 在实现上有何区别？

二、应用题

1. 如果磁盘中每扇区为 512 字节，且每磁道 96 个扇区，每盘面 110 个磁道，一共有 8 个可用的盘面。计算：

（1）存储 300 000 条 120 B 长的逻辑记录需要多少磁盘空间（扇区、磁道和盘面）。忽略文件头记录和磁道索引，并假设记录不能跨越两个扇区。

（2）假设磁盘转速是 360 r/m，处理器采用中断控制 I/O 方式从磁盘读一个扇区，且每个字节中断一次。如果处理每个中断的时间是 2.5 μs，则处理器用于处理 I/O 的时间所占的百分比是多少？不考虑寻道所需要花费的时间。

（3）若采用 DMA 方式从磁盘上读数据，假设一个扇区中断一次，则处理器用于处理 I/O 的时间所占的百分比是多少？

2. 除了 FCFS 之外，所有磁盘调度算法都不公平，如会造成某些请求饥饿。试分析：

（1）为什么不公平？

（2）提出一种公平性调度算法。

（3）为什么公平性在分时系统中是一个很重要的指标？

3. 分析下列磁道请求序列：27，129，110，186，147，41，10，64，120。假设磁头当前定位在磁道 100 处。对以下两种移动方向，分别应用 FCFS、SSTF、SCAN、C-SCAN 算法，求磁道访问顺序及平均寻道长度。

（1）沿着磁道号减小的方向移动。

（2）沿着磁道号增大的方向移动。

4. 假设磁盘有 200 个柱面，编号 0～199。当前磁臂的位置在 143 号柱面，并刚刚完成 125 号柱面的服务请求，如果请求队列的先后顺序是：86、147、91、177、94、150、102、175、130，问：为了完成上述请求，分别应用 FCFS、SSTF、SCAN 算法，每种算法中磁臂移动的总量是多少？并给出磁臂移动的顺序。

5. 磁盘请求以 10、22、20、2、40、6、38 柱面的次序到达磁盘驱动器，如果磁头当前位于柱面 20，若查找移过每个柱面要花费 6 ms，用以下算法计算查找时间。(1) FCFS；(2) SSTF；(3) 电梯调度算法（正向柱面大的方向移动）。

6. 假设某磁盘共有 200 个柱面，每个柱面有 20 个磁道，每个磁道有 8 个块，每个块包含两个扇区，长度为 1024 B。如果驱动程序所接到的访问请求是读出 606 号逻辑块，计算此块的磁盘物理位置。（柱面号、磁道号、扇区号、逻辑块号均从 0 开始编号）

7. 设有一个磁盘组，共有 100 个柱面，每个柱面有 8 个磁道，每个磁道划分为 8 个扇区。现有一个 5 000 条逻辑记录的文件，逻辑记录的大小与扇区大小相等。该文件以顺序结构被存放在磁盘组上，柱面、磁道、扇区均从 0 开始编址，逻辑记录的编号从 0 开始，文件信息从 0 柱面、0 磁道、0 扇区开始存放。问该文件编号为 3468 的逻辑记录应存放在哪个柱面的第几个磁道的第几个扇区上？

8. 某操作系统中，CPU 用 1 ms 来处理一次时钟中断请求（包括进程切换开销），其他 CPU 时间用于计算，若时钟中断频率为 100 Hz，试计算 CPU 的利用率。

9. 现有一个 RAID 磁盘阵列，包含 4 个磁盘，每个磁盘大小都是 200 GB。请给出 RAID 级别分别是 0、1、3、4、5、6 时，该磁盘阵列的有效存储容量是多少？

10. 假设计算机系统使用 2 KB 的内存空间记录 16 384 个磁盘块的空闲状态，采用 C-SCAN 磁盘调度算法。问：

（1）说明如何进行磁盘块空闲状态的管理。

（2）设某单面磁盘的旋转速度为 6 000 r/min，每个磁道有 100 个扇区，相邻磁道间的平均移动时间为 1 ms。若在某时刻，磁头位于 100 号磁道处，并沿着磁道号增大的方向移动，磁道号请求队列为 50、90、30、120，对请求队列中的每个磁道需读取一个随机分布的扇区，则读完这 4 个扇区共需要多少时间？要求给出计算过程。

（3）若将磁盘替换为随机访问的 Flash 半导体存储器（如 U 盘、固态硬盘等），是否有比 C-SCAN 更高效的磁盘调度策略？若有，给出磁盘调度策略的名称，并说明理由；若无，说明理由。

11. 某计算机系统中的磁盘有 300 个柱面，每个柱面有 10 个磁道，每个磁道有 200 个扇区，扇区大小为 512 B，文件系统的每簇包含 2 个扇区。请回答下列问题：

（1）该磁盘的容量是多少？

（2）设磁头在 85 号柱面上，此时有 4 个磁盘访问请求，簇号分别为 100260、60005、101660 和 110560，采用最短寻道时间优先 SSTF 调度算法，系统访问簇的先后顺序是什么？

（3）簇号 100530 在磁盘上的物理地址是什么？将簇号转换成磁盘物理地址的过程由 I/O 系统的什么程序完成？

第 6 章　文件管理系统

本章要点：

了解文件相关概念，理解文件管理系统的功能和组织结构。理解文件物理存储的组织形式以及磁盘空间管理策略。了解文件系统安全的相关理论，包括崩溃一致性问题和文件保护策略。学习多种文件系统的实例，尤其是 openEuler 文件系统的创新之处。

本章导图：

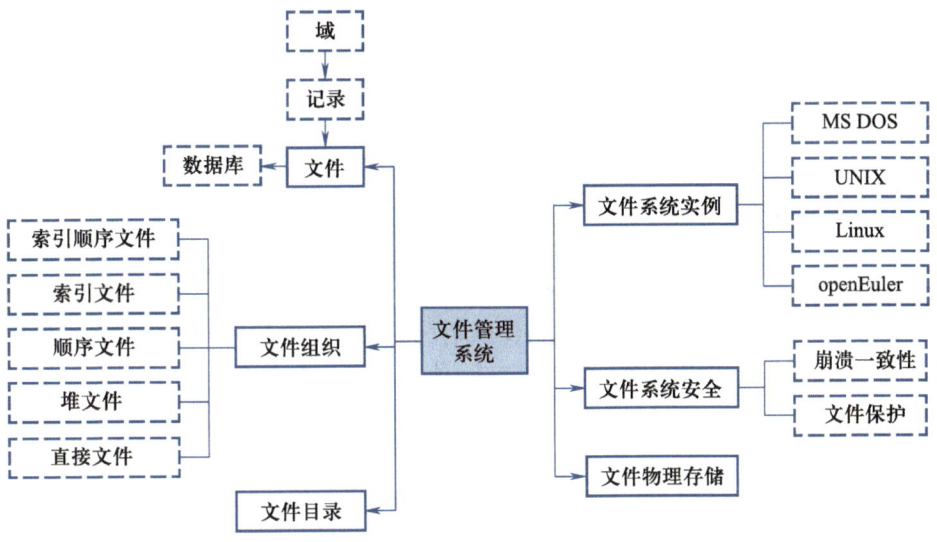

文件管理是操作系统的重要组成部分，它以统一的方式管理用户与系统的信息存储、检索、更新、共享和保护，并为用户提供一套方便有效的文件使用和操作方法。文件的管理及信息资源的程序集合，统称为文件管理系统。文件系统包括四部分，分别是文件的组织、文件的存取、文件的控制和文件的使用。

6.1 概论

在现代计算机系统中，操作系统要处理大量的信息，必须解决信息的组织与存取问题，因此文件管理系统被设计和应用。它是存取和管理信息的模块，利用大容量辅助存储设备作为存放文件的存储器。文件系统为用户提供了简单、方便、统一的存取和管理信息的方法，用户可通过文件名使用直观的文件操作命令，按照便捷的信息逻辑关系去存取所需要的信息。另外，操作系统作为一个系统软件，本身也需要支持对信息的管理。为了有效支撑多用户的并发执行，应将有效的内存资源更多地留给用户程序使用。因此，操作系统的程序代码和核心数据并非全部存储在内存中，而是将一部分操作系统的模块以文件的形式存放在外存储器上。只有在用户需要的时候才将相应的一组操作系统的例程调入内存。操作系统的信息管理系统即为文件管理系统，不仅被用户程序使用，同时也为操作系统本身提供服务。因此，文件管理系统为用户和操作系统提供存储、检索、共享和保护文件的手段，以达到方便用户使用和提高资源利用率的目的。

6.1.1 文件的相关概念

文件系统是操作系统中负责存取和管理信息的功能模块，采用统一的方式对用户与系统的信息进行存储、检索、更新、共享和保护，并为用户提供一整套方便有效的文件使用和操作方法。在文件系统当中通常使用四种结构来完成对信息的描述和存储。

域：基本数据单元，一个域包含一个值，如员工的姓名、生日、身高。域也可以通过其长度和数据类型来描述。域的长度可以是固定的，也可以是可变的，这取决于文件的创建者根据实际情况的设计。对于可变的情况，域通常需要包含两个或三个子域：保存的实际值、域名，在某些情况下还包括域的长度。

记录：是一组相关域的集合，它可以看作是应用程序的一个单元。例如，一个员工的记录可能包含他的姓名、生日、籍贯等。同样地，记录也可以是固定长度或可变长度的，这取决于实际设计要求。如果一条记录中的某些域是可变长度的，或者记录中域的数目可变，则记录是可变长度的。对于可变长度的情况，每个域通常都有一个域名；对这两种情况，整条记录通常都包含一个长度域。

文件：从文件逻辑结构上划分，文件可分为有结构的记录式文件和无结构的流式文件。记录式文件是一组相似记录的集合，流式文件是按照字符（字节）为单位组织的。文件被用户和应用程序视为一个实体，有一个唯一的文件名，可以通过名字访问，可以被创建或删除。访问控制通常在文件级实施，也就是说，在一个共享系统中，用户和程序允许或拒绝访问整个文件。在一些更复杂的系统中，这类控制也可以在记录级或域级实施。有些文件系统中文件是按照域而不是记录来组织的，在这种情况下，文件是一组域的集合。

文件按其性质和用途，大致可以分为三类：

（1）系统文件：是由有关操作系统及其他系统程序的信息所组成的文件。这类文件对用户不直接开放，只能通过系统调用为用户服务。

（2）程序库文件：由标准子程序以及常用的应用程序所组成的文件。这类文件允许用户调用，但不允许用户修改。

（3）用户文件：由用户委托给系统保存的文件，如源程序、目标程序、原始数据、计算结果等组成的文件。

为了安全可靠，可对每个文件规定保护级别，一般分为如下三类：

（1）执行文件：用户可将文件当作程序执行，但既不能读也不能写。

（2）只读文件：允许文件所有者或授权者读出，但不允许写。

（3）读写文件：限定文件所有者或被授权者可以读写，但禁止未被授权的用户读写。

数据库：是一组相关的数据的集合。它的本质特征是数据元素间存在着明确的关系，并且可供不同的应用程序使用。数据库可能包含与一个组织或项目相关的所有信息，如一家商店或者是一项科学研究。数据库自身由一种或多种类型的文件组成，通常数据库管理系统独立于操作系统，可能会使用某些文件管理程序。

6.1.2　文件管理系统

文件管理系统是一组系统软件，是操作系统为使用文件的用户和应用程序提供服务的模块。文件管理系统是用户或应用程序访问文件的唯一方式、唯一工具，它使得用户或应用程序不需要为每个应用程序开发专用软件，给系统提供控制最重要资源的方法，文件管理系统包括四个组成部分：文件的组织、文件的存取、文件的控制和文件的使用。

（1）文件的组织：一方面，文件系统需要将文件组织成用户能够理解的逻辑结构，包括流式文件和记录式文件；另一方面，文件系统需要将信息通过顺序、链接或索引的方式组织在存储介质上，从而实现真正的存储及物理结构。文件的两种组织方式之间的映射关系，也是由文件系统实现的。

（2）文件的存取：用户在使用一个文件时可以采用多种存取方法，最常用的是顺序存取，即从头到尾逐一读取信息；其次，是随机存取，该方法又包括直接存取和索引存取两种方式，这些存取方法都将由文件系统根据用户对文件的访问加以实现。

（3）文件的控制：文件系统在具体实现文件读取的过程中，将被组织成逻辑的控制系统和物理的控制系统，分别处理面向用户的逻辑结构信息和面向存储的物理结构信息。

（4）文件的使用：文件系统还要向用户提供一系列文件使用和访问的接口，也称为文件系统调用。常见的文件系统调用包括文件的创建、文件的删除、文件的打开、文件的关闭、文件的读写和文件的定位等。

文件管理系统的软件架构如图 6.1 所示。

最底层的设备驱动程序直接与外围设备通信，设备驱动程序负责启动该设备上的 I/O 操作，处理 I/O 请求的完成。对于文件操作，典型的控制设备是磁盘和磁带设备，设备驱动程序通常是操作系统的一部分。

向上一层称为基本文件系统（basic file system），这是与计算机系统外部环境的基本接口，该层处理在磁盘或磁带与系统间交换的数据块，因此它关注的是这些块在辅助存储和内存缓冲区中的位置，而并不是数据的内容或所涉及的文件结构。基本文件系统通常是操作系统的一部分。

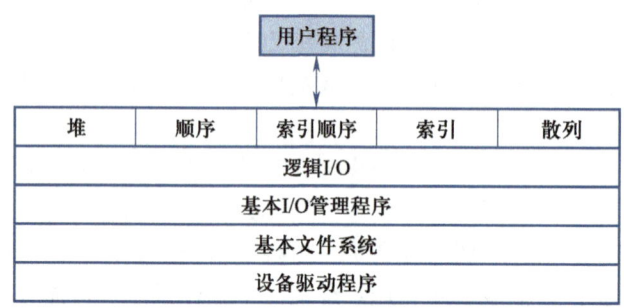

图 6.1　文件系统软件架构

基本 I/O 管理程序负责所有文件的初始化和终止。在这一层需要一定的控制结构来维护设备的输入输出、调度和文件状态。基本 I/O 管理程序根据所选择的文件来选择执行文件 I/O 设备，为优化性能，它还参与调度对磁盘的访问。I/O 缓冲区的指定和辅助存储的分配，也是在这一层实现。基本 I/O 管理程序是操作系统的一部分。

逻辑 I/O 使用户和应用程序能够访问到记录。因此，基本文件系统处理的是数据块，而逻辑 I/O 模块处理的是文件记录。逻辑 I/O 提供一种通用的记录 I/O 能力，并维护关于文件的基本数据。文件系统中与用户最近的一层通常被称为访问方法，它在应用程序和文件系统及保存数据的设备之间提供了一个标准接口。不同的访问方法反映出不同的文件结构，以及访问和处理数据的不同方法。

文件管理功能使用户和应用程序可以通过使用创建文件、删除文件及执行文件操作的命令，与文件系统进行交互。在执行任何操作之前，文件系统必须确认和定位所选择的文件。这要求使用某种类型的目录来描述所有文件的位置及它们的属性。大多数文件系统允许用户共享访问文件，实行用户访问控制，即只有被授权用户才允许以特定的方式访问特定的文件。用户和应用程序可以在文件上执行的基本操作是在记录集上执行的，用户和应用程序把文件的记录视为具有组织结构，如顺序结构、索引结构。因此，为了把用户命令转换成特定的文件操作命令，必须采用适合该文件结构的访问方法。下面将详细展开对文件逻辑结构的描述。

6.1.3 文件组织

文件组织是指文件中的记录逻辑结构，它是由用户访问记录的方式确定的，而文件在辅助存储器中的物理结构取决于分块策略和文件分配策略，这将在后面的章节中介绍。文件组织选择何种结构要遵循以下原则：

（1）用户可快速访问。

（2）易于修改。

（3）节约存储空间。

（4）维护要相对简单。

（5）保证文件访问可靠性。

这些原则的相对优先级取决于文件用户或应用程序。如果一个文件仅以批处理方式处理，而且每次都要访问到它的所有记录，则不需要必须关注检索一条记录的快速访问。如果存储在硬盘中的文件不会被修改，则易于修改这一原则无须考虑。其他的一些原则彼此之间是相互矛盾、相互制约的。例如，要节约存储空间，数据冗余就需要尽量小；但是数据冗余变小又会影响数据访问的速度和安全。因此，选择文件组织方式，只需要满足其中的一条或者几条原则即可。

文件可以根据组织特征大致分为五类：堆文件、顺序文件、索引顺序文件、索引文件以及直接文件。

1. 堆文件

堆文件是最简单的文件组织形式，它根据数据到达的顺序收集和存储，每条记录由一串数据组成，如图 6.2 所示。堆文件仅是为了积累大量的数据并保存。记录可以有不同的域，或者域相似但顺序不同。因此，每个域应该是自描述的，包含域名和域值。每个域的长度由分隔符隐式指定，或者明确包含在某个子域中，或者是该域类型的默认长度。

由于堆文件没有结构，因而对记录的访问是通过穷举查找的方式进行的。也就是说，如果要找到包括某一特定域并且其值为某一特定值的记录，则需要检查堆中的每条记录，直到找到想要的记录，或者查找完整个文件而未找到想要的记录。

当数据在处理前采集并存储时，或者当数据难以组织时，一般都会用到堆文件。当保存的数据大小和结构不同时，堆文件的空间使用情况很好，能很好地用于穷举查找，且易于修改。但是，除了这些受限制的使用，堆文件对大多数应用都是不适用的。

2. 顺序文件

顺序文件也称连续文件，是最常用的文件组织形式。每条记录都使用一种固定的格式，所有记录都具有相同的长度，并且将相同数目、长度固定的域组织

记录1
记录2
⋮
记录n

图 6.2　堆文件

在一起，如图 6.3 所示。由于每个域的长度和位置会预先设定，因此只需要保存各个域的值，每个域的域名和长度是文件结构的属性。每个文件都会有一个特殊的域，称为关键域（key field），通常设在每条记录的第一个域，用来唯一标识这条记录。因此，不同记录的关键域值是不同的。同时，每条记录按关键域的顺序来存储。例如，文本类型的关键域按字母顺序存储。而数字类型是按数字大小顺序进行存储的。

域1	域2	...	域m
记录1			
记录2			
⋮			
记录n			

图 6.3　顺序文件

顺序文件的实现非常简单，就是将一个文件中逻辑上连续的信息存放到存储介质上依次临近的块中，形成顺序结构，这是一种记录的逻辑顺序和物理块顺序完全一致的文件。通常记录按出现的次序被顺序地读取或修改。顺序文件的最大优点是顺序存取时速度快。音频、视频等数据适合使用顺序文件，系统文件以及一些需要连续处理的数据文件被组织成顺序文件也会非常有效。

顺序文件通常用于批处理应用，并且如果这类应用涉及对所有记录的处理时，如职工档案、工资单等文件，顺序文件通常是最佳的选择。顺序文件组织是唯一可以很容易地存储在磁盘中的文件组织。但是，对于查询或更新记录的交互式应用，顺序文件却表现得很差。在访问时为了匹配关键域，需要顺序查找文件。如果整个文件或文件的大部分可以一次性地装入内存，则可以采用更有效的查找技术。但是，当访问一个大型顺序文件中的记录时，还是会遇到相当多的处理和延迟操作。最常见的是，顺序文件按照记录在块中的简单顺序存储。也就是说，文件在磁盘上的物理组织直接对应于文件的逻辑组织。在这种情况下，一个常用的处理方法是把新记录放在一个单独的被称为日志文件或事务文件的堆文件中。然后通过周期性地执行一个成批更新操作，把日志文件合并到主文件，并按正确的关键字顺序产生一个新文件。另一种方法，是把顺序文件组织成链表的形式，一个或多个记录保存在每个物理块中，磁盘中的每个块含有指向下一个块的指针，新记录的插入仅涉及指针操作，而不再要求新记录放在一个特定的物理块位置。因此，这种方法更加方便，但它是以增加额外的处理和空间开销为代价的。

3. 索引顺序文件

为了克服顺序文件中存在的一些缺点，引入了索引顺序文件组织形式，如图 6.4 所示。索引顺序文件保留了顺序文件的关键特征及记录按照关键域的顺序组织方式，另外还增加了两个新的特征，分别是用于支持随机访问的文件索引和溢出文件。文件索引提供了快速接近目标记录的查找能力。溢出文件类似于顺序文件中使用的日志文件，但溢出文件中的记录可以根据它前面记录的指针进行定位。

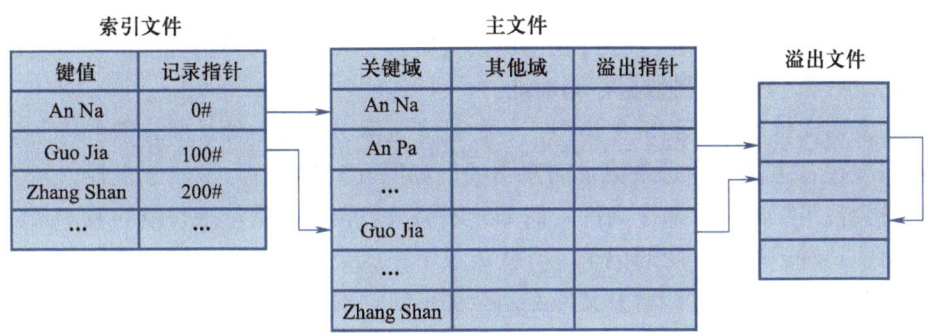

图 6.4　索引顺序文件

最简单的索引顺序结构只使用一级索引，此时的索引是一个简单的顺序文件。索引文件中的每条记录有两个域组成，包括关键域和指向主文件的指针域，其中关键域和主文件中的关键域相同。为查找一个特定的域，首先查找索引，查找关键阈值等于目标关键阈值的索引或者位于目标关键阈值之前且最大的索引，然后在该索引的指针所指的主文件的位置处开始查找。

主文件中的每条记录包含一个附加域，附加域对于应用程序是不可见的，它是指向溢出文件的一个指针。当往文件中插入一条新记录时，附加域被添加到溢出文件，然后修改主文件中逻辑位置顺序位于这条新记录之前的记录，使其包含指向溢出文件中记录的指针。如果新记录前面那条记录也在溢出文件中，那么修改新记录前面的那条记录的指针。和顺序文件一样，索引顺序文件有时候也会按批处理的方式合并溢出文件。

索引顺序文件极大地减少了访问单条记录的时间，同时保留了文件的顺序特性。为顺序地处理整个文件，需要按顺序处理主文件中的记录，当遇到一个指向溢出文件的指针，然后继续访问溢出文件中的记录，直到遇到一个空指针，恢复在主文件中的访问。为提供更有效的访问，可以使用多级索引。最低一级的索引文件可看作顺序文件，然后为该文件创建高一级的索引文件。

4. 索引文件

索引顺序文件仍然保留了顺序文件的一个限制，也就是基于文件的一个域进行处理。当需要基于其他属性而非关键域查找某一条记录时，这两种形式的顺序文件都是不可取的。为了实现这一点，需要一种采用多索引的结构，每种可能成为查找条件的域都有一个索引。索引文件一般都摒弃了顺序性和关键字的概念，只能通过索引来访问记录。其结果是对记录的放置位置不再有限制，只要有一个索引的指针指向这条记录即可。此外还可以使用长度可变的记录。

索引文件是操作系统中使用较多的一种文件组织结构，它综合了顺序文件和索引顺序文件的一系列优点，并且是一种可以快速定位的随机访问方式，它为每个文件建立了一张索引表，其中每个表项包含一个记录的键及其存储地址。索引表的地址可由文件目录指出，查验索引表，先找到相应记录键（或逻辑记录号），然后获得数据存储地址。

索引文件可以分为两种类型，一种是完全索引，另一种是部分索引。完全索引中包含主文件中每条记录的索引项，如图 6.5 所示。为了便于查找，索引自身会被组织成一个顺序文件。而部分索引只包含那些用户感兴趣的域记录的索引项。对于长度可变的记录，有些记录不一定会包含所有的域。当往主文件中增加一条新记录时，索引文件必须全部更新。索引文件大多用于对信息的及时性要求比较严格并且很少会对所有数据进行处理的应用程序中，如订票系统和商品库存管理系统。

索引文件的缺点是索引表的占用空间和查找时间的开销较大。有时记录数目很多，索引表需要占用许多物理块，在查找某记录键所对应的索引项时，可能需要依次交换很多块。提高查找速度的方法是对索引再做一个索引，称其为二级索引。二级索引表的表项包括一级索引表中每块的最后一个索引项的记录键，以及一级索引表的磁盘块号，即若干条记录的索引本身也是一种记录。查找记录时，首先查看二级索引表，找到某记录键所在的索引表的磁盘块号后，再搜索一级索引表，然后按键值找到目标记录。当记录条目数量庞大时，二级索引可能会占用许多磁盘块。若此情况出现，则可为二级索引再次做索引，称其为三级索引。这些工作都可由文件管理系统自动完成。

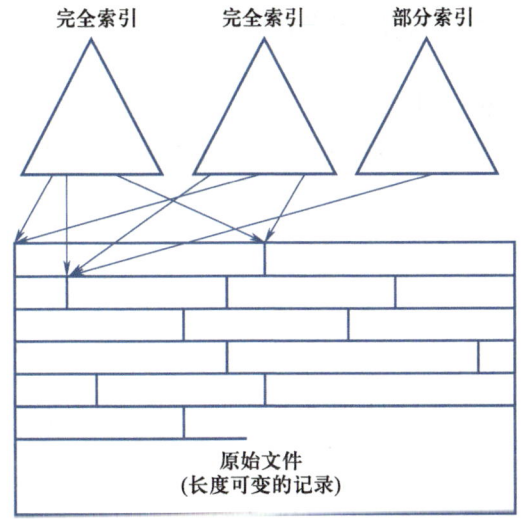

图 6.5 索引文件

5. 直接文件

直接文件又称作散列文件，可以直接访问磁盘中任何一个已知地址的数据块。通过计算记录的关键字，建立与其物理存储地址之间的对应关系，从而实现直接存取。这种对应关系通常使用散列法进行转换，这种文件组织方式适用于不能采用顺序组织，次序较乱，又需在极短时间内进行存取的场合。对于实时处理文件目录、文件存储管理的列表、编译程序、变量名表的管理等十分有效。

在寻址计算过程中，最为困难的是地址冲突问题。通常地址的总数和可能选择的关键字之间并不一定存在着一一对应关系。因此，不同的关键字就有可能计算出相同的地址，这种现象被称为地址冲突。评价散列算法是否有效的一个重要指标是将不同键映射成相同地址的概率大小。概率越小地址冲突就会越少，那么说明此种散列算法的性能也就越好。解决地址冲突会增加相当多的计算成本，然而地址冲突又是导致寻址性能变差的主要原因。解决地址冲突的方法被统称为溢出处理技术。这是在设计散列文件时必须要考虑的问题，常用的溢出处理技术有顺序探查法、两次散列法、拉链法、独立溢出区法等。

6.1.4 文件目录

现代计算机系统中需要存储大量的数据和文件，操作系统为了能够对这些文件进行有效管理，主要通过文件目录来实现。文件目录是实现文件"按名存取"的关键数据结构，其基本功能是将文件名转换成文件在磁盘上的物理地址，以便在检索和访问时使用。实际上，文件系统就是被组织成层次结构的文件与目录的集合的呈现。一组文件目录项构成的集合即为目录文件，它是用来管理文件系统结构的系统文件。其基本功能是负责文件目录项的建立、维护和检索，其编排的目录必须易于查找且不产生冲突，以便使目录的检索更加方便快捷。下面将从文件目录的管理和结构展开介绍。

1. 文件目录管理

对文件目录管理的要求如下：

（1）按名存取：用户只需向系统提供所需访问文件的名字，便能快速准确地找到该文件在硬盘上的存储位置。这是目录管理中最基本的功能，也是文件系统向用户提供的最基本服务。

（2）目录快速检索：通过合理的目录组织结构能够加快对目录的检索速度，从而提高对文件的存取速度，这是操作系统中文件管理模块的主要目标。

（3）实现共享：在多用户系统中，允许多个用户共享同一个文件，这样就只需要在硬盘中保留一份文件副本即可。可以节省大量的存储空间，方便用户访问，提高磁盘存储空间的利用率。

（4）文件重名：系统允许不同用户对不同文件取相同的名字。只要存储的路径不同便可以区分。

每个文件都有一个与之相关的文件目录项记录它的各种属性。文件目录项也称为文件控制块（file control block，FCB）。文件目录项中应包括以下内容：

（1）文件标识与控制信息，如文件名、用户名、文件存取权限、授权者存取权限、文件类型、创建时间和文件大小等。

（2）文件结构信息，即文件的逻辑结构信息，如记录类型、记录个数、记录长度、成组因子数等；文件的物理结构信息，如文件所在设备名、文件物理结构类型、文件的首个磁盘盘块号或其他盘块号以及盘块数量，也可以指出文件索引的所在位置。

（3）文件使用信息，包括已打开该文件的进程数、文件被修改的情况、文件最大分配尺寸和当前大小等。

（4）文件管理信息，如文件建立日期、文件最近修改日期、文件访问日期、文件备份日期等。

2. 文件目录结构

不同的操作系统对文件信息的保存方式也不相同，某些信息可以保存在与文件相关联的头记录中，可以减少目录所需要的存储量，使得在内存中保留所有或大部分目录，从而提高访问速度。当然，一些重要信息必须在目录中，如文件名、地址、大小和组织。

最简单的目录结构形式是一个目录项列表，每个文件对应一个目录项。这种结构可以用于表示最简单的顺序文件，文件名被用作关键字。在早期的单用户系统中就是采取的这种技术，但是当多个用户共享一个系统或者单个用户使用多个文件时，就显现出很多的弊端。例如，用户可能有许多类型的文件，包括字处理文件、图形文件、电子表格等，并且用户可能希望按照项目类型或其他方式更方便地组织这些文件。如果目录只是一个简单的顺序列表，不便于组织文件。而且用户要使用不同类型的文件，而目录中又没有内在的结构，那么文件命名的唯一性就成了用户需要面对的一个严重的问题。

要解决这个难题，一种简单的方法就是将目录项列表扩展成二级目录结构，如图6.6所示。第一级为主文件目录，也就是为每个用户建立一个一级目录，然后将每个用户所使用的文件组织成二级目录文件。这样每个用户就可以在自己的二级目录中访问相关的文件，操作系统也能够对其进行安全有效的保护。

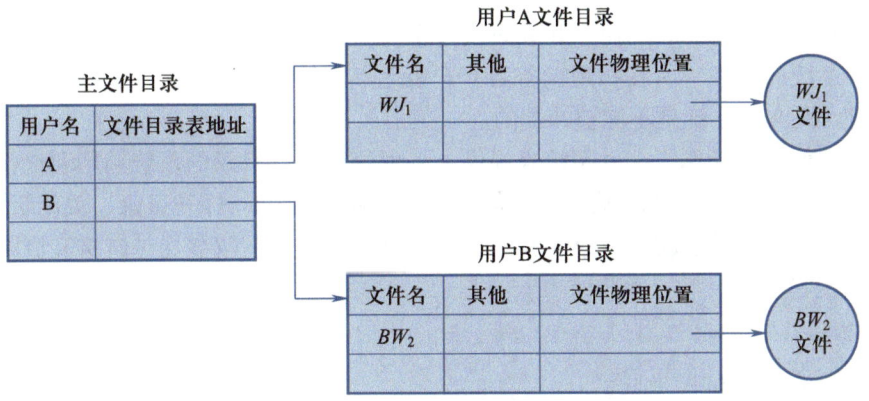

图 6.6　二级目录结构

另一种方法是层次或树状结构，功能更强大而灵活，如图6.7所示，这也是各个系统普遍采用的一种方法。该方法有一个主目录，下面有许多用户目录，每个用户目录依次又有子目录、目录项和文件项，而且在任何一级都有相同的结构。也就是说，任何一级目录都可以包括子目录的目录项或文件项。

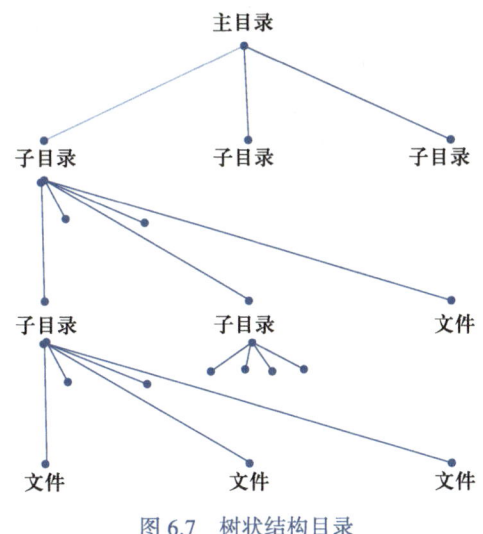

图 6.7　树状结构目录

对于层次目录结构，一个文件的全名包括从根目录开始到文件为止，其通路上遇到的所有子目录的路径名，各子目录名之间用正斜线（/）或反斜线（\）

隔开。原则上一个硬盘分区、一张光盘都可以组织成一棵子树。那么，如何对子树进行集中管理呢？在 Windows 操作系统中，默认每个硬盘分区对应一个逻辑盘符，最多支持 26 个逻辑盘符，从而形成森林式结构；而对于 UNIX 操作系统，可以通过对子树进行嫁接形成一棵大树，最终形成单棵树而不是一片森林。UNIX 系统通过 mount 命令将子树安装到现有文件系统树目录的某个目录节点上，于是该子树对应的所有子目录和文件，就是该目录节点的子目录和文件，直到使用 unmount 命令卸载该文件系统。安装新的文件系统时，需要指定文件系统的类型、所在物理设备名、安装地点等信息。而当文件系统正在被使用时，此文件系统是不能被卸载的。

类似文件操作，文件系统也提供一系列处理文件目录的系统调用和操作命令，与文件目录有关的操作包括创建目录、删除目录、打开目录、关闭目录、读目录、列目录、改变目录、移动目录、重命名目录、改变保护链接和删除链接目录等。

6.2　文件物理存储

6.2.1　文件物理组织

记录是访问结构化文件的逻辑单元，而把文件存入磁盘中是以数据块的形式。如何将文件的逻辑组织结构与其物理存储结构相对应，必须将文件记录以某种形式组织成块，此操作称作记录组块。

在确定成块的组织形式之前，需要确定记录的长度和磁盘数据块的大小。这两个因素将影响文件在磁盘中的存取和访问效率。磁盘数据块越大，一次 I/O 操作所传送的记录就越多。如果顺序处理和查找文件，则具有明显优势。因为使用大数据块可以减少 I/O 操作的次数，加速文件的处理。如果随机访问文件，并且没有发现任何局部规律，那么大的数据块则会导致对未使用记录的不必要传输。因此，需要更大的 I/O 缓冲区，增加系统管理的困难程度。

如果数据块的大小固定的话，有三种常用的记录组块方法，如图 6.8 所示。

第一，固定组块。使用固定长度的记录，并且若干完整的记录会被保存在一个块中，在每个块的末尾可能会有一些不足以放下一条记录的未使用的空间，被称为内部碎片。这些碎片不可以被再次利用。

第二，可变长度跨越式组块。使用长度可变的记录，并且被紧密排列到数据块中，使得块中没有未使用空间，因此某些记录可能会跨越两个块，通过一个指向后一块的指针链接。

第三，可变长度非跨越式组块。使用可变长度的记录，但不允许记录跨块。如果下一条记录比块中剩余的未使用的空间大，则无法使用这部分空间，必须将此记录放到下一个数据块中。因此，在大多数块中都会有未使用的剩余空间，并且一条记录的长度不能超过数据块长度。

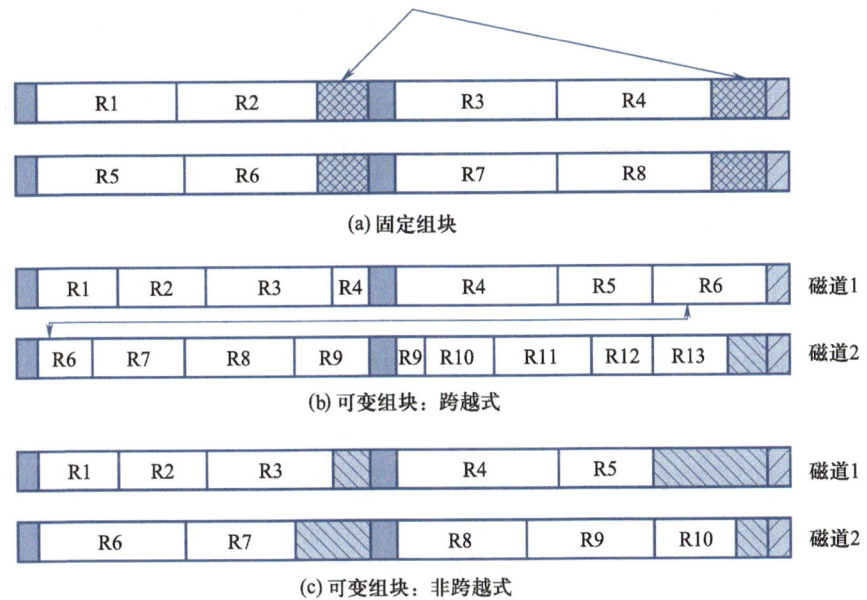

图 6.8 记录组块

对于记录长度固定的顺序文件，最常用的方式是固定组块方式。可变长度跨越式组块的存储效率高，并且对文件大小没有限制，但是由于其灵活性，实现起来有一定的难度。并且跨越两个块的记录需要两次 I/O 操作，文件难以修改。可变长度非跨越式组块可能会导致大量的空间浪费，并且限制记录的大小不能超过块的大小。记录组块技术会和虚存、硬件相互影响。在虚存环境中，页是传送数据的基本单位，通常页面设置很小，以至于对于非跨越式组块，把页当作块来处理是不现实的。因此，一些系统会把多个页组合起来作为文件传送，创建一个比较大的块。

6.2.2 磁盘管理

在磁盘中，文件以多个数据块组成的形式存储。操作系统中的文件管理系统负责为文件分配数据块，这就需要操作系统首先对磁盘中的空间了如指掌。另外，必须知道哪些空间可以用来分配给文件，因此文件分配数据块的方法会直接影响磁盘空闲空间的管理。而文件组织结构和数据块分配策略之间也是紧密相关的。本节将分别从磁盘上的文件分配方法和空闲空间管理进行介绍，首先引入如下两个概念：

① 文件分配表：为了跟踪分配给文件的分区空间，操作系统通常需要采用一种叫作文件分配表（file allocation table，FAT）的数据结构，用以存储相关信息。

② 分区：当存储文件时给文件分配的空间是一个或多个连续的单元，这些单元被称为分区。

1. 文件分配策略

通常系统有两种给文件分配存储空间的策略，分别是预分配和动态分配。

文件分配磁盘空间

231

　　① 预分配策略：当系统创建一个新文件时，需要确定是否能够一次性给此文件分配所需要的最大空间，即是否需要采用预先分配方式。要求在发出创建文件的请求时，声明此文件的最大需求空间。通常程序编译产生摘要数据文件，或通过通信网络从另一个系统中调取文件时都可以估算出文件所需空间的最大值，那么预分配策略比较适合。对于大多数应用程序，不能在未运行前很精准地估算文件所需要的空间大小，因此为了避免分配空间不足，通常都会对文件所需的空间多预估一些。便会造成一些不必要的浪费。

　　② 动态分配策略：是指系统只有在文件需要时才会给其分配空间，文件可以动态地提出空间请求。对于大多数应用程序而言，既可满足文件需求，磁盘空间利用率也较高，因此动态分配更为适合。

　　分区是一组连续的已经分配的数据块，一个分区的大小可以从一个块到整个文件，因此在系统分配文件空间时需要首先确定分区的大小。有两种极端分配情况，其一是分配一个足够大的分区，可以存储整个文件；其二是每个分区只能存储一个数据块。在实际分配过程中，设定分区的大小要考虑单个文件的存储效率和整个系统的管理效率，通常会受到四类因素的影响。

　　① 文件的数据存储在邻近空间可以提高文件的访问性能，尤其适用于面向事务的操作系统。

　　② 数目较多的小分区会增加文件表的长度。

　　③ 使用固定大小的分区，可以简化存储空间的再次分配。

　　④ 使用可变大小的分区或固定大小的小分区，可以减少由于过度分配而产生空间浪费。

　　这几项因素相互影响、相互制约，需要综合考虑来完成对分区大小的确定。通常有两种分区大小的选择方案：

　　① 可变的大规模连续分区：这种方式可以避免空间浪费，提供较好的访问性，并且文件分配表比较小。但是由于连续分区操作，导致空闲空间难以被再次利用。

　　② 小的固定分区：分区即为数据块大小，这种设计方案可以提供更大的灵活性，但是需要较大的文件分配表或更复杂的数据结构，邻近性不再是主要目标，而是按需分配数据块。

　　对于可变的大规模连续分区，用于预分配文件时，一次性分配给文件一组连续的块，这就降低了文件分配表的功能需求，仅需有指向第一块的指针和分配的数据块的数量即可。一次性分配文件所需的所有块，意味着该文件的文件分配表将保持固定大小，因此只需考虑空闲空间的碎片问题。分配方案可借鉴内存管理的几种策略，如首次适配法、最佳适配法、下次适配法、最差适配法等。这些策略性能受许多因素影响，且这些因素相互作用、相互制约，包括文件类型、文件访问模式、多道程序道数、系统因素、磁盘缓存、磁盘调度等，因此很难确定哪种策略最好。在确定了文件是要预分配还是动态分配，以及文件分区是大小固定还是大小可变之后，就需要进行文件分配方法的具体选择。

目前在实际操作系统中，为文件分配磁盘空间时以磁盘块为单位。磁盘块也称为簇（cluster），1 簇 $=2^n$ 扇区。由于一个簇内包含多个连续扇区，因此读写这些扇区的磁盘开销较小。每个文件至少被分配一个簇的空间，如果文件数据需要多个簇来存储，那么这些簇可以在磁盘上离散分布，不要求地址连续。这样做的好处是磁盘空间利用率可以很高，对文件存储空间的"回收 – 再分配"过程不会产生外部碎片，扩充文件空间长度亦易于实现。

文件分配通常包括三种方法，即连续分配、链接分配和索引分配。

连续分配方式

（1）连续分配

连续分配是指在创建文件时给文件分配一组连续的块，这是一种使用大小可变分区的预分配策略。当系统对文件属性进行记录时，文件分配表中只需要记录每个文件的起始块地址和文件长度（磁盘块数）。对于单个顺序文件，连续分配方法是最好的选择，顺序处理可以连续读入多个块，从而提高 I/O 性能。同时，检索一个块也是非常容易的。如图 6.9 所示，文件分配表中的文件 A 表项，只需记录它的起始块号为 2，长度为 3，即可轻易找到它在磁盘中的存储位置。

但是连续分配方法也有自身的缺陷。首先，经过多次文件的写入和删除操作，会出现大量外部碎片，使得很难找到空间大小足够的连续块，因此时常需要执行紧缩算法来归并磁盘中的碎片空间，以便获取大空间的连续块，如图 6.9 所示。其次，因为连续分配仍是预分配方案，这就需要在创建文件时声明文件的大小，但通常无法预测文件大小，这将会导致无法精准地为其预留和分配空闲空间。

（2）链接分配

链接分配无须为文件分配连续的存储块，只需用指针将存储文件的不同的数据块连接在一起，链中的每块都包含指向下一块的指针。因此，文件分配表中每个文件所对应的项也只需要包含一个起始块和文件长度。此方法既可以用于文件预分配策略，也可以根据文件需要按需分配。任何一个空闲块都可以分配给文件，不需要维护连续空间，也不会出现外部碎片。这种分配方案的物理组织适合顺序处理的顺序文件，如果要查找文件中的某一块，只需沿着链向下查询，直到确定所需查找的目标块。

链接分配方式

链接分配的一个明显缺陷就是局部性原理不再适用。因为文件是被分散地存储在磁盘各个块中，各块凭借指针相连。如果一次取出一个文件中的多个块，则需要连续访问磁盘的不同位置，这对于磁盘系统会有很大的性能影响。为解决此问题，系统也需要周期性地对文件进行合并操作，类似于连续分配方法中的紧缩操作，如图 6.10 所示。

（3）索引分配

索引分配解决了连续分配和链接分配中的问题。为每个文件分配的磁盘分区建立一个索引，分配给该文件的每个分区都有一个索引项，该文件的所有索引项被单独保存在一个索引块中，文件分配表中该文件的表项指向索引

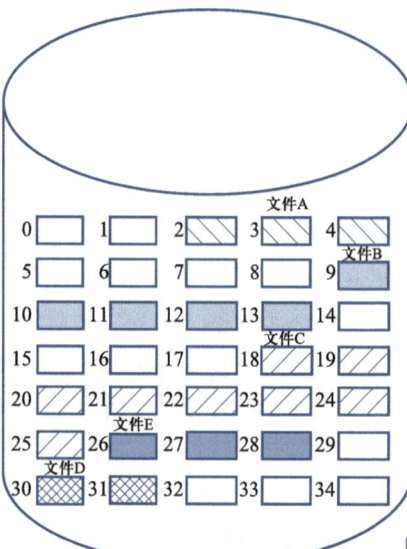

文件分配表

文件名	起始块	长度
文件A	2	3
文件B	9	5
文件C	18	8
文件D	30	2
文件E	26	3

紧缩算法

索引分配方式

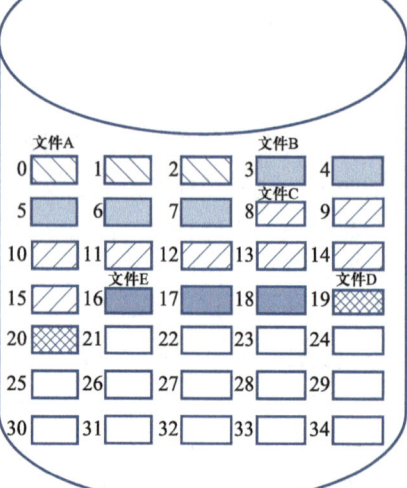

文件分配表

文件名	起始块	长度
文件A	0	3
文件B	3	5
文件C	8	8
文件D	19	2
文件E	16	3

图 6.9 连续文件分配

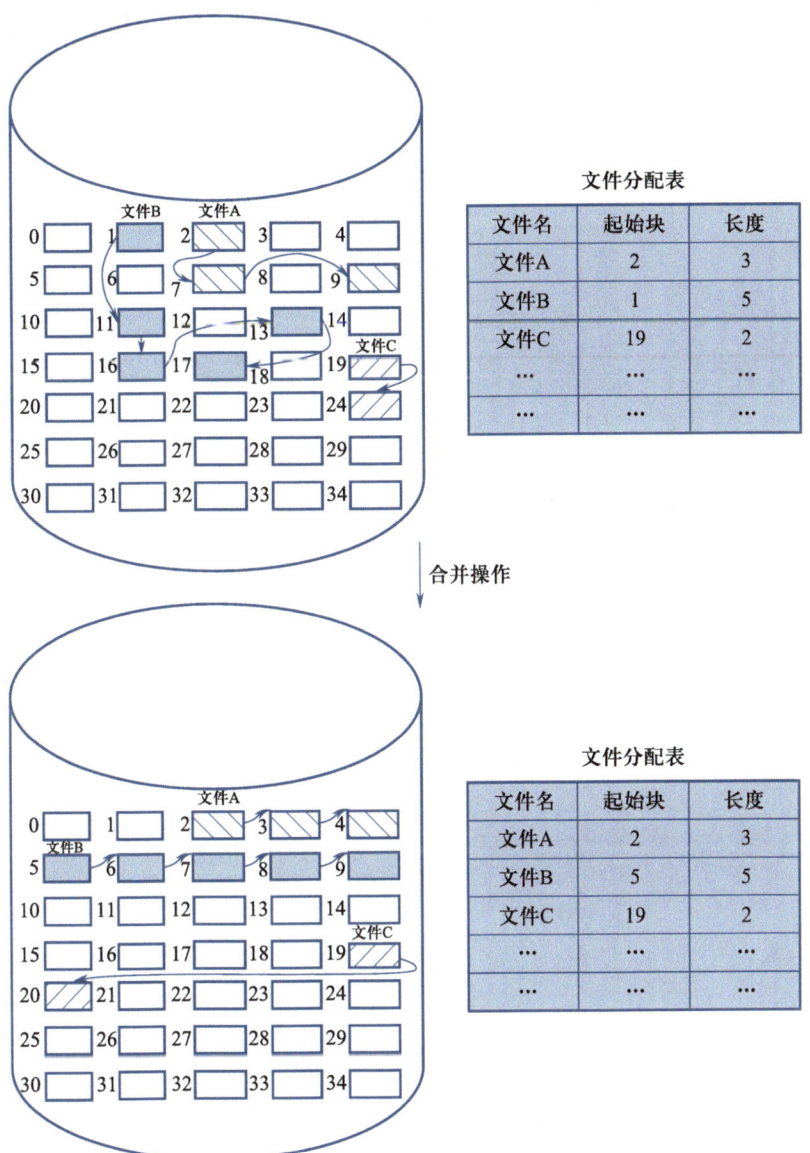

图 6.10 链接分配（合并前和合并后）

块。此分配方法既可以基于固定大小的块（见图 6.11），也可以基于大小可变的分区来分配（见图 6.12）。此方法可以消除外部碎片，而且按大小可变的分区分配可以提高局部性原理的应用效果。在使用大小可变分区的情况下，文件整理可以减少索引的数目，但对于基于固定大小的块的分配却不适用。索引分配支持顺序访问文件和直接访问文件，是最普遍使用的一种文件分配形式。

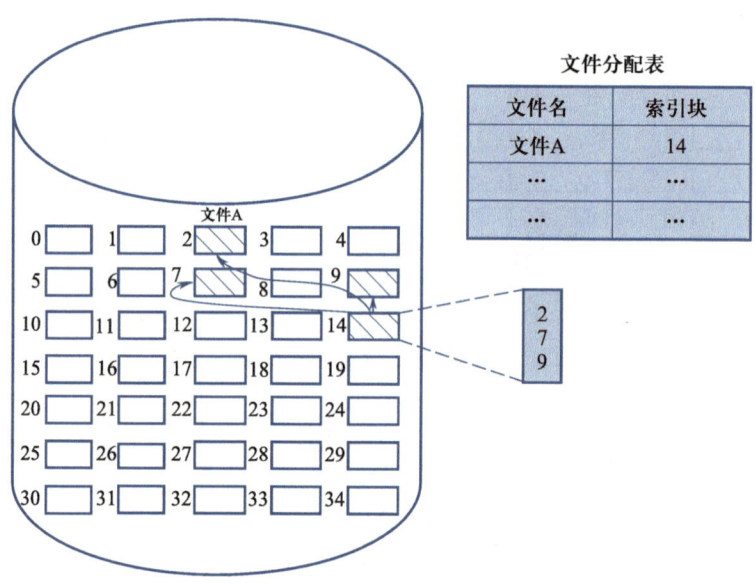

图 6.11 基于固定块的索引分配

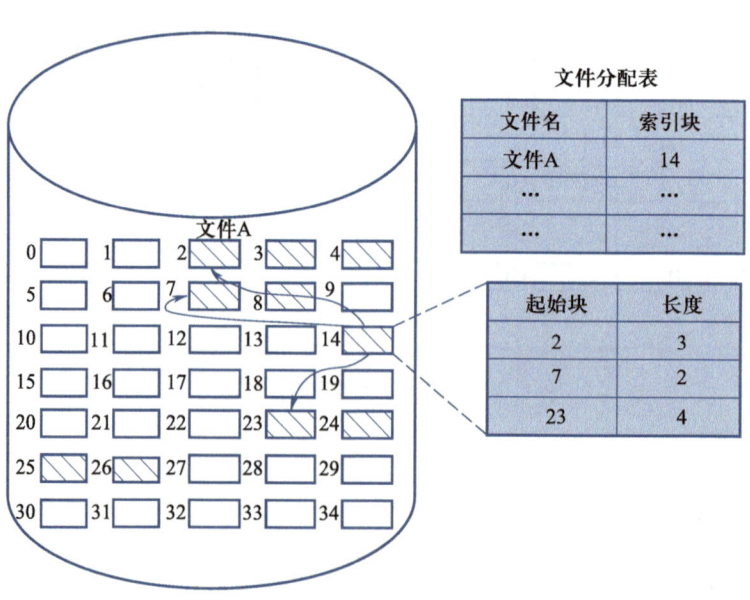

图 6.12 基于可变长度分区的索引分配

2. 空闲空间管理

操作系统在管理已经分配给文件的空间的同时，还需要管理没有分配给任何文件的空闲空间，也就必须对磁盘中的空闲块清楚了解。文件分配表是用于描述文件的存储情况，因此还需要构建一个磁盘分配表的数据结构，用来记录磁盘中哪些空间可用。下面分别介绍 4 种常用的磁盘空闲空间的管理方法。

（1）位表

位表，也称位图。位表法就是使用一个向量对磁盘中的每块进行描述。向量的每位对应磁盘的每块，0 表示一个空闲块，1 表示已经存储了文件的块。例如，对于图 6.9 中的磁盘分配情况，需要一个长度为 35 位的向量，则该向量具有以下形式：

$$00111000011111000011111111111011000$$

此方法的优点是可以相对较容易地找到一个或一组连续的空闲块，因此位表法适用于前面所描述的任何一种文件分配方法。

但是，对于一个较大的存储空间，位表的长度仍然是相当大的，一个磁盘块图对应的位表所需要的存储空间（字节数量）计算如下：

$$磁盘大小 / （磁盘块的大小 \times 8）$$

例如，对于一个 64 GB 的磁盘空间，磁盘块（设一块包含一个扇区）大小为 512 B，则位表占用 16 MB 的空间。如此大的位表很难在内存当中存储，只能将其移放至磁盘中，但是即使存储在磁盘，仍然需要 32 768 个磁盘扇区进行存储，这必将影响数据块的查找。然而，为了便于文件系统查找和分配磁盘空闲空间，位表需要驻留在内存中。但是，即使位表放在内存，采用穷举法的方式查找位表，也会使文件系统的性能下降。当磁盘存储空间快满时，只剩下很少的空闲块，这就意味着位表中只有极少的 0 位，此时查找效率低下的问题则更为严重。因此，在使用位表的文件系统中都会增加一个辅助数据结构，用于汇总位表的子区域情况。将位表在逻辑上划分成许多个子区域，汇总表中包括每个子区域空闲块的数目和连续空闲块的最大长度。当文件系统需要大量的连续块时，可以通过扫描汇总表来查找合适的子区域，然后再扫描这个子区域内部。

（2）链接空闲区

空闲区通过使用指向它们的指针和指针的长度值被链接到一起，由于不需要磁盘分配表，只需要一个指向链的开始处的指针和第一个分区的长度。因此，这种方法的空间开销极小，适用于所有的文件分配方法。如果一次只分配一个块，只需要简单地选择链头上的第一个空闲块，并调整第一个指针或长度值即可。如果是面向可变分区进行索引分配的文件分配方法，则可以使用首次适配算法，从头开始分区，一次取一个，以确定列表中下一个适合的空闲块，同时调整指针和长度即可。这种方法的缺点是，在使用一段时间后磁盘仍然会出现很多碎片，许多分区都变成了只有一个块的长度。每次分配一个块时，在把数据写到这个块之前，需要先读这个块，以获取指向新的第一个空闲块的指针。如果需要为一个文件操作同时分配许多单个的块，这会大大降低创建文件的速度。与此类似，删除一个由许多碎片组成的文件也是非常耗时的。

（3）索引方法

索引方法是把空闲空间看作一个文件，并使用一个在文件分配时介绍过的索引表。基于效率方面的考虑，索引应该基于可变大小的分区，而不是块。因此，磁盘中的每个空闲分区都对应索引表中有一个表项，它为所有的文件分配方法提供了有效的支持。

（4）空闲块列表

空闲块列表方法就是为每个磁盘块指定一个序号，所有空闲块的序号保存在一个空闲块列表文件中，存于磁盘上的一个保留区。请求分配磁盘空间时，从空闲块列表中摘取一个空闲块。当用户删除一个文件时，将所释放的磁盘块序号添加到空闲块列表中。但根据磁盘大小和块大小，存储一个磁盘块号可能需要 24 位或 32 位，因此空闲块列表会很大，系统开销大。

6.3　文件系统安全

文件是计算机系统的重要资源，因此文件系统必须具有保障文件安全的功能，并提供实现文件保护的具体措施，同时能够有效实现文件之间的共享。影响文件安全性的主要因素如下：

（1）人为因素，指人们有意或无意的行为会使文件系统中的数据遭到破坏或丢失。

（2）系统因素，由于系统的某部分出现异常而造成数据的破坏或丢失，特别是作为数据存储主要介质的磁盘出现故障时，就会产生难以预料的后果。

（3）自然因素，随着时间的推移，存放在磁盘上的文件也有可能逐渐消失。

为了保证文件系统的安全性，针对上述影响因素可以分别采取三种措施应对：

（1）通过存取控制机制，防止人为因素造成文件不安全性。

（2）采取系统容错技术，防止系统的部分故障造成文件不安全性。

（3）建立后备系统，防止由于自然原因造成危险。

本节主要从文件系统出发，介绍文件相关的安全性问题，如崩溃一致性，以及如何通过系统控制机制保障文件系统安全。在现代操作系统中，都配置了用于对系统中资源进行保护的机制，并引入了保护域和访问权的概念，规定每个进程仅能在保护域内执行操作，而且只允许进程访问它们具有访问权的对象。

6.3.1 崩溃一致性

在一个文件尾部追加一个数据时，需要先给它分配一个空闲数据块，即将位图中对应的位置为 1，完成空闲块分配。然后把数据写入分配的块中，随后再修改索引节点中的文件大小、日期等属性值，并且更新索引节点的索引结构，如图 6.13 所示。在此过程中，文件系统需要三次写磁盘操作。但是，有可能在写完位图之后，突然出现机器异常或者断电的情况，导致一部分数据出现异常，文件系统崩溃。由此可见，文件系统实际上是一个庞大的数据结构，而一个文件操作通常需要对数据结构的多个组成部分进行改写。因此，在上述崩溃情况出现时，保证文件系统的一致性成为文件管理系统功能的一项难题，需要提供一种机制，在崩溃情况出现时，保证文件的一致性。

图 6.13 追加数据时磁盘数据结构的更新

崩溃一致性：将文件系统从一个进行追加操作或其他改写操作前的一致性状态，在新数据写入磁盘后自动转移到另一个安全状态。

只执行完写位图操作就遇到系统崩溃，会导致出现死锁块，这和内存泄漏一样，相应的那个数据块虽然是空闲可用的，但已不会再参与空闲块分配，因为它所对应的位图位已经被写为 1。如果只执行了写索引块然后崩溃的话，则只更新了索引节点 inode，会导致索引指针指向了一个未分配的数据块，最终会使得两个文件对应相同的数据块，存在严重的安全隐患。

解决这种文件系统不一致性的一种方法是文件系统检查（file system checking，FSC），即扫描一遍整个文件系统，分析有没有不一致的情况存在，然后采取相应的解决方案，这是一个很耗时的过程。但有一个问题，是当检测到文件系统不一致现象之后，不一定能依据已经设置好的规则将文件系统的状态恢复到和崩溃前一样，或者是不一定恢复成没有崩溃的状态。也就是说，FSC 方法可以查出哪里有问题，但未必能正确解决。如果进行文件系统检查时也发生了崩溃，很有可能导致文件系统彻底无法恢复。

另一种现代文件系统中主流的解决方法是日志策略，即日志文件系统（journaling file system，JFS）。JFS 通过日志记录文件系统操作，然后再将这些操作回写到磁盘，以实现一致性保证。目前，openEuler 的 ext4 就是使用的这一技术。当发现文件系统崩溃需要修复时，就会检查日志记录，看看崩溃前的一刻哪些操作是成功完成的，哪些还没来得及完成，以便恢复文件系统。在对日志进行追加操作时，先在磁盘上写一个特殊的块，打上"事件开始"标签 txn begin，然后把要追加的数据写进去，随后调用磁盘的特殊接口，等到所有需要写入磁盘的数据都被写入磁盘，返回再向磁盘中加入"事件结束"的标记

txn end，所有操作即被持久化。在系统崩溃恢复时，会找到最右侧的 txn end 标签，并把后面所有的东西丢弃。对文件系统进行修改过程包括日志写入、事件提交和检查点添加三个阶段，需要先写日志，然后再使文件系统的状态和日志同步，当文件系统的磁盘数据结构和日志的状态同步时，日志就可以被删除。如果修改磁盘时崩溃了，那么重启恢复的时候，日志里所记录的操作重新执行一遍，之后就可以把日志清空。

实际上，日志策略是一个耗时的方法，会占用很多的磁盘带宽，因此现在很多文件系统都会使用元数据日志（metadata journaling），只需记录重要的元数据，如对目录和索引节点的操作，而追加的数据内容不会出现在日志中，这样可以保证文件系统的目录层次一致，但数据仍然可能会丢失。因此，有些文件系统会在指定情况下，确保数据块先写入磁盘，再提交元数据日志。

6.3.2　文件保护

对系统中的文件加以保护，应由文件系统来控制进程对文件的访问。对文件的访问权限可以是读、写或执行其他操作。把一个进程能对文件执行操作的权利称为文件访问权，每个访问权可以用一个有序对来表示，即 < 对象名，权集 >。进程访问控制程序时，系统会有一个与每个进程相关的配置文件，用来指定进程的操作和访问文件的权限，操作系统基于进程配置文件来实施权限控制。

系统会使用一个矩阵来描述对文件的访问控制权限，并把该矩阵称为访问矩阵，其中的行代表进程，列代表被访问对象，矩阵中的每项是由一组访问权组成的。基本元素包含如下。

（1）主体：访问对象的实体，这里指访问文件的进程，即矩阵的行。

（2）对象：是指可以被访问和控制的任何实体，这里指文件或文件局部数据，即矩阵的列。

（3）访问权限：主体访问对象的方式，即进程访问文件的操作，如读、写、修改等功能，如图 6.14（a）所示。

访问矩阵通常情况下是稀疏的。因此，可以将其简化为一张存取控制表。按列简化可以生成**访问控制列表**，如图 6.14（b）所示。那么对于每个对象，访问控制列表列出了进程以及它们对文件的访问权限，访问控制列表包含了一个默认或公共的单元。允许没有被明确指出有哪些权限的用户具有默认的权限，这个列表包含了单独的进程，也包括了进程组。

依照行划分就会生成权能标签，一个权能标签指定了进程被授权的文件和对其操作，每个进程有许多标签，同时可以授权给其他进程。因为系统的标签可能会消失，这就意味着会有比访问控制列表更大的安全问题，尤其是进程的标签有可能是伪造的。为了解决这个安全问题，操作系统控制权能标签是一种很好的方法。这些标签数据需要放在进程不可访问的内存区域，以保证其安全性。

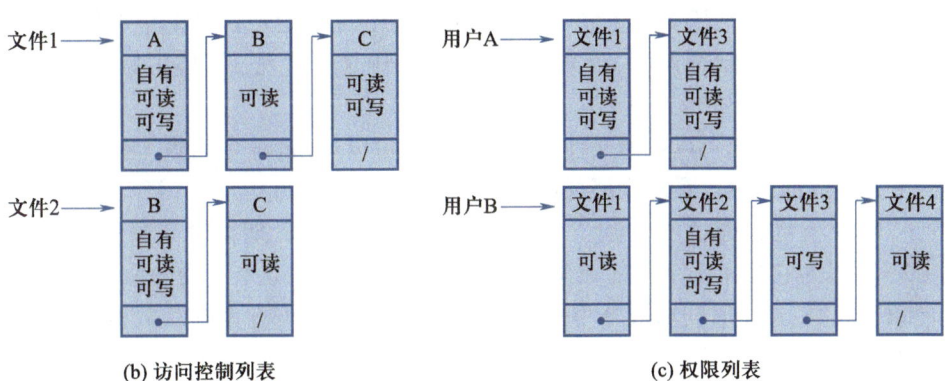

图 6.14　访问控制结构

6.4　文件系统实例

本节将讨论文件系统的几个实例，包括相对简单的文件系统，如 MS DOS 文件系统、现代流行的 UNIX 文件系统和 openEuler 操作系统当中实用的文件系统。

6.4.1　MS DOS 文件系统

MS DOS 文件系统是第一个 IBM PC 系列所采用的文件系统，它也是 Windows 所采用的文件系统之一。虽然它现在已经不再是 PC 标准了，但是它和它的扩展形式一直被许多嵌入式系统广泛使用。现在使用 MS DOS 文件系统的电子设备的数量要远远多于过去。

MS DOS 程序在读文件时首先要获得文件的句柄，需运行 open 系统调用识别一个路径，可以是绝对路径或者是相对路径，各个分量逐一查找，直至查到目标目录并读进内存。尽管 MS DOS 的目录是可变大小的，但它使用固定的 32 字节的目录项格式，如图 6.15 所示，包含文件名、属性、建立日期和时间、起始块和具体的文件大小，还有未在图中标出的存档位、隐藏位、系统位等。

（1）文件名域中包括文件名和扩展名，少于 8+3 个字符的文件名左对齐，在右边补空格。

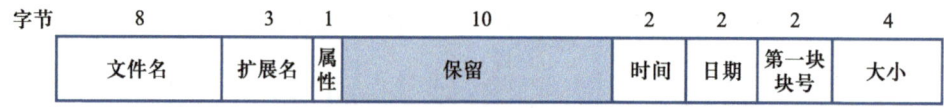

图 6.15　MS DOS 的目录项

（2）属性域用来指示一个文件是只读的、存档的、隐藏的，还是一个系统文件。不能写只读文件，这样避免了文件意外受损。

（3）存档位没有对应的操作系统的功能，其主要是使用户存档程序在存档一个文件后清理这一位，其他程序在修改了这个文件之后设置这一位。通过这种方式，一个备份程序可以检查每个文件的这个位来确定是否需要备份该文件。

（4）隐藏位能够标识一个文件在目录列表中是否出现，其作用是避免初级用户被一些不熟悉的文件干扰。

（5）系统位也可以隐藏文件。系统文件不可以用 del 命令删除，在 MS DOS 的主要组成部分中，系统位都可预先设置。

目录项也包含了文件建立和最后修改的时间和日期，时间只是精确到 ±2 s，因为它只用 2 字节的域来存储，只能存储 65 536 个不同的值，一天包含 86 400 s，这个时间域被分为秒（5 个位）、分（6 个位）和时（5 个位），以日为单位计算的日期，使用三个子域：日（5 个位）、月（4 个位）、年（7 个位）。年的起始时间为 1980 年，如果用 7 个位的数字表示的话，能表示的最高年份是 2107 年，所以 MS DOS 在 2108 年将会出现表示问题。如果把 MS DOS 的使用组合的日期和时间域作为 32 位的秒计时器，它就能准确到秒，可以把表示错误推迟到 2116 年。

MS DOS 按 4 字节的数字存储文件的大小，所以理论上文件大小能够存储最大文件为 4 GB。但是，由于其他约束条件的限制，最大文件将被设定在 2 GB 或者更小，这将导致很大一部分空间将会闲置。

MS DOS 通过文件分配表 FAT 来跟踪文件的磁盘块，目录表项包含了文件的第一个磁盘块的编号，这个编号用作内存里文件分配表的索引。沿着索引链可以找到所有的块。MS DOS 中的文件系统总共有三个版本：FAT-12、FAT-16 和 FAT-32，这取决于 FAT 的每个表项包含多少个二进制位。随着 windows 95 第 2 版的发行，FAT-32 文件系统逐渐替代了 FAT-12 和 FAT-16 系统。它实际上具有 28 位磁盘地址，应该叫 FAT-28，但为了便于记忆，使用 2 的次幂的表述。

FAT-32 文件系统具有两个优点。首先，它可以把 8 GB 磁盘作为一个分区，用户可以自己决定文件放在哪个磁盘，以及记录放在什么位置。其次，对于一个硬盘分区已固定，系统可以使用一个小一点的块。例如，对于一个 2 GB 的硬盘分区，FAT-32 能够使用 4 KB 的块，而大部分文件都大于 4 KB，可以最大限度地利用磁盘块。如果块被设定为 32 KB 大小，那么一个仅 10 字节的文件就会占用一个块的空间，造成大量空间浪费。如果文件平均大小是 8 KB，使用 32 KB 块大小，磁盘的 3/4 空间就会被浪费。

MS DOS 文件系统也用 FAT 来跟踪空闲磁盘块。当前没有被分配的磁盘块都会加上一个特殊值的标签（例如 0000H），当 MS DOS 需要一个新的磁盘块时，它会搜索 FAT 以找到一个包含这个标签的项，所以不需要位表或者空闲表辅助。

6.4.2　UNIX 文件系统

UNIX 系统具有一个相对复杂的多用户文件系统。它从根目录开始形成树状，加上链接形成了一个有向无环图，文件名命名可以用到多达 14 个字符，能够容纳除了 "/" 和 NUL 之外的任何 ASCII 码，NUL 也表示成数值 0。因为 UNIX 使用 i 节点（inode），目录中为每个文件保留了简单的一项，此目录项包含两个域，即文件名和 i 节点的编号。如图 6.16 所示，i 节点的编号占 2 字节，这决定了每个文件系统理论上的文件数目为 65 536 个。i 节点包含的主要属性有文件大小、三个时间（创建时间、最后访问时间和最后修改时间）、所有者、所在组、保护信息、一个计数项，以及若干个磁盘地址。计数项也称为链接计数项，用于记录指向此 i 节点的目录项的数量。当一个新的链接加到一个 i 节点上，i 节点里的计数项就会加 1；当移走一个链接时，该计数项就减 1，当计数项值为零时就收回该节点，并将对应的磁盘块放进空闲表。计数项允许多个文件指向同一个 i 节点，便于共享文件。

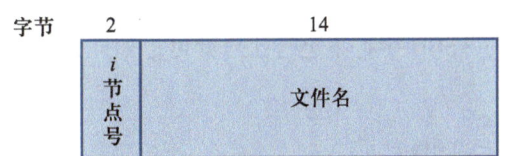

图 6.16　UNIX 系统的目录项

UNIX 文件系统对于小文件来说，所有必需的信息恰好都在 i 节点中，如图 6.17 所示。当文件被打开时，i 节点从磁盘被取到内存中。而对于大文件，i 节点内的一个地址称为一次间接块，包含了附加的磁盘地址。如果不够的话，在 i 节点中还可以有另一个地址称为二次间接块。它包含了另一个块的地址，在这个块中包含若干个一次间接块，每个这样的一次间接块指向数百个数据块。如果还不够的话，可以使用三次间接块，以此类推。

这种文件空间管理方式称为 Unix 的混合索引，文件分配空间可以按照文件尺寸的需要动态进行。

例如，设某系统中，i 节点中包含 15 个磁盘地址，其中前 12 个地址是直接地址，指向文件的前 12 个数据块；第 13、14、15 个地址是一次间址、二次间址和三次间址。一个磁盘块长度为 4 KB，每个磁盘块地址占 8 B，则每个磁盘索引块中可以存放 512 个磁盘块地址。则 48 KB 以内的小文件磁盘地址可以从 i 节点的直接地址获取；i 节点的第 13 项是一次间址，所指向的磁盘块内容实际上是一个索引表，表中存放该文件的另外 512 个数据盘块的盘块号。类似地，二次间址可指向 512 个索引表，每个索引表再指向 512 个数据盘块；三次间址可指向 512×512 个索引表，每个索引表再指向 512 个数据盘块。这样文件尺寸可以从 48 KB 扩大到 2 MB+、1 GB+、512 GB+。

Unix 目录项仅包含"文件名 + i 节点号"，这样做的好处是可以加快目录检索。查找文件时，首先需要看目录下是否存在该文件名，存在时才需要该文件的权限地址等其它属性。因此读入一个磁盘块应该包含尽量多的目录项（文件名），可加快查找。

如图 6.18 所示，如果需要查找路径 /usr/ast/mbox，首先可以定位根目录，假定它放在磁盘块 1 的位置。系统读根目录，并且在根目录中查找路径的第 1 个分量 /usr，以获取 /usr 目录的 i 节点号，由于每个 i 节点在磁盘上都有固定的位置，因此可以直接定位 i 节点。根据这个 i 节点，系统在其中查找下一个分量 ast。一旦找到 ast 的项，便找到了 /usr/ast 目录的 i 节点。同样地，可以定位该目录并在其中查找 mbox，然后这个文件的 i 节点被读入内存，并且在文件关闭之前会一直保留在内存中。

相对路径名的查找方法和绝对路径名相同，只不过不再是从根目录开始查找，而是从当前工作目录开始。每个目录都有"."和".."项，是在目录创建时同时创建的，"."表示当前目录的 i 节点，而".."是表示父目录（上一层目录）的 i 节点号。这样，查找 ../disc/prog.c 的过程就成为在工作目录中查找父目录的 i 节点，然后再查询 disc 目录，不需要专门的机制处理这些名字。目录系统只要把这些名字看作普通的 ASCII 字符串进行比对即可，如同其他的名字一样。

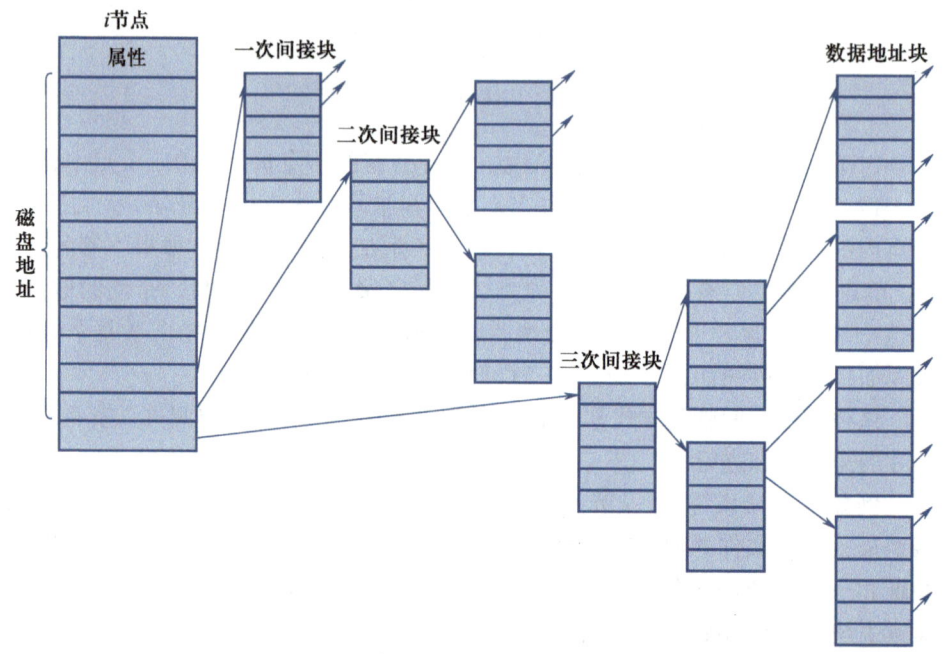

图 6.17　UNIX 系统的一个 i 节点

图 6.18　查找 /usr/ast/mbox 的过程

6.4.3　Linux 文件系统

Linux 操作系统自问世以来，它能与其他操作系统（如 Windows、其他版本的 UNIX）共存于一个计算机系统中，其他操作系统的文件格式能被透明地安装在磁盘或分区中。Linux 之所以具有这种功能，是因为它提供了一个虚拟文件系统（virtual file system，VFS）的概念。 Linux 文件系统的基本思想是在主存中存放不同类型文件系统的共同信息，这些信息中有一项十分重要，它指向实际文件系统所提供的操作。对用户程序所调用的每个读、写或其他操作函数，内核都能将它们替换成为支持本地的文件，如 Linux 文件系统（ext4）、NFS 文件系统或者文件所在的任何其他文件系统的实际操作函数。

Linux 系统具有一个通用的且强有力的文件处理模块，其利用虚拟文件系统来支撑大量的文件管理系统和文件结构。VFS 向用户进程提供了一个简单的、统一的文件系统接口，定义了一个能代表任何文件系统的通用特征和行为的通用文件模型。文件有一个符号名，以便在文件系统的特定目录下能唯一标识该文件，同时文件还有所有者、对未授权的访问或修改的保护特性或其他一系列属性。文件可以被创建、读写或删除，对于这些操作，虚拟文件系统 VFS 提供一个映射模块，将任何特定的实际文件系统的特征转换为 VFS 所期望的特征。

VFS 在 Linux 内核中的作用如图 6.19 所示。首先，进程发起一个 VFS 用户接口中的系统调用访问文件，Linux 系统再使用 VFS 中的另一个函数，负责完成与文件无关的操作，而后调用目标文件系统中的映射函数，从而到达目标文件的系统管理层。VFS 独立于任何具体文件系统，因此映射函数的实现是 Linux 文件系统上关键的一个环节。最终，目标文件系统将文件系统请求命令转换到面向设备的指令。

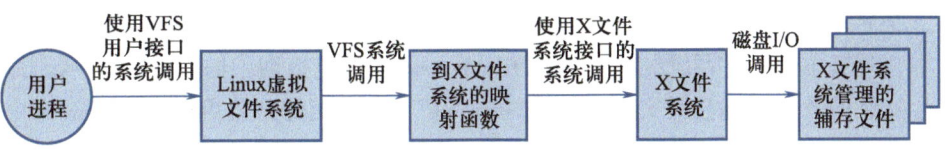

图 6.19　Linux 文件系统工作流程

6.4.4 openEuler 文件系统

openEuler 中的文件系统架构如图 6.20 所示。进程位于文件系统架构的最上方，它只与虚拟层交互，而虚拟层中 VFS 的中间层负责管理各类物理文件系统。VFS 抽象了不同文件系统的行为，为用户提供了一组通用统一的 API，使用户在执行文件打开、读取、写入等命令时，不需关心底层的物理文件系统类型。在实现层，操作系统可以选择多种物理文件系统，如 ext4、NTFS 等。openEuler 默认采用 ext4 文件系统（fourth extended file system）作为实现层的物理文件系统，它可以支持 1 EB 的存储空间和 16 TB 的文件大小。还具有在线整理碎片的功能，可以将一个文件的不同部分尽可能存储到一个连续的物理位置，从而提高存取性能。VFS 对于用户是一棵目录树，实现层的物理文件系统则是挂在 VFS 某个目录上的一棵子目录树。在 openEuler 的 22.03 版本中，提出了新介质文件系统 Eulerfs，创新了元数据软更新技术（soft update），加入基于指针的目录双视图计数机制，可以减少元数据同步开销，有效提升文件系统的调用性能。

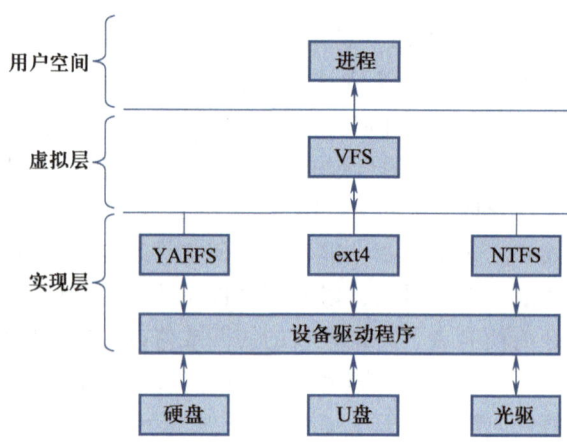

图 6.20 openEuler 文件系统架构

1. openEuler 文件系统层次结构

为了便于软件开发以及软件包在不同 Linux 发行版之间的共享与兼容，需要对 Linux 发行版进行规范，其中就包括对文件系统布局的规范化。文件系统层次结构标准（system hierarchy standard，FHS）是一种参考标准，它定义了 Linux 发行版中的目录结构和目录内容，大多数 Linux 发行版都采用此标准，而且某些 UNIX 变体也采用此标准。openEuler 22.03 版本遵守的是 FHS 2.3 版本，其基本的文件系统结构可通过 file system 软件包查询，如图 6.20 所示。每个安装的软件包都会对文件系统结构进行扩充，扩充的部分可以通过 rpm 命令查询。FHS 标准对文件做了基本的分类，有静态的、可变的，以及可共享的、非共享的。不同类的文件要组织到不同的目录中，共享文件保持在一台主机上，但可以被其他主机访问，非共享文件则只能被其宿主主机访问。静态文件指的是那些一般不需要更新但修改时必须有系统管理员介入的文件，其主要包括二进制可执行文件、库、文档、手册等文件，静态文件甚至可以保存到只读介质上，而且一般也不用做备份。静态文件以外的文件经常会发生变化，如数据库文件、临时文件、日志文件等，这类文件被称为可变文件。表 6.1 给出了 openEuler 系统中这几类文件目录的例子。所有的文件和目录可以存储在不同的物理或虚拟设备中，但它们都起始于根目录，有些目录只有在安装了某个软件包后才会存在，如目录 /usr/ lib/X11 只有在安装了 X windows 软件包后才会出现。

表 6.1　文件目录分类

变化情况	共享情况	
	共享文件 / 目录	非共享文件 / 目录
静态文件 / 目录	/bin, /lib, /usr, /opt	/boot, /etc
可变文件 / 目录	/var/mail, /var/spool/cups	/tmp, /var/lock, /var/run

2. openEuler 文件系统的基本实现

文件系统的基本实现主要包括两方面：一方面是文件中的数据结构对数据进行组织以及这些数据结构如何存储在磁盘上；另一方面是基于这些数据结构，文件系统如何实现文件的读写等操作。openEuler 在传统的文件系统实现方式基础上做了一些改进，下面分别详细介绍。

（1）数据结构及磁盘存储

文件系统通过在磁盘上存储一些额外的数据协助解决存储相关问题，这些额外的数据称为元数据（metadata）。元数据包括索引节点（inode）、位图（bitmap）和超级块（superblock）等，其中超级块是用来记录文件系统整体层面信息的数据结构。超级块的大小固定设为 1 KB，其中包括该文件系统中的 inode 总数、文件系统的大小，空闲块数、空闲 inode 数、块的大小、文件系统的类型和状态等信息。inode 是用于记录文件信息的数据结构，每个文件都对应一个 inode，其中并不包含文件名，它记录了存储文件的数据块、文件的所有者和访问权限等关键信息，也被称为 inode 项。内核中也有一个表示 inode 集合的数据结构，称为 inode 表。据前所述，位图是具有一定长度的位串的集合，其每个位（bit）对应磁盘上的一个块，位的状态表示一个磁盘块的占用状态。ext4 文件系统中的位图分为数据位图和 inode 位图。数据位图用来表示数据块（即保存文件数据的磁盘块）的使用情况，inode 位图用来表示 inode 表中 inode 的使用情况。

ext4 文件系统的整体布局，如图 6.21 所示，一个磁盘被划分成多个大小不同的分区，可以安装不同的文件系统。磁盘格式化是指将磁盘等数据存储设备初始化，以供首次使用的过程。一个格式化成 ext4 文件系统的分区包括多个块组，块组中包括引导块、超级块、块组描述符、预留 GDP 块、数据位图、inode 位图、inode 表以及数据块。其中，引导块中的信息用来引导操作系统的加载，不能被文件系统修改。通常以磁盘分区的第一个块作为引导块，只存在于 0 号块组中，其他块组中是没有引导块的。0 号块组中的超级块被称为主超级块，为了保证文件系统的可靠性，部分块组中保存着文件系统主超级块的副本，防止因主超级块损坏，导致整个文件系统失效。每个块组都有一个与之关联的块组描述符，所有的块组构成块组描述符表（group descriptor table，GDT）。为了便于扩展文件系统容量，ext4 还预留一些磁盘块，保留将要扩展出的块组描述符称为预留 GDT 块。一般地，块组描述符表和预留 GDP 块总是与超级块保存在相同的块组中。此外，在每个块组中，数据位图、inode 位图用于对该块组的空闲数据块 inode 进行管理，由 inode 项组成的 inode 表用于实现文件的索引。每个块组的大部分块为数据块，用于存储文件内容。

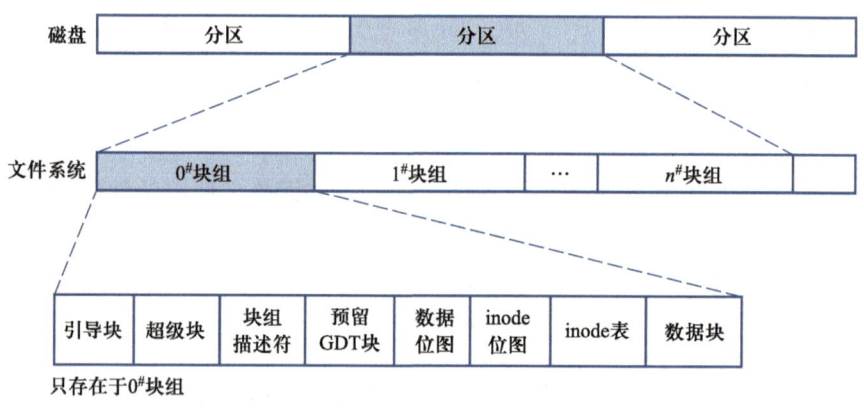

图 6.21　ext4 文件系统的整体布局

（2）文件的读取与写入

在文件系统磁盘布局的基础上，openEuler 文件系统的读取和写入操作的过程可以分别通过调用相关函数来完成。

在读入文件之前，进程必须调用 open() 函数打开文件。API 函数 open() 的原型如图 6.22 所示，其中参数 pathname 用于给出要打开的文件路径参数；flags 用于设置访问此文件的模式，必选项为 O_ RDONLY（只读）、O_WRONLY（只写）或 O_RDWR（可读 / 可写），调用 open() 函数时必须从中选择一个属性。除此之外，还有数个可选项，O_APPEND（追加写入）、O_CREATE（创建新文件）等。当 flags 中含有 O_CREATE 时，参数 mode 用于设置新建文件的访问权限。如果操作成功，该函数将返回一个文件描述符 file descriptor（fd）。文件描述符在形式上为非负整数，实际上它是一个索引值，指向由内核为每个进程维护的所有打开文件的列表。

文件处于打开状态后，进程就可以对其进行访问，如发起读操作 read() 或写操作 write()。在发起读操作 read() 时，文件系统根据 inode 提供的信息获取待读数据块的位置，读取完数据后，将更新打开文件表中此文件的读写指针，以便下次读取后续数据块。在发起写操作 write() 时，由于用户进程要向文件写入数据，文件系统在执行 write() 前，需要为用户分配新的数据块。在这个过程中，为了获取数据块的使用情况，文件系统需要读取数据位图。在获取到空闲数据块后，文件系统再相应地更新数据位图；同时，为了记录新增数据块的位置，还需要更新文件的 inode。最后，文件系统在分配的数据块中写入用户数据。

```
Int open(const char * pathname, int flags, mode_t mode);
Int open(const char * pathname, int flags);
```

图 6.22　open() 函数原型代码

本章小结

文件系统是操作系统中的一个重要管理模块，是一个能够独立成系统的功能模块。文件和目录是文件系统面向用户的两个直观介质，文件又是数据在磁盘和其他 I/O 设备上的载体。

本章首先介绍了传统文件系统中文件相关的基本概念，以及文件的组织和存储形式，文件目录等逻辑组织。随后又介绍了文件系统在磁盘上的物理组织和存储结构，以及与文件系统安全相关的部分信息。

最后一节给出了文件系统的一系列实例，包括 MS DOS 文件系统、UNIX 文件系统、Linux 文件系统。最后重点介绍了 openEuler 文件系统与 Linux 文件系统的不同之处。

习题

一、简答题

1. 域和记录有什么不同？
2. 文件和数据库的关联是什么？
3. 列出并简单定义五种文件组织形式。
4. 简单定义三种记录组块的方法。
5. 简单定义三种文件分配方法。

二、应用题

1. 假定磁盘块的大小为 1 KB，对于 540 MB 的硬盘，如果文件分配表（FAT）中只记录磁盘块号的话，则 FAT 最少要占多少存储空间？

2. 某文件系统采用多级索引的方式组织文件的数据存放，假定在文件的 inode 中设有 13 个地址项，其中直接索引项 10 项，一次间接索引项 1 项，二次间接索引项 1 项，三次间接索引项 1 项，数据块的大小为 4 KB，磁盘地址用

4 B 表示。请问：

（1）这个文件系统允许的最大文件长度是多少？

（2）一个 2 GB 大小的文件，它的数据块和索引块总共需要多少磁盘空间？

3. 文件 F 由 200 条记录组成，记录从 1 开始编号。用户打开文件后，欲将内存中的一条记录插入文件 F，作为其第 30 条记录。请回答下列问题，并说明理由。

（1）若文件系统采用连续分配方式，每个磁盘块存放一条记录，文件 F 存储区域前后均有足够的空闲磁盘空间，则完成上述插入操作最少需要访问多少次磁盘块？F 的文件控制块内容会发生哪些改变？

（2）若文件系统采用链接分配方式，每个磁盘块存放一条记录和一个链接指针，则完成上述插入操作需要访问多少次磁盘块？若每个存储块大小为 1 KB，其中 4 B 存放链接指针，则该文件系统支持的文件最大长度是多少？

4. 某文件系统采用索引节点存放文件的属性和地址信息，簇大小为 4 KB。每个文件索引节点占 64 B，有 11 个地址项，其中直接地址项 8 个，一级、二级和三级间接地址项各 1 个，每个地址项长度为 4 B，请回答以下问题：

（1）该文件系统能支持的最大文件长度是多少？（给出计算表达式即可）

（2）文件系统用 1 M（1 M=2^{20}）个簇存放文件索引节点，用 512 M 个簇存放文件数据。若一个图像文件的大小为 5 600 B，则该文件系统最多能存放多少个这样的图像文件？

（3）若文件 F1 的大小为 6 KB，文件 F2 的大小为 40 KB，则该文件系统获取 F1 和 F2 最后一个簇的簇号需要的时间是否相同？为什么？